新型职业农民培训系列丛书

上海市果树栽培技术

SHANGHAISHI GUOSHU ZAIPEI JISHU

王秀敏　主编

U0256301

中国农业出版社

图书在版编目（CIP）数据

上海市果树栽培技术／王秀敏主编．—北京：中国农业出版社，2015.8
（新型职业农民培训系列丛书）
ISBN 978-7-109-20749-3

Ⅰ.①上… Ⅱ.①王… Ⅲ.①果树园艺-技术培训-教材 Ⅳ.①S66

中国版本图书馆 CIP 数据核字（2015）第 179697 号

中国农业出版社出版
（北京市朝阳区麦子店街 18 号楼）
（邮政编码 100125）
策划编辑　石飞华
文字编辑　曾琬淋

中国农业出版社印刷厂印刷　　新华书店北京发行所发行
2015 年 8 月第 1 版　　2015 年 8 月北京第 1 次印刷

开本：880mm×1230mm　1/32　　印张：8.875
字数：244 千字
定价：25.00 元
（凡本版图书出现印刷、装订错误，请向出版社发行部调换）

丛 书 编 委 会

本 书 编 委 会

主　　编：王秀敏

编写人员：王秀敏　　周京一　　李　璇　　张晋盼

　　　　　潘　骏　　单　涛　　李为福　　陆　敏

　　　　　熊　帅　　张林山　　李雄伟　　骆　军

　　　　　金凤雷　　顾志新　　刘海明　　胡留申

　　　　　赵宝明　　管丽琴　　曹征宇　　王玉香

　　　　　陆志兴　　柴　立

审　　稿：王世平

序

　　2014年中央1号文件明确指出要"加大农业先进适用技术推广应用和农民技术培训力度""扶持发展新型农业经营主体"。上海市现代农业"十二五"规划中也确立了"坚持把培育新型农民、增加农民收入作为现代农业发展的中心环节"等五大基本原则。这些都对加强农业技术培训和农业人才培育，加快农业劳动者由传统农民向新型农民的转变提出了新的要求。

　　上海市农业技术推广服务中心多年来一直承担着本市种植业条线农业技术人员和农民培训的职责，针对以往培训教材风格不一，有的教材内容滞后等问题，组织本市种植业条线农业技术推广部门各专业领域的多位专家编写了这套农民培训系列丛书。该丛书涵盖了粮油、蔬菜、西瓜、草莓、果树等作物栽培技术，以及粮油、蔬菜作物病虫害防治技术和土壤肥料技术等内容。编写人员长期从事农业生产工作，内容既有长期实践经验的理论提升，又有最新研究成果的总结提炼。同时，丛书力求通俗易懂、风格统一，以满足新形势下农民培训的要求。

相信该丛书的出版有助于上海市农业技术培训工作水平的提升和农业人才的加快培育，为上海都市现代农业的发展提供强大技术支撑和人才保障。

中共上海市委农村工作办公室

上海市农业委员会

副主任

2014 年 12 月

目 录

序

第一章
概 述

一、上海市水果生产现状

上海市水果产业经过 30 多年的发展，进入了稳定发展阶段，水果种植面积基本趋于稳定，布局结构不断优化，区域特色渐具规模，品质不断提升，品牌效应逐步显现，基本形成了以浦东水蜜桃、奉贤黄桃、金山蟠桃、庄行蜜梨、仓桥水晶梨、马陆葡萄、崇明柑橘为主的区域特色布局。此外，鲜食枣、枇杷、樱桃、猕猴桃、蓝莓等特色小水果也进一步发展。水果产业的发展与完善对优化种植业结构、提高经济效益、促进农业增效和农民增收等具有积极的推动作用。

2014 年，上海市水果栽培面积 2.1 万 hm²，水果产量 47 万 t，产值 22.0 亿元。水果生产合作社 700 多家，合作社栽培面积占总面积的 1/3。柑橘、桃、葡萄、梨是上海市四大主栽水果，其种植面积、产量、产值占全市水果种植面积、产量和产值的 95% 以上。

柑橘是中国南方栽培面积最广、经济地位最为重要的果树。随着近几十年来的发展，中国柑橘无论是种植面积还是总产量都得到了快速发展，是五大水果（苹果、柑橘、梨、葡萄和香蕉）中仅次于苹果的水果，长期处于第二位，也是人们日常生活中不可缺少的水果。柑橘在上海市的栽培面积 6 667 hm²，占水果生产总面积的近 1/3，产量 25 万 t，占总产量的 50% 以上。仅崇明县种植面积 5 667 hm²，占柑橘种植总面积的 85%，浦东新区种植面积 667 hm²。上海地区处于柑橘种植的最北缘地带，柑橘品种结构较为单一，

90%以上为早熟温州蜜柑，主栽品种是宫川，面积 5 400 hm²，占柑橘种植总面积的 81%，品种种植结构不合理，成熟期和上市期非常集中，销售压力大，整个柑橘产业发展水平较低。

桃树是我国第三大落叶果树。上海是溶质桃的原产地，栽培面积 5 867 hm²，产量 8 万 t。桃树生产主要集中分布在浦东新区、奉贤区、金山区，形成了浦东水蜜桃、奉贤黄桃、金山蟠桃的区域发展特色，浦东水蜜桃、奉贤黄桃、金山蟠桃都获批成为国家地理标志保护产品。浦东新区桃树总面积 2 627 hm²，占全市桃树总面积的 45.2%；奉贤区桃树面积 1 087 hm²，占全市桃树总面积的 18.5%；金山区桃树面积为 980 hm²，占全市桃树总面积的 16.7%。品种主要有大团蜜露、新凤蜜露、湖景蜜露、锦绣黄桃、玉露蟠桃等，涌现出一大批品牌，产业发展较好。

上海市属于我国南方葡萄产业带，随着设施栽培的发展，葡萄产业发展较快，目前栽培面积 5 133 hm²，产量 10 万 t。葡萄是上海四大主栽果树中产业发展最快、总体效益最好的果树树种。葡萄的设施栽培技术也引领了我国葡萄产业的发展，其中，马陆葡萄不仅获批成为国家地理标志保护产品，也是上海市著名商标。上海市葡萄栽培品种非常丰富，葡萄供应期从 5 月开始到 10 月底结束。葡萄发展与采摘休闲相结合，产业发展较为完善，经济效益较高。

梨是世界范围内最受消费者喜爱的水果之一。中国水果产业中，梨果产业是继苹果和柑橘产业之后的第三大果树产业。作为上海地区四大主栽果树之一，梨树在上海市郊区种植广泛，主要分布在奉贤区、松江区、浦东新区和金山区等地，并形成了仓桥水晶梨、庄行蜜梨以及上海蜜梨等在市民中享有盛誉的梨果品牌。仓桥水晶梨获批成为国家地理标志保护产品。梨栽培面积 2 000 hm²，产量 4 万 t。上海市梨栽培以砂梨为主，品种以翠冠为主，有少量早生新水、圆黄等，产业发展不太平衡。

二、存在问题及发展趋势

目前，上海市水果生产合作社和果品生产大户生产的果品仅占总量的 34%，仍以家庭的小生产为主，产业在发展过程中，面临的突出问题有：一是劳动力严重紧缺，生产成本逐年增加；二是老果园逐步增多，低劣果园的更新改造问题突出；三是果园基础设施薄弱，应对自然灾害的能力不足。针对这些问题，上海市农业委员会已经联合相关部门，积极开展工作，对果园生产所需的农业机械进行引进示范；启动了老果园改造技术研究并形成了初步成果，将进一步示范推广；通过相关政策，不断改善果园基础设施；推进市级水果标准园创建，推动标准化生产技术和果品质量可追溯体系建设，取得了一定进展。

果树生产与其他农业作物相比，生产周期长，品种、设施、技术的更新相对较慢。随着科技进步、设施栽培的进一步发展和农业生态旅游的深度开发，果树产业发展将成为上海都市精品农业的重要组成，果树品种将更加丰富，产业逐步向生态、休闲、设施、精品方向发展，为农民增收、服务市民发挥更加重要的作用。

第二章
葡　萄

第一节　基础知识

一、葡萄的主要类型

葡萄（*Vitis vinifera* L.）在植物分类学中为葡萄科葡萄属真葡萄亚属植物。葡萄栽培历史悠久，栽培区域遍布世界各地，通过长期自然选择和人工选择，形成了极其丰富的品种类型。为了在栽培、加工和选育中便于选择和利用，葡萄品种工作者根据不同要求研究了葡萄栽培品种的分类。

1. 按用途分类

（1）鲜食品种　通常果穗大或中等大，果粒整齐而不过于紧密，成熟一致，外形美观，风味甜酸适口，有些有芳香味，如巨峰、巨玫瑰、夏黑、醉金香等。

（2）酿酒品种　通常果肉多汁，出汁率高，含糖量高，风味纯正。果实白色的可酿造白葡萄酒，如雷司令、意斯林、索维浓等；果皮或果汁红色的可酿造红葡萄酒，如赤霞珠、黑比诺等；酿造和食用兼用品种通常果粒较大，既适宜鲜食，又适宜酿酒，如玫瑰香、龙眼等。

（3）制干品种　通常含糖量高，含酸量低，果肉硬脆，无核，如无核白、长无核白、无核紫、京早晶、索索葡萄等；有些肉脆、粒大的有籽品种，也可制有核葡萄干，如可口甘、亚历山大、牛奶等。

（4）制汁品种　通常出汁率高，高糖，多有香气，果汁颜色鲜艳，易于澄清，保存后风味不变，如康可、康拜尔等。

（5）制罐品种 加工糖水罐头的葡萄品种要求果大、肉厚、皮薄、汁少、种子小或无，有香味等。如无核白、京早晶、牛奶、无核白鸡心等。

（6）砧木品种 通常在抗根瘤蚜、抗病毒、耐贫瘠、树势旺盛等某一方面有显著优势，经常在嫁接中被用作砧木。如 5BB、SO4、贝达、华佳 8 号等。

2. 按果实成熟期分类 研究者曾以果实完熟期进行葡萄品种分类，按照成熟期将品种分为特早熟、早熟、中熟、晚熟、特晚熟 5 类。当前，主要根据从萌芽到果实充分成熟的天数和所需的积温来分类，把葡萄品种划分为极早熟、早熟、中熟、晚熟和极晚熟 5 类。

3. 按品种的生态地理起源和分布分类 按照地理分布和生态特点，一般把葡萄属的各个种划分为三大种群，即欧亚种群、东亚种群和北美种群。

（1）欧亚种群 即各国所通称的欧洲种，实际上本种不单发源于欧洲，也发源于亚洲，故在我国改称欧亚种。世界著名的鲜食和加工品种大多属本种，如里扎马特、矢富罗莎、无核白鸡心、晚红、圣诞玫瑰、摩尔多瓦等。

（2）东亚种群 有 40 多个种，原产于我国的有 10 余种，如山葡萄。

（3）北美种群 约有 28 个种，大多分布在北美洲的东部。在经济栽培上有利用价值的主要有美洲种、河岸葡萄、沙地葡萄等。现在，纯美洲种已很少栽培，通过人工长期反复杂交已育出大量欧美杂交种，如巨峰系品种。

上海地区栽培的葡萄品种基本为鲜食葡萄品种，果实成熟期覆盖从特早熟到极晚熟品种系列。因为地处长江入海口，多暖湿气候，栽培面积最大的品种是以巨峰和巨峰系为代表的欧美杂交种。

二、葡萄的植物学形态

葡萄植株具有营养器官和生殖器官。属于营养器官的有根、茎和叶。属于生殖器官的有花、浆果和果穗。它们均有各自的功能，了解和掌握葡萄各器官的形成、功能、生长和结果习性，对于拟定栽培技术措施具有十分重要的意义。

1. 根 葡萄的根系由骨干根和须根构成，葡萄幼根通常呈乳白色，最尖端为根冠，往后具有 2～4 mm 的生长区和 10～30 mm 的吸收区，再往后则逐渐木栓化而成为输导部分。吸收区内的表皮细胞延伸成为根毛，根毛一般长 200 μm，直径 15 μm。植株所需的矿质营养和水分主要经由吸收区进入体内。葡萄的根为肉质，髓射线发达，能贮藏大量的有机营养物质。冬季来临之前，在皮层的薄壁细胞、韧皮部、木质部和髓射线中均能积累大量的糖类、蛋白质和单宁等物质。幼根在结束第一年生长后，外部受损伤的皮层和内皮层干枯而脱落。第二年形成层恢复分裂能力，向内产生木质部，向外产生韧皮部。外围的木栓形成层继续分裂，向外产生大量木栓细胞，每年形成新的皮层，而老的皮层逐渐干枯脱落，几年后内部的次生韧皮部又能恢复分裂能力而形成新的木栓形成层，对根起着保护作用。

葡萄根系的年生长期比较长，在土温常年保持在 13℃以上、水分适宜的条件下，可终年生长而无休眠期。在一般情况下，每年春夏季和秋季各有一次发根高峰，而且以春夏季发根量最多。研究表明，巨峰葡萄当土温达到 5℃时，根系开始活动，地上部分进入伤流物候期；当土温上升到 12～14℃，根系开始生长；土温达到 20℃时，根系进入活动旺盛期；土温超过 28℃时，根系生长受到抑制，进入休眠期；9～10 月气候较凉，当土壤温湿度适宜时，根系再次进入活动期，形成第二次发根高峰；随冬季土壤温度不断降低，根系生长缓慢，逐渐停止活动。

葡萄根系的生长与新梢的生长交替进行，当新梢的生长高峰结束时，根系即进入第一次生长高峰；根系的生长高峰结束时，新梢进入第二次生长高峰；当新梢生长基本停止时，根系又进入第二次生长高峰。根系第一周期的生长量大于第二周期的生长量。

2. 茎 葡萄的茎是蔓生的，具有细长、坚韧、组织疏松、质地轻软、生长迅速的特点，着生有卷须供攀缘，通常称为枝蔓或蔓。葡萄枝蔓由主干、主蔓、侧蔓、结果母枝、当年生新枝、副梢组成。树干为主干（老蔓），不再伸长生长，但不断加粗。主干的分枝称为主蔓，主蔓的生长与结实力密切相关，主蔓越粗壮，结实力越强。带叶片的当年生枝称为新梢，在生长期内新梢一直保持绿色，但果实成熟前 10 d 左右逐渐变为红褐色，成熟为一年生枝。翌年一年生枝变成二年生枝，此后成为多年生枝。带有花序的新梢称为结果枝，不带花序的新梢称为发育枝，当年萌发的枝条称为副梢。新梢和副梢在冬季落叶，这种秋季成熟枝统称当年生枝，或称一年生枝。一年生枝修剪留作为翌年结果枝，称为结果母枝。

新梢的生长要消耗大量养分，因此控制新梢生长，将养分集中于生殖生长，是十分必要的。对新梢反复摘心，使新梢 80% 以上达到径粗 0.7～1 cm，可显著促进新梢成熟、花芽分化，提高抗寒能力。

3. 芽 葡萄的芽是混合芽，有夏芽、冬芽和隐芽之分。夏芽是在新梢叶腋中形成的，当年夏芽萌发，抽生枝为夏芽副梢。冬芽是在副梢基部叶腋中形成的，当年不萌发。冬芽外包被有两片鳞片，鳞片上密生茸毛。冬芽由 1 个主芽和 2～8 个副芽组成。一般仅主芽萌发，主芽在受到伤害、冻害、虫害时副芽才萌发，形成枝条。隐芽是在多年生枝蔓上发育的芽，一般不萌发，寿命较长。

葡萄混合芽在春季萌发，大量生出新梢，然后在新梢第三至第五节的叶腋处出现花序。只要环境条件适宜，冬芽、夏芽都能形成花序。

花芽分化通常是当年 4～5 月开始，到第二年春天完成花序分化。即新梢基部的冬芽，在 4～5 月主梢开花时开始分化，先长出花序原基（突状体），然后分化成各级穗轴原基、花蕾原基、第一花序原基、第二花序原基。到花后 2 个月左右，分化成第二花序原基后，其分化速度即变缓慢，直至秋冬休眠。第二年春天花芽继续分化，直至形成完整花序。

花芽分化状况与环境条件密切相关。当增加肥水、适时摘心，使葡萄植株多积累营养物质、少消耗营养，加上温度适宜、光照充足时，花芽分化就好，花序大，分枝多，花蕾也多，为丰产打下基础。

4. 叶 葡萄叶由托叶、叶柄、叶片组成。托叶对幼叶有保护作用，叶片长大后托叶自行脱落。叶柄基部有凹沟，可从三面包住新梢。叶片形似人手掌，多为 5 裂，少数品种有 3 裂的。

叶片表面有角质层，一般叶有光泽，叶背面密生茸毛或光滑无毛。叶片大小、形状与颜色、裂刻深浅、锯齿形状是否尖锐等，是鉴定葡萄品种的重要依据。

叶的功能是进行光合作用、制造有机营养物质，并进行呼吸作用、蒸腾作用，还有一定的吸肥和吸湿能力。叶片多少与产果量和果实品质有密切关系。

5. 卷须、花序和花 葡萄的花序和卷须均着生在叶片的对面，在植物学上是同源器官，都是茎的变态。

成年葡萄植株新梢一般在第三至第六节处长出卷须，副梢一般在第二至第三节长出卷须。卷须是葡萄攀附其他物体、支撑茎蔓生长不可缺少的器官。不同品种葡萄的卷须着生规律不同。美洲葡萄系品种枝蔓各节均能长出卷须，欧洲葡萄系品种枝蔓断断续续长出卷须。当花芽分化时，如果营养充足，卷须原基可逐步分化成花序；营养不足时，花序原基可变成卷须，生产上常见到卷须状花序。因此栽培管理中，为节约养分常掐掉卷须。

葡萄的花序为圆锥状花序，由花梗、花序轴、花朵组成，通称花穗。葡萄的花由花梗、花托、花萼、花冠、雄蕊、雌蕊组成。

葡萄的花分为两性花、雌能花和雄能花。两性花又称为完全花，具有发育完全的雄蕊和雌蕊，雄蕊直立，有可育花粉，能自花授粉结籽。雌能花的雌蕊正常，但雄蕊向下弯曲，花粉不育，无发芽能力，必须接收外来花粉才能结实。雄能花的雌蕊退化，没有花柱和柱头，但雄蕊正常，有花粉。

绝大多数的葡萄品种具有两性花，通过自花授粉可以正常授粉、受精与坐果。

6. 果穗与种子　葡萄果穗由穗轴、穗梗和果粒组成。葡萄花序开花授粉并结成果粒之后，长成果穗。花梗变为果穗梗，花序轴变为穗轴。果穗因各分枝发育程度的差异而形状不同，有圆柱形、圆锥形等形状。

果粒由子房发育而成。果粒形状有近圆形、扁圆形、椭圆形、卵形、倒卵形等。果皮颜色因品种不同而各异，其着色亦随果实成熟度而变化。果内含有大量水分、故称为浆果。评价品种表现优劣，主要看果形大小、果皮厚薄及是否易与果肉分离、果肉质地、含可溶性固形物多少、糖酸比、色素及芳香物质含量等。果粒紧密度也是一项考核指标。一般鲜食葡萄以穗大、粒大、果粒不过密为最佳。

子房胚珠内的卵细胞受精后发育成种子。葡萄果粒中一般含1~4粒种子，多数有2~3粒。有的品种果粒没有种子，即无核葡萄。通过选种无核品种、授粉刺激、环剥枝蔓、花前及花后赤霉素处理等方法，可获得无核葡萄。

三、葡萄的年生长周期

葡萄在一年中的生长发育是按规律分阶段进行的，每年都有营养生长期和休眠期两个时期。细分葡萄年生长周期，又可分为 8 个物候期。

1. 伤流期　在春季芽膨大之前及膨大时，从葡萄枝蔓新剪口或伤口处流出许多无色透明的液体，即为葡萄的伤流。伤流的出现说明葡萄根系开始大量吸收养分、水分，树体开始进入生长期。

不同品种葡萄的伤流发生早晚不同，当地温达到 5～7 ℃时，欧美杂交种根系开始吸收水分、养分，地温达到 7～9 ℃时欧亚种葡萄根系也开始吸收水分、养分，直到萌芽。伤流液主要是水，干物质的含量极少，所以在伤流量不大的情况下，对葡萄几乎没有害处。但是，在栽培上仍需避免造成不必要的伤口而增加过多的伤流。

2. 萌芽期 随着气温继续回升，当日平均气温稳定在 10 ℃以上时，葡萄根系发生大量须根，枝蔓芽眼萌动、膨大和伸长。芽内的花序原基继续分化，形成各级分枝和花蕾。新梢的叶腋陆续形成腋芽。从萌芽到开始展叶的时期称为萌芽期。萌芽期虽短，但很重要。此时营养好坏，将影响到以后花序的大小，因此要及时采取喷药、施肥、灌水等管理措施。

3. 新梢生长期 从展叶到新梢停止生长的时期称为新梢生长期。新梢开始时生长缓慢，以后随气温升高而加快。到 20 ℃左右新梢迅速生长，日生长 5 cm 以上，出现生长高峰期，持续到开花才变缓。此时新梢的腋芽也迅速长出副梢。此时若营养条件良好，新梢健壮生长，将对当年果品产量、品质和翌年花序分化起到决定性作用。

4. 开花期 从始花期起到终花期止，这段时间为开花期，一般持续 1～2 周。每天 8—10 时，天气晴好、20～25 ℃环境下开花最多。如果气温低于 15 ℃或连续阴雨天，开花期将延迟。盛花后 2～3 d 和 8～15 d 有 2 次落花和落果高峰，落花率、落果率达到 50% 左右，这是正常情况。为提高坐果率，应在花前、花后施肥和浇水，对结果枝及时摘心，人工辅助授粉，喷硼砂溶液。特别是巨峰、玫瑰香等品种，如营养生长过旺会严重落花、落果。

5. 果实生长期 自子房膨大至果实开始变软着色的一段时期称为果实生长期。一般需要 40～60 d。当幼果直径 3～4 mm 时，有一个落果高峰。当幼果生长达到绿豆大小以后，不再发生生理性落果。此期间果实增长迅速，新梢的加长生长减缓而加粗生长变快，基部开始木质化，到此期末即开始变色，冬芽开始花芽分化。

6. 果实成熟期 果实变软开始成熟至充分成熟的阶段，一般需 20～50 d。这时果皮褪绿，红色品种开始着色；黄绿品种的绿色变淡，逐渐呈乳黄色。果实变软有弹性，果肉变甜。种子渐变为深褐色，此时果实完全成熟。

果实成熟期与品种有关，分极早熟、早熟、中熟和晚熟品种。果实成熟期要求高温干燥，阳光充足。部分早熟和中熟品种的成熟期正好赶上雨季，园中易涝，果实着色差、不甜不香。管理上应注意排水防涝、疏叶、去掉无用副梢、喷施叶面肥，使果实较好地成熟着色。

7. 落叶期 果实采收至叶片变黄脱落的时期称为落叶期。果实采收后，果树体内的营养转向枝蔓和根部贮藏。枝蔓自下而上逐渐成熟，直到早霜冻来临，叶片脱落。果实采收后叶片光合作用仍在进行，但日照变弱，树体活动逐渐减弱。叶片合成的葡萄糖等转变成淀粉大量贮藏到枝蔓和根里。所以维持秋叶的正常功能，勿使其早期脱落，是此期管理的一个重要目标。

8. 休眠期 从落叶起到第二年春天根系活动、树液开始流动为止，这段时期称为休眠期。葡萄休眠期植株体内仍进行着复杂的生理活动，只是微弱地进行，休眠是相对的。

四、葡萄生产适宜的生态条件

1. 温度 葡萄是喜温植物，温度影响着葡萄生长发育的全过程，直接决定产量和品质。一般早春 10 ℃以上时葡萄开始萌芽，秋季日平均温度降到 10 ℃以下时，叶片黄萎脱落，植株进入休眠期。葡萄生产结果最适宜的温度是 25～30 ℃，超过 35 ℃生长就会受到抑制，38 ℃以上时果实发育滞缓，品质变劣，叶、果会出现日灼病。

葡萄不同生长期对温度的要求也有不同。如萌芽期，必须日平均气温在 10 ℃以上才开始萌芽；新梢生长期，20 ℃以上时新梢生长加快，花芽分化也快；开花期适宜温度为 20～28 ℃；果实成熟期必须 20 ℃以上且昼夜温差大于 10 ℃时，果品质量才能达到优良。

2. 光照 葡萄是喜光植物，只有光照充足才能顺利地进行生长发育、花序分化和开花结实。若光照不足，光合作用产物少，就会使新梢长势减弱、枝蔓不够成熟，最终造成果实着色不良、品质下降。光照问题在设施栽培中尤显突出，日光温室或塑料大棚必要时需开灯以补充光照。

3. 水分 葡萄是耐旱植物，在北方大多数地方都可栽培，年降水量较多的地区不利于葡萄的栽培。但水是葡萄生长发育不可缺少的物质，特别是生长前期，要形成营养器官就需要大量水分。如果过于干旱，就会出现叶黄凋落，甚至枯死。葡萄在萌芽期、新梢生长期、幼果膨大期需要充足的水分，一般 7～10 d 就应酌情浇水一次，或蓄水保墒。春旱时节尤要注意补水。开花期应减少水分，坐果后应增加灌水以促进果实膨大，但大棚葡萄必须控制湿度，避免病害发生。果实成熟期要严格控制水分，避免导致产量、品质降低和病害蔓延。

4. 土壤要求 葡萄对土壤的适应范围较广，在丘陵、山坡、平原均可正常生长，一般土质类型均能栽培，但以 pH 6.5～7.8 且较肥沃的沙壤土最适宜，在这种疏松、通透性好、保水力强的土壤里，葡萄生长良好。上海市郊区土壤以沟干泥为主，耕作层浅，犁底层以下缺少有机质，土层僵硬，而且地下水位偏高（常年水位 80 cm 左右），为培肥土壤、降低地下水位，以利于葡萄根系的生长，使土壤表面与底层排水相结合，提倡深挖定植沟，沟底铺秸秆或葡萄枝条。

第二节　实用栽培技术

一、建园的园地选择

1. 土肥水条件 葡萄喜中性或微酸性土壤，根系生长需要深、肥、松的土壤条件，在 pH 6.5～7.8 的土壤中都能生长，江南地区大都是水稻田改种葡萄，土壤黏度较大且缺乏有机质，要达到稳产优质的栽培目的，必须着重进行土壤改良。建园土地要选择全年平均地下水位低于 1.0 m 的地方。在水网地带要采用深沟高畦的台田式种植方式，并采用综合降低地下水位的措施，防止因季节性地下水位太高而造成涝害。

除考虑上述因素外，土壤中的重金属和农药含量必须符合无公害或绿色食品土壤环境质量指标，水质条件需符合绿色食品生产水质标准，并要远离排出有毒气体和污水的污染源。

产地符合《绿色食品　产地环境要求》NY/T 391—2000 的规定。

2. 市场与交通条件　葡萄是柔软多汁的浆果，同一品种进入成熟期的时间基本一致，果实成熟后上市期集中，不易贮存，而长途运输易造成果实机械碰伤、果粒脱落、腐烂等损失，所以在葡萄园建园时应选择交通便利、运输方便的位置，对于计划开展种植和旅游相结合的葡萄园区应该选在城市的郊区。对于上市的葡萄大部分进行当地销售，既能降低运输成本，又能减少运输途中产生的损失。

二、种植密度与架式

(一)种植密度

为提高建园后第二年的产量，建园时葡萄株行距可以小一些，每 667 m² 栽种 120 株左右，分为临时行、永久行和临时株、永久株两种类型，以后逐年间伐，每 667 m² 保持 60～70 株。葡萄植株逐年间伐、由密变稀的过程，并不是产量逐年下降的过程。做到产量不减的关键是达到并维持一定的枝叶量。在架面新梢的管理和产量的划分以及树形的培养（包括结果母枝的培育）3 个方面都要坚持临时行（株）给永久行（株）让路和冬夏结合（夏季控梢、冬季挖树）的原则。

（二）架式与树形

1. 平棚架 这类架式的葡萄树具有主干,在主干上部着生主蔓及侧蔓,结果母枝着生在主蔓或侧蔓上,新梢水平均匀分布在架面上。由于棚架分布空间较大,所以适宜于长势旺盛的品种。目前生产上适于平棚架栽培的主要有以下几种树形。

（1）X形 适用于6～8 m宽的单栋小棚。干高1.8～2 m,有2条主蔓、4条侧蔓,定植时株距1.5～2 m,结果后隔株间伐保持株距3～4 m。修剪上结果母枝宜于长、中、短结合,优点是树势比较稳定,缺点是绑梢、摘心、疏果整穗比较费力。

（2）T形 又称为单层水平式整枝。该树形实际上就是主干提高后的单层双臂。干高1.8～2 m,有2条主蔓,定植时株距1～1.2 m,第一年结果后隔行间伐,成为6～12 m的行距,每根主蔓左右延伸3～6 m,植株长势稳定。

（3）H形 适用于连栋大棚。干高1.8～2.2 m,架面由2条主蔓、4条侧蔓组成,结果枝组在侧蔓上。整个树形落叶后呈H形。

（4）王字形（共臂双H形） 适用于连栋大棚。干高1.8～2.0 m,架面由2条主蔓、6条侧蔓组成,结果枝组在侧蔓上。整个树形落叶修剪后俯视呈王字形。

2. 篱棚架 大棚内设3根水泥柱,沿定植行2根,棚中间1根。植于两边行的水泥柱高2.8～2.9 m,埋土60～70 cm,顶部距地面高度2.2 m;植于中间行的水泥柱高3.3～3.5 m,埋土60～70 cm,顶部距地面高度2.7～2.8 m。东西向水泥柱用毛竹联结,每组两边低、中间高,形成屋脊状。

3. 篱架 这类架式的架面与地面垂直,葡萄枝叶分布在垂直的架面上,好像是一道篱笆或篱壁,故称为篱架。适于篱架栽培的树形很多。

（1）双十字V形 行距2.8～3 m,行中间每隔4～5 m埋设1根中柱。离地面100 cm和140 cm处分别扎2根横梁。上横梁长

80～100 cm，下横梁长 60 cm。在中柱和两道横梁的两边共拉 6 道铁丝。将枝蔓绑在中柱两边的铁丝上，新梢绑在上、下横梁的铁丝上，叶幕呈 V 形状态。

（2）双主蔓自由式扇形 行距 2～3 m，株距 1～2 m。采用计划性密植，实行隔株间伐，逐渐达到株距 4～6 m。架材的设置按每隔 4～6 m 在行内埋设中柱，种植行两头埋设 1 根边柱，架面拉 4 道铁丝，新梢绑缚采用上绑（直立向上）、下吊（倾斜行间）的方法，以利于光线的利用。

（3）高干 Y 形 6 m 宽大棚种植 2 行，行距 3 m，株距 1.5～2 m。主干高 1.3～1.5 m，主干摘心后利用顶生 2 个副梢培养为 2 个臂（主蔓），双臂向相反方向伸展。为在单层双臂上培养固定的结果枝组，必须在生长季节对新梢不断摘心，促发副梢，培养结果母枝。冬季修剪时留好双臂的带头枝，夏季在带头枝上按照上一年的做法，通过摘心促发副梢，按一定的方向、距离培养结果母枝。秋季采果后，对临时株实行剪梢，冬季修剪时挖掉临时行，通过冬季修剪，使永久株的双臂得以伸展，占据后来临时株的架面积，最终株距达到 6～8 m。

三、露地栽培实用技术

（一）树体管理

各种葡萄整形方法是各地区自然环境条件下，经过长期实践摸索出来的。不同整形方法看似差别很大，但原理是相通的，即通过整形修剪调整好葡萄营养生长与生殖生长的关系，以达到稳产、丰产、优质的目的。

1. 抹芽 葡萄苗发芽以后，根据整形的要求，除保留 1～2 个芽外，其余全部抹除。抹芽要分批、分期进行。尽量选留低节位的萌芽。瘪芽、不定芽要首先抹除，双芽只能保留 1 个。

2. 及时绑梢 俗话说："要想长，朝上绑。"葡萄新梢长到 50～60 cm 时，就要开始捆梢，否则不利于生长。绑梢前，架材的设置要到位，铁丝要拉好。对于达不到铁丝高度的新梢可以先吊起来，等生长高度达到后再进行绑梢。

3. 合理利用副梢 葡萄产量的形成，主要是光合作用的积累。葡萄定植当年，由于单株新梢生长量小，叶片少，叶面积系数低，不利于光合产物的积累，因此翌年一般情况下产量较低。定植当年夏秋季管理中多留副梢叶片是提高翌年产量的重要措施。

多留叶片，就必须多留副梢。而副梢留多少、留在什么部位上，都要紧密结合架式与树形的要求。

4. 按架式设计培养树形

（1）篱棚架 定植后选留两根新梢作主蔓，呈倒八字形绑缚。如果葡萄只生出一个新梢，必须在长至 50 cm 时摘心，利用顶端 2 根副梢作主蔓。当新梢超过第一道铁丝 10 cm 左右、长度约 80 cm 时，对新梢（主梢）进行摘心，并保留摘心口下面的 3 根副梢。这 3 根副梢的方向不一样，作用也不一样。顶生副梢向上延伸，作主蔓培养，两侧生副梢一左一右，各自沿铁丝平行向前生长，作为翌年结果母枝（其着生部位要挨近铁丝）。其余副梢统一保留 1 叶摘心。基部 40 cm 以内，副梢全抹。第一次主梢摘心后当延长副梢又长出 50 cm 左右时，先绑梢（绑在第二道铁丝上），再进行第二次摘心。这时第一次摘心后的侧生副梢已达到 7～9 叶，要同时摘心。叶腋中的二次副梢均留 1 叶，摘心口仍保留 1 根副梢继续生长，长到 4～5 叶再摘心。

值得注意的是：作为结果母枝培养的侧生副梢不能直立绑，而是先任其自然下垂生长，等"低头弯腰"时再绑在铁丝上。作主蔓延长梢的副梢要直立向上，经过 3 次摘心后（生长到第三道铁丝）就要开始促进加粗生长。方法是主蔓延长梢不再向上绑扎，而是使其自然下垂，促使先端养分回流，加深花芽分化。

此种整形方式可使葡萄当年成熟长度达到 1.5 m 以上，具有 2 根主蔓，每根主蔓有 4～6 根结果母枝，翌年单株产量均在 5 kg

以上。

（2）T 形架　苗木发芽后保留 1 根新梢作主干，长到 100 cm 或 120 cm 时摘心，保留顶端 2 根副梢，往第一道铁丝上南北向引缚，作为主蔓。其下副梢均保留 1 叶摘心。第一次摘心后的 2 根副梢长到 30 cm 左右时，进行第二次摘心，只保留摘心口的顶生副梢向前延伸，其余侧生副梢均留 1 叶重摘心。秋季落叶前两条主蔓成熟长度各达 70～80 cm，第二年冬季实行隔株间伐后，通过修剪再使主蔓向前延伸，最后达到 1.5 m 左右的长度，并在每条主蔓上培养 10 个左右的结果枝组。

（3）平棚 X 形架　定植后保留 1 根新梢作主干，离地面 1.5～1.6 m 时摘心。摘心口留 2 根副梢，形成二分杈，作为主蔓。每条主蔓再形成 2 条副主蔓。培养副主蔓用的新梢要控制加长生长，到 7～9 叶时摘心，并保留部分副梢及副梢叶片。冬季修剪时每条副主蔓保留 1 m 左右，副梢短剪以培养侧蔓和结果枝组。

（二）花果管理

1. 疏花序与整花序　疏花序就是疏除弱枝上的花序，对于中庸枝、徒长枝上的两个以上花序都保留 1 个。整花序在开花前 7～8 d 至初花期进行，大花序去掉副穗后再去掉基部 2～4 个支穗和 1～1.5 cm 的穗尖。对于花序较小的品种不整。

2. 疏果　先将坐果不好的果穗疏掉，弱枝不留穗，中庸枝和强壮枝留 1 穗。对偏大的果穗去掉基部 2～3 个支穗，保留由下往上数 14～16 个果穗的小分枝，使果穗形状成为圆柱形。坐果后至葡萄长至黄豆大小时进行疏粒、整穗，疏除小粒、畸形和过密的果粒。根据品种特点选留合适的留粒数。以巨峰为例，每穗留果 30～40 粒，平均粒重 12～13 g，穗重 400～500 g，每 667 m² 产量 650～750 kg。

3. 套袋　套袋选择晴好天气，早晨果穗表面露水未干时和雨天不宜进行。用药后 1～2 d 内果穗内部果粒间尚有一定湿度时也不宜套袋。套袋方法为：先打开果袋，然后把果穗装入袋内，再把袋口的铁丝在果柄上绕1～2圈扎紧。不同大小的果穗要使用不同大小的果袋。套袋后一周内要对套袋果穗实行抽查，检查果粒上是否有日灼或其他损伤。

（三）土肥水管理

葡萄植株由地上、地下两部分组成，地下部分决定地上部分的长势、产量与质量，所以改善葡萄根系生长环境是优质栽培的基础。土壤中的最主要矛盾是水分与空气的矛盾，土壤中适宜的空气含量是根系进行呼吸及一切生命活动的保障。水分管理是土壤管理中最主要的一个方面。保证土壤中肥料的供给以及土壤中各营养元素之间的平衡是土壤管理的另一个主要方面。南方地区普遍降水偏多，从而导致地下水位较高，更要注意调节土壤中水、气、肥的矛盾，我们将其总结为重视土壤中的"一降一升"，也就是要重视降低土壤地下水位，重视提升土壤有机质含量。

1. 土壤管理　春季清耕，松土锄草2～3次，提高促成棚地温。夏季生草或利用豆科绿肥或稻麦、油菜秸秆于梅雨季节后期覆盖。秋季采收后结合施基肥清耕除草，将葡萄园中修剪下来的枝蔓、残枝、残果、果柄等及时清理干净。

2. 施肥管理　土壤有机质是土壤养分的主要来源，所以葡萄生产中应确定以提高土壤有机质含量为目标的施肥管理方案。这就要求最大幅度地减少化学肥料的使用，提倡土壤覆盖，防治水土流失。每年应定期与不定期地向土壤中投入大量的以有机肥料为主的有机物质，以提高土壤肥沃度，改善土壤的物理和化学性状。

基肥：每年9月下旬至10月上旬施用。挖条状沟，深50 cm，宽60 cm。按照500 g果需2 000～2 500 g肥的标准，每667 m² 使用3～5 t有机肥。施有机肥时在表层土壤中加入过磷酸钙，每667 m² 用量50～100 kg。施基肥后及时浇一次大水。

追肥：每年2次，第一次在开花后果粒膨大初期。肥料种类以三元复合肥为主，每 667 m² 用量 10～15 kg。方法是开条状沟或半圆形沟，沟深 15～20 cm。施肥后及时浇水。第二次追肥在果实软化期（采收前 25～30 d），主要以钾肥为主（硫酸钾），每 667 m² 用量 15～20 kg。追肥方法与第一次相同。施肥后及时浇水。

叶面追肥：早期（发芽后）喷 0.1％～0.125％尿素；花前喷 1～2 次 0.2％磷酸二氢钾，浓度是 0.1％～0.3％；花期喷 1～2 次 0.1％硼砂或 0.05％高效硼，每 667 m² 用量 250 g；坐果后喷 1 次 0.2％尿素，每 667 m² 用量 200 g；果实膨大期到采收前 15 d，喷 2～3 次磷酸二氢钾、1 次微量元素混合肥，果穗拆袋后停止喷施肥料。果实采收后至落叶前每 667 m² 喷 1～2 次 150 g 尿素 500 倍液和 1 次 100 g 磷酸二氢钾 500 倍液。全年叶面肥喷施次数为 8～10 次。

施用绿肥：每年 10 月上旬在葡萄行间间作蚕豆，第二年葡萄开花前翻压，替代一部分秋施基肥。

3. 水分管理

（1）建园　土壤中水分管理的目标有两个。首先是降低地下水位。南方地区多黏壤土，土壤水分含量过多，梅雨季节和暴雨过后，地下水位升高，平原水网地带有时地下水位只有 0～20 cm，对葡萄根系生长影响很大，往往造成葡萄明排暗涝现象。常年积水地块会造成葡萄根系发黑，侧根与毛细根极少，葡萄生长季叶片黄化脱落。所以降低地下水位，提高土壤的透气性，是维持葡萄根系健壮生长的关键。其次是保持地面排水畅通。地面积水程度直接影响到地下水位的高低。大雨过后能否及时排净积水，这对于葡萄的生长至关重要。为了实现上面的两个管理目标，我们提出以下两点管理措施：

① 定植沟设地下排水层。建园时把挖穴种植变为挖定植沟种植。按照种植当年根冠与树冠的比值（1∶2）计算，定植沟宽度应达 100 cm，深度 70～80 cm。底层 20 cm 铺植物秸秆或碎石瓦片，作为地下排水层。下雨或浇水后，根系生长区域内多余的水分通过

渗透从沟底排水层流出去。

② 建立三沟配套系统。三沟系统即"毛沟""腰沟""围沟"系统。毛沟是指两条种植畦之间或两栋大棚之间的浅沟，南北方向一般深度 40～50 cm，上宽 70～80 cm，下宽 50～60 cm，起到排除地表水和作业道的作用。腰沟是指种植园区内每隔 70～90 m 东西方向开挖的排水沟，它把毛沟连接起来，把毛沟里的水和定植沟底的渗透水排到围沟里去。围沟即葡萄园的外围沟系，担负着全园的排水任务，有条件时可以将葡萄园区周围的自然河流作为围沟。

（2）生长期水分管理　葡萄苗种植后至发芽前的水分管理最为重要。俗话说，壮不壮在肥，活不活在水。此期如果少雨干旱，在发芽前要浇水 2～3 次。如果种植后覆盖地膜，要在覆膜前浇透水。葡萄发芽后视降水情况浇水。如果干旱少雨，一般除追肥配合浇水外，还要在两次追肥中间浇 1 次水，每次浇水后都要松土保墒。降水太多时要及时排水。

江南地区的梅雨季节是葡萄周年生长遇到的第一个灾害性气候。其水分管理主要是及时排水，要达到"雨停水净"的目标。园区一旦积水，苗木就容易烂根，同时滋生病害（以黑痘病为主），会严重影响新梢生长。

江南地区梅雨过后的伏旱季节是葡萄周年生长遇到的第二个灾害性气候，其水分管理主要是及时浇水。根据梅雨过后突然高温的特点，要求第一次浇水要早（即突然进入高温后的 1～2 d 就浇 1 次小水）。根据梅雨过后连续高温的特点，要求第二次浇水要"饱"（即连续干旱高温 5 d 以后要浇 1 次大水）。两次浇水过后再视其天气变化做好浇水或排水的工作。

为维持土壤水分，降低伏旱季节的土壤温度，提倡梅雨前在葡萄根系周围用有机物覆盖。如葡萄种植第一年在行间播种蚕豆，盛花期刈割覆盖，或用油菜秸秆、稻草、麦草覆盖等。覆盖物厚度不得少于 10 cm，覆盖面积在葡萄树两边不少于 2 m²，否则效果不会显著。

(四) 冬季管理

冬季修剪与整形一般以落叶后 1 个月开始到发芽前 1 个月结束为宜。上海地区是在每年的 12 月下旬开始,到翌年 1 月底结束。种植当年的冬季修剪以整形为主,根据篱架、棚架各种树形的不同要求,把主蔓、侧蔓及结果母枝配置正确。应以夏季修剪为基础。对各类骨干枝留适当的长度。一般主、侧蔓延长枝的剪口直径不小于 0.5 cm,结果母枝的剪口直径不小于 0.4 cm。结果母枝要以中长梢修剪为主,每 667 m² 留芽量不少于 5 000 个。对营养生长不足的幼树要适当重剪,重新培养骨干枝(主蔓或侧蔓);要充分利用副梢作结果母枝。巨峰一次、二次副梢都能形成花芽,三次副梢(当年 8 月摘心后培养)直径在 0.4 cm 以上时也会有花芽形成。

冬剪前首先要做好植株间伐、整修架材、人员培训、技术考核等准备工作。根据不同的架式、树形维护好树体结构,做到主干不动、主蔓少动。修剪时选留的结果母枝应充分成熟,枝体曲折延伸,节间较短,节部凸出粗大,芽眼高耸饱满,鳞片紧;枝横断面较圆,木质部发达,髓部小,组织致密;无病虫害。

修剪要根据不同品种、树势,选择长梢修剪为主或以中短梢修剪为主的方法。剪去未成熟枝、细弱枝、病害枝、老蔓的残枝和留在结果母枝上的残果、果柄、卷须,虫枝剪到被侵害部位。在留芽前 1~1.5 cm 处剪断。不同的架式和树形留芽量不完全相同。篱架双十字 V 形留芽量较少,一般每 667 m² 留芽不宜超过 6 000 个。棚架 H 形和 X 形因行距较大(一般每行 6 m),虽然单株留芽量不少,但因单位面积内的植株较少,故第一年结果后的每 667 m² 留芽量只能为 5 000 个左右。根据架面空间的大小决定采用单枝更新或双枝更新的方法。

葡萄进入成龄期以后的冬季修剪主要是在维持树形的基础上进行结果母枝的更新与改造。根据树势确定修剪方法。一般强壮树势采用中长梢修剪方法,中庸与偏弱树势采用中短梢修剪为主。篱架栽培每 667 m² 留芽不宜超过 8 000 个,棚架栽培每 667 m² 留芽不宜超过 6 000 个。壮树枝与芽比例是 1：(6～7)；中庸或衰弱树枝与芽比例是 1：(5～6) 或 1：(4～5)。

四、设施栽培实用技术

(一) 促成栽培

促成栽培就是大棚采用加温或保温措施，使葡萄早发芽、早开花、早成熟，从而达到成熟期提早目的的一种栽培方式。

1. 覆膜 促成栽培是南方地区设施栽培的一种主要形式。在设施大棚的钢管骨架上覆盖塑料薄膜，形成相对密闭的小空间，提高了棚内温度，与露地栽培相比积温增长加快，让葡萄能够提早成熟、提前上市。覆膜往往是一个生产季开始最早的工作，而覆膜时间和覆膜后的温度和湿度管理则是这一年生产工作顺利开展的基础。

(1) 覆膜前的准备工作 首先清除园内树枝、石块、砖块、铁丝等可能划破塑料薄膜的物件，做好大棚的维修工作。覆膜前一周浇水，以保证萌芽时期棚内湿度。

(2) 覆膜时间与方法 因为设施促成栽培无加温处理，所以要求葡萄发芽后棚内的平均温度必须稳定在 10 ℃以上，根据经验南方地区 3 月以后温度大致可达到这一要求。在 1 月底至 2 月初覆膜保温，覆膜后 1 个月左右进入萌芽期。

覆膜时一般 6 个人合作进行，将薄膜沿大棚间毛沟拉直，然后用绳拴紧一角，拉至大棚另一侧，将棚膜拉平整，以无明显皱褶为准。用塑料夹夹住棚两边，防止薄膜被风刮起，最后用卡簧将塑料薄膜卡在卡槽中。

(3) 温度和湿度管理 棚内温度变化要经过一个缓慢的过程，天膜、裙膜覆好后开门 3～4 d 再封门升温。葡萄发芽后每天开门放风，放风时间视棚内温度而定，低于 15 ℃时及时保温，超过 30 ℃时及时放风，防止过早萌芽和新梢的徒长。催芽期棚内湿度维持 90%以上，以保证萌芽顺利。发芽期棚内湿度维持 80%左右。

2. 发芽后的管理

（1）温湿气管理与调节 一是防止高温，以免新梢生长过快导致抗寒力下降。此期要做到棚内 25 ℃时开门放风，低于 20 ℃时关门升温。白天 20 ℃以上，晚上 8～10 ℃即可。二是遇寒流采取防冻措施，如寒流到来之前浇水增加空气湿度，大棚增加覆盖保温、喷施防冻液等。

葡萄发芽后的大棚湿度要控制在 70% 左右，特别要防止高温、高湿的情况出现。新梢迅速生长期与开花期白天应及时开门和打开裙膜通风透气，控制棚内温度不超过 33 ℃。大棚内湿度过高或浇水后，应及时开门和打开裙膜通风降湿。高温干旱时应及时浇水，提高棚内湿度，以湿调温，预防高温伤害。

阴雨天气温虽低，但也需要进行短时间的通风换气。

（2）树体管理 设施促成栽培模式下，葡萄一般在 2 月底到 3 月初萌芽进入生长期，自此树体管理工作开始进行。在开花、坐果前树体管理的内容主要有抹芽、主梢摘心与副梢处理、绑梢等。

① 抹芽。抹芽一般分两次进行。葡萄萌芽后，当芽长到 3～5 cm 时进行第一次抹芽。这次抹掉结果母枝上发育不良的基节芽和双芽，三生芽中尖而瘦的弱芽及早抹去，保留粗大而扁的芽。第二次抹芽在芽长出 8～10 cm 至展叶初期，能够明显看清有无花序时进行，将无生长空间的瘦芽和结果母枝前端无花序及基部位置不当的瘦弱的芽抹掉，保留前端有花序的芽作为结果母枝，基部位置好的芽作为预备枝。此次抹芽实质上是一次初定梢工作。

② 主梢摘心与副梢处理。开花前 5～7 d 或初花期进行。新梢花序以上留 5～7 叶摘心，营养枝保留 8～10 叶摘心。摘心口保留 1 个夏芽（副梢），其余副梢留 1 叶摘心。将花序以下的副梢除去，当需要培养预备枝时保留 1～2 个副梢。主梢摘心与副梢处理同时进行。

③ 绑梢。自开花前进行。先对主蔓带头新梢和预备枝上的新梢进行绑缚，坐果后至套袋前全部新梢绑缚完毕。

（3）土肥水管理

① 土壤管理。春季清耕，松土锄草 2～3 次，提高促成棚地温。夏季生草或利用豆科绿肥或稻麦、油菜秸秆于梅雨季节后期覆盖。秋季采收后结合施基肥清耕除草，将葡萄园中修剪下来的枝蔓、残枝、残果、果柄等及时清理干净。

② 施肥管理。

a. 土壤施肥。萌芽后追肥根据树势而定。壮树不施追肥，弱树在发芽后 15～20 d 每 667 m² 施用 5～10 kg 尿素或 10～15 kg 三元复合肥（15 - 15 - 15）。施肥方法是开浅沟施，施后浇水。葡萄坐果后（幼果膨大期）根据树势和产量每 667 m² 施用三元复合肥 15～20 kg 和 5 kg 尿素或每 667 m² 只施用三元复合肥 20～25 kg。方法是开浅沟施，施后浇水两次，中间间隔 7～10 d。葡萄果实软化期开始着色，根据产量状况每 667 m² 施用 15～20 kg 硫酸钾。方法是开浅沟施，施后浇水。

b. 叶面喷肥（表 2 - 1）。花期以前强壮树势以喷施磷酸二氢钾为主，花期喷硼。幼果期至果实软化期以喷施尿素为主，果实着色期以喷施磷酸二氢钾与多种微量元素为主。后期（果实采收后至落叶前）以喷施尿素为主。

表 2 - 1　葡萄结果后年周期叶面施肥

树势	物候期	叶面肥种类	喷施浓度	树势	物候期	叶面肥种类	喷施浓度
强壮树势	花前新梢生长期	磷酸二氢钾	1 000 倍	中庸树势	花前新梢生长期	尿素	1 000 倍
	开花期	硼砂	1 000 倍		开花期	硼砂	1 000 倍
	幼果膨大期	磷酸二氢钾	500 倍		幼果膨大期	尿素	500 倍
	果实软化期	磷酸二氢钾	500 倍		果实软化期	磷酸二氢钾	500 倍
	果实采收前	钙、镁、钾、硼、锌等复合微肥	1 000～1 200 倍		果实采收前	钙、镁、钾、硼、锌等复合微肥	1 000～1 200 倍
	果实采收后	尿素与磷酸二氢钾交替使用	500 倍		果实采收后	以尿素为主	500 倍

③ 水分管理。根据葡萄发育的各个物候期水分需求特点，开花前浇一次小水，开花后结合施追肥浇中水。幼果膨大期至果实软化期浇 2～3 次中水。果实着色后应控制水分。果实采收前 7～10 d 浇小水。果实采收结束后揭膜露地栽培，天气干旱时浇水。秋施基肥后浇大水。

（4）病虫害防治 冬春季彻底清园。结合冬季修剪，春季复剪去掉枯枝残桩，刮净树皮。芽萌动期喷 5 波美度石硫合剂［石灰、硫黄、水的比例是 1：2：（13～15），熬至原液浓度 28～32 波美度］，淋洗式喷施。开花期前后用杀虫药 1～2 次防治灰霉病和浮尘子、透翅蛾等害虫。幼果期用 0.1～0.3 波美度石硫合剂或其他广谱性杀菌剂防治白粉病，用药后果穗套袋，至采收结束前不再用药。采收后（8 月底至 10 月上旬）用 1～2 次 1：1：200 倍波尔多液。

3. 花果管理

（1）除梢与定梢 在抹芽的基础上最后对架面留枝密度的调整，决定植株新梢的分布、枝果比和产量。新梢进入迅速生长期后，分 2～3 次除去部分多余新梢。按照架面积和目标产量保留一定量的新梢。平棚架一般每平方米架面留 6～8 梢，篱架架面梢距 20～25 cm，每 667 m² 留 2 500～2 800 根新梢。徒长树坐果后定梢，中庸树开花前定梢。以巨峰为例，每 667 m² 留梢 2 200～2 300 根，梢：穗＝（1.1～1.2）：1，叶：果＝1：（1.2～1.5）。

（2）疏花序与整花序 疏花序就是疏除弱枝上花序，对于中庸枝、徒长枝上的两个以上花序保留一个。整花序在开花前 7～8 d 至初花期进行，大花序去掉副穗后再去掉基部 2～4 个支穗和 1～1.5 cm 的穗尖。对于花序较小的品种不整。

（3）疏果、套袋

① 疏果。先将坐果不好的果穗疏掉，弱枝不留穗，中庸枝和强壮枝留 1 穗。对偏大的果穗去掉基部 2～3 个支穗，保留由下往上数 14～16 个果穗小分枝，使果穗形状成为圆柱形。坐果后至葡萄长至黄豆大小时进行疏粒、整穗，疏除小粒、畸形和过密的果

粒。根据品种特点选留合适的留粒数。以巨峰为例，每穗留果30～40粒，平均粒重 12～13 g，穗重 400～500 g，每 667 m² 产量650～750 kg。

② 套袋。套袋选择晴好天气，早晨果穗表面露水未干时和雨天不宜进行。用药后 2 d 内果穗内部果粒间尚有一定湿度时也不宜套袋。套袋方法即先打开果袋，然后把果穗装入袋内，再把袋口的铁丝在果柄上绕 1～2 圈扎紧。不同大小的果穗要使用不同大小的果袋。套袋后一周内要对套袋果穗实行抽查，检查果粒上是否有日灼或其他损伤。

（4）温湿气管理　开花期至幼果膨大期夜温较低时需夜间保温。田间气温平均 20 ℃左右，没有较大变化时，去掉促成棚大棚裙膜，保留天膜避雨。开花期棚内湿度以不超过 60％为宜，此湿度范围利于葡萄授粉和受精。幼果发育期棚内湿度维持在 70％左右。

4. 秋季管理　9～10 月，葡萄采收基本结束，揭掉大棚塑料薄膜，设施栽培的葡萄转为露天栽培，充分享受阳光雨露。这一时期工作的重点是保护树体叶片，防治早期落叶以及秋施基肥。

（1）防治早期落叶　葡萄果实采收后棚膜已揭掉，叶片病害增多，如果不及时防治容易造成过早出现黄叶、老叶。在设施栽培揭膜后要喷施 1～2 次 1∶1∶200 倍的波尔多液，达到控制病害、保护叶片的目的。幼树还应在 9 月中下旬施用一次杀虫药，以防治浮尘子和虎天牛。杀虫药剂和波尔多液应间隔 7～10 d 喷施。在用药的同时还可以适量补充氮肥，以延长叶龄，提高光合作用。

（2）及时施基肥　秋施基肥一般在 9 月中下旬开始，10 月中下旬结束。此时葡萄进入一年中的根系第二次生长高峰，施用基肥对肥料的吸收及树体贮藏养分的提高都有好处。葡萄使用基肥应以有机肥为主，一般是工厂化生产的畜粪与其他有机物合成的，也可施用充分腐熟发酵的自制有机肥。根据土壤的 pH，同时施入一部分过磷酸钙或钙镁磷肥。施肥量根据土壤肥力和树体生长情况而定，一般新建葡萄园每 667 m² 施有机肥 3～5 t、磷肥 50～100 kg。

秋施基肥提倡开沟施用，在葡萄行的一侧开 40～50 cm 深、60～70 cm 宽的施肥沟，将有机肥与土拌匀，表层 15～20 cm 处施用磷肥。施肥沟要与建园时挖的定植沟接通，如定植沟宽 100 cm，则离开树干 50 cm 挖施肥沟，中间不留隔墙，以确保根系的正常生长。施肥过程中挖断一些细小根，可以起到根系修剪的作用，但在挖施肥沟时应注意不要伤及粗根。

（3）水分管理　基肥施用结束后应及时浇一次透水，如果下小雨仍需浇水。

5. 冬季管理

（1）冬翻　南方葡萄园冬翻的时间在小雪到大雪节气之间。在这个范围内，宜早不宜迟。冬翻时注意保护根系，根际 1 m 范围内宜浅，深度在 10～20 cm，离根际较远的地方深度要达到 20～30 cm。冬翻可以使土壤疏松透气，改善周年管理中施肥等操作引起的土壤板结情况。

（2）修剪与绑扎　冬剪前首先要做好植株间伐、整修架材、人员培训、技术考核等准备工作。根据不同的架势、树形维护好树体结构，做到主干不动、主蔓少动。修剪时选留的结果母枝应充分成熟，枝体曲折延伸，节间较短，节部凸出粗大，芽眼高耸饱满，鳞片紧；枝横断面较圆，木质部发达，髓部小，组织致密；无病虫害。

修剪要根据不同品种、树势，选择长梢修剪为主或以中短梢修剪为主的方法。剪去未成熟枝、细弱枝、病害枝、老蔓的残枝和留在结果母枝上的残果、果柄、卷须，虫枝剪到危害部位。在留芽前 1～1.5 cm 处剪断。不同的架式和树形留芽量不完全相同。篱架双十字 V 形留芽量较少，一般每 667 m² 留芽不宜超过 6 000 个。棚架 H 形和 X 形因行距较大（一般每行 6 m），虽然单株留芽量不少，但因单位面积内的植株较少，故第一年结果后每 667 m² 留芽量只能在 5 000 个左右。根据架面空间的大小决定采用单枝更新或双枝更新的方法。

葡萄进入成龄期以后的冬季修剪主要是在维持树形的基础上进

行结果母枝的更新与改造。根据树势确定修剪方法。一般强壮树势采用中长梢修剪方法，中庸与偏弱树势采用中短梢修剪为主。篱架栽培每 667 m^2 留芽不宜超过 8 000 个，棚架栽培每 667 m^2 留芽不宜超过 6 000 个。壮树枝和芽比例是 1：(6～7)；中庸树或衰弱树枝和芽比例是 1：(5～6) 或 1：(4～5)。

（二）避雨栽培

避雨栽培是长江以南地区较流行的一种生产模式。因为南方地区降水较多，特别是在果实成熟期降水多，极易引起病害，大大降低果实品质。避雨栽培模式给葡萄提供了隔绝雨水的小环境，让抗病性较弱的欧亚种也能够"下江南"。避雨栽培覆膜后具有部分保温效果，也会起到促进葡萄提前成熟、提早上市的作用。

1. 覆膜 避雨栽培在 4 月初覆膜，此时露地栽培的葡萄已经萌芽，覆膜后可以为葡萄整个生长季起到隔绝雨水的作用。

2. 年周期管理 避雨栽培物候期要比促成栽培推迟 20～30 d，年周期管理同促成栽培，但是避雨栽培无需人工破眠。

五、果实的采收、包装和贮藏保鲜

（一）果实采收

采收是葡萄生产的一个重要环节，是果实管理的最后一项内容。要按照适时、细致、分批、分期的原则把好采收质量关。

葡萄要适时采收，采收过早或过晚都会影响果品质量和产量。早采收葡萄未充分成熟，酸度高，色泽不良，含糖量低，无法体现该品种固有的色、香、味特点。晚采收，葡萄过熟后也会出现一些不良性状，如果皮皱、果肉松软、有异味或落粒等。

1. 果实成熟与标准 葡萄充分成熟后果实会软化，展现出本品种应有的色泽，口感上无涩味，酸度低而糖度较高，可溶性固形物含量因品种而异，一般要达到 15% 以上，此时才可按成熟度分批采收。以巨峰为例，果粒由紫红色转化为紫黑色，并且在果粒上覆盖一层厚厚的果粉，可溶性固形物含量 16％时采收品质最佳。

2. 采收注意事项　采收前 10～15 d 进行拆袋。沿葡萄袋缝合线向上拆开翻卷，变为灯罩状，大面积单一品种可分批拆袋。

采收一定要选择成熟果穗，严格禁止采收未完全成熟果穗。采收前修整果穗，剪除果穗上的病、虫、鸟危害过的果粒，干枯的果粒，腐烂的果粒，挤破压烂的果粒，发育不完全的小青粒或着色不良、成熟度低的果粒。采收时，左手持果穗，右手握采果剪，在距离果穗 3～5 cm 处剪断，随即将剪下的果穗轻放进采果筐内。采收过程中要轻拿轻放，采果筐不能码放过高。

(二) 果实分级与包装

分级前先用疏果剪剪除果穗的病粒、烂粒和青粒。在此基础上按照果穗、果粒的大小、色泽、果穗的整齐度等进行分级。上海市地方标准——《上海果品等级　葡萄》（DB31/T 645—2012）从外观等级和理化指标两个方面规定了葡萄的分级规格（表 2-2、表 2-3）。

表 2-2　葡萄外观等级

项目	等级		
	特级	一级	二级
基本要求	果穗充分发育并达到合适的成熟度，外形典型而完整，果梗、穗梗完整新鲜；果粒发育正常、完整、形状好，与梗连接牢固，无异味；果粒表面洁净，无腐烂；没有害虫；无小粒、青粒，无干缩果		
特征色泽	紫黑色、紫红色、粉红色、黄绿色		
着色度	100％	85％以上	75％以上
果穗整齐度	整齐	较整齐	较整齐
果穗紧密度	中等紧密	中等紧密	紧密过度或松散
果粒均匀度	均匀	均匀	较均匀
果粉	完整	较完整	较完整
果面缺陷	无	无	允许轻微缺陷，在 5％以下

表 2-3　葡萄理化指标

品种	特级			一级			二级		
	穗重(g)	果粒重(g)	可溶性固形物≥(%)	穗重(g)	果粒重(g)	可溶性固形物≥(%)	穗重(g)	果粒重(g)	可溶性固形物≥(%)
夏黑	400~500	6~7	18	400~550	6~7	17	350~550	5~7	16
京亚	400~500	9~10	16	400~500	8~10	15	300~500	8~10	14
喜乐	300~350	3~4	17	200~350	3~4	16	150~400	3~4	15
矢富罗莎	500~600	8~9	16	500~650	7~9	15	450~650	7~9	14
奥古斯特	500~600	9~10	15	500~650	8~10	14	450~650	8~10	13
巨峰	400~500	12~13	18	400~550	11~13	17	350~550	11~13	16
巨玫瑰	400~450	8~9	19	350~450	8~9	18	300~450	7~9	17
藤稔	600~650	16~17	16	600~750	15~17	15	600~750	15~18	14
申丰	400~500	9~10	17	400~500	8~10	16	350~500	8~10	15
醉金香	500~600	8~9	17	550~700	8~10	18	500~700	8~11	17
里扎马特	600~650	9~10	16	600~700	8~10	15	600~750	8~10	14
无核白鸡心	600~700	7~8	15	650~750	7~9	14	550~750	7~9	13
意大利	400~450	8~9	17	400~500	7~9	16	400~550	7~9	15
秋红	600~650	7~8	17	600~700	6~8	16	600~700	6~8	15
美人指	700~750	9~10	16	650~800	8~10	15	600~800	8~10	14
金手指	350~400	6~7	19	300~400	6~8	18	300~450	6~8	17

　　包装质量的好坏直接影响果品价格的高低和销售的难易程度。包装材料应清洁，符合安全要求。包装内无异物。包装有明确标识，应包括：品种名称、产地、果品等级、净含量、包装日期、质量标志等，要求字迹清晰、完整、准确。

第三节　病虫识别与防治

一、葡萄的主要病害与防治

　　葡萄病害的种类很多，有病理性病害与生理性病害两种类型。

上海地区由于雨热同期，夏季高温、高湿，病害的发生与北方不同，露地栽培和设施栽培的病害发生规律也有着明显差别。现将上海地区易发生的病害做简要介绍。

（一）病理性病害

1. 葡萄霜霉病 葡萄霜霉病是我国葡萄产区的主要病害之一。在高温多湿的南方产区和北方多雨的年份发病严重，造成早期落叶，影响产量和树势。上海地区采用设施栽培降低了霜霉病的发病率，基本不发生，露地栽培多在6～7月和9～10月为盛发期。

症状：叶片受害，叶表出现淡黄色不规则、油渍状斑点，扩大后呈黄褐色、边缘不明显的多角形大斑，环境潮湿时，病斑于叶背面产生一层白色霜状霉层。嫩梢、花梗感病后同样产生油浸状病斑，以后颜色变褐，稍凹陷，表面产生稀疏的白色霜层。幼果感病后，病果面变成灰绿色，上面布满白色霜层。

防治措施：上海地区设施栽培条件下一般不会发生，秋季大棚揭膜后用一次1：1：（200～240）倍波尔多液即可；露地栽培葡萄梅雨前用波尔多液防治，采后用1～2次波尔多液，发病严重时先用杀菌药再喷施波尔多液。

2. 葡萄黑痘病 葡萄黑痘病为葡萄主要病害之一，我国各葡萄产区均有发病，尤以南方多雨地区发病重。该病菌喜高温多湿气候，主要在萌芽及幼果期造成危害。上海地区露地栽培危害较重，设施栽培基本不发病。

症状：叶片病斑直径在1～4 mm，呈灰褐色，边缘色深。随叶的生长，病斑变形成穿孔。叶脉感病后，病斑呈圆形或不规则形凹陷，且常龟裂。幼果受害后，病斑中央呈灰白色、凹陷，边缘褐至深褐色，形似鸟眼状，后期病斑硬化、龟裂，果小味酸，不能成熟。

防治措施：上海地区黑痘病一年发生两次，第一次在5月1日前后，结果期最为严重。露地栽培在5月1日前后用一次1：0.8：（240～260)倍波尔多液，进入梅雨季节选晴好天气再用一次即可防治此病。

3. 葡萄灰霉病 葡萄灰霉病又称为葡萄灰腐病。沿海及南方多雨潮湿地区，危害十分严重，是上海地区葡萄栽培主要病害，尤其是设施栽培的重要病害。多雨冷凉易诱发此病。

症状：花序、幼果感病后，产生淡褐色水渍状病斑，扩展后呈暗褐色，表面产生灰褐色霉层，即分生孢子，稍加触动呈烟雾状飞散，被害花序或幼果萎蔫、干枯、脱落。果实近成熟期和贮藏期发病，产生褐色凹陷病斑，很快使整个果实腐烂，并在果面产生鼠灰色的孢子堆。叶片感病后，产生不规则的褐色病斑，有时呈现不规则的轮纹，空气潮湿时病斑上亦产生灰色孢子堆。

防治措施：上海地区一年发生两次，以花期至幼果期发病危害最大。该病往往与轴枯病混合发生，一般灰霉病在轴枯病之前发生，两种病害可使用同一类农药防治。

4. 葡萄炭疽病 葡萄炭疽病是葡萄浆果成熟期发生的重要病害之一。高温多雨是发病条件，该病是上海地区露地栽培常见病害，设施栽培不易感病。

症状：该病主要危害果实。果面产生水渍状淡褐色斑点或雪花状斑纹，渐扩大呈圆形、深褐色、稍凹陷的病斑，其上产生许多黑色小粒点，排列成同心轮纹状。在潮湿的情况下，小粒点涌出粉红色黏稠状物。穗轴、叶柄感病时，也产生症状，但不常见。

防治措施：控制产量，果穗套袋，以预防为主，发病初期及时使用杀菌药防治。

5. 葡萄白腐病 葡萄白腐病是葡萄重要病害之一，发生于我国各葡萄产区。上海地区露地和设施栽培均有发病，露地栽培较重，设施栽培可显著降低发病率。

症状：该病主要危害果实，也危害嫩梢和叶片。果穗发病时，先在穗轴或小果梗上产生水渍状、浅褐色不规则的病斑，蔓延到果粒后颗粒变褐软腐，果面密生灰白色小粒点，后病果失水干缩成有明显棱角的僵果。新梢发病时，病斑初起呈水渍状、淡褐色，后扩大呈暗褐色、稍凹陷的椭圆形斑，后期皮层与木质部分离，并纵裂成乱麻状，其上部叶片变红或变黄。病斑环绕一周后上部叶片逐渐枯死。叶片发病多在叶缘或破伤处发生，起初为水渍状、浅绿色、圆形或不规则病斑，形成深浅不同的轮纹。

防治措施：控制产量，多施有机肥，控制氮肥使用量，幼果期及时套袋，拆袋后至采收前去除病粒。发病重的葡萄园可在套袋前与防治炭疽病一样用一次广谱性的杀菌剂。

6. 葡萄白粉病 葡萄白粉病也是葡萄重要病害之一，我国各葡萄产区均有分布。在高温干燥的季节和干旱年份发病严重。上海地区露地栽培不易发病，设施栽培因环境条件改变易发此病。

症状：发病部位常常产生白色至灰白色的粉状霉层，粉斑下面有黑褐色网状花纹。果实受害后，停止生长，有时变畸形。多雨时病果纵向开裂，果肉外露易腐烂。叶片受害后，当粉斑蔓延到整个叶上表面时，叶片变褐、逐渐焦枯。新梢受害后，表皮出现很多花斑，有时枝蔓不易成熟。果梗、穗轴受害后，质地变脆，极易折断。

防治措施：该病发生于高温干旱时期，露地栽培一般不会发生，大棚栽培注意调整棚内湿度，也可在套袋前与防治炭疽病、白腐病一起喷施 $0.01 \sim 0.03$ 波美度石硫合剂。

（二）生理性病害

生理性病害又称为非侵染性病害，是受不良环境或因栽培管理不善而引起的生理缺陷与障碍。生理性病害往往为侵染性病害创造发病条件，或二者合一，使病害危害加剧。此处简要介绍上海地区几种常见的生理性病害。

1. 葡萄生理裂果 葡萄生理裂果多发生在葡萄果实生长后期，即果实进入着色期以后，从果梗至果顶的果皮与果肉纵向开裂，开裂的果实流出汁液，有的甚至露出种子。果实开裂后，容易滋生腐生性的微生物，使果实腐烂变质，不能食用，同时还招来大量苍蝇、胡蜂等昆虫，进一步危害其他健康果粒甚至传染病菌。

葡萄生理裂果主要是果实成熟期久旱之后降水骤多造成的。保持土壤水分的均衡,不大旱大灌是减少与防止生理裂果的首要措施。葡萄产量偏高、叶量不足、养分失调,也是造成生理裂果重的原因。改良土壤,降低地下水位,多施有机肥和磷钾肥,使葡萄根系有一个良好的生长环境,这是从根本上解决生理裂果的最佳方案。

2. 葡萄水罐子病 葡萄水罐子病又称为果实转色病,是葡萄树体内营养失调所致,成熟期高温多雨时发病重。主要表现在果穗上,果粒接近成熟着色后才开始出现症状。有色品种表现为着色不正常,果皮颜色暗淡失去光泽;无色品种表现为水泡状。发病果实含糖量显著降低,果味酸,果肉水分增多变软,皮肉极易分离,成为一包酸水,用手轻捏,水滴成串溢出,故有"水罐子"之称,病果完全失去食用价值。

葡萄水罐子病主要是由于营养失调或营养不足所导致的一种生理病害,即由果穗负荷量和叶片制造养分之间的矛盾所导致的结果。所以,水罐子病一般在树势衰弱、摘心重、负载量过多、肥料不足和有效叶面积小时,病害发生严重。另外,地下水位高或果实成熟期遇雨,田间湿度大,温度高,影响养分的转化,此病发生也较重。

防治措施:控制产量,复壮树势,多施磷钾肥,土壤保持疏散透气,促进根系发育。

3. 葡萄日烧病 葡萄日烧病也称为日灼,是高温(强光照)对果实、叶片造成的一种伤害。严重时降低 20%～30% 的产量,而且造成果穗松散不整齐,影响果实品质。受害果粒最初在果面上出现淡褐色、豆粒大小的病斑,后逐渐扩大成椭圆形,大小 7～8 mm 的干疤,病斑表面稍凹陷,受害处易遭受炭疽病菌或其他果腐病菌的后继侵染而引起果实腐烂。浆果在硬核期易发生此病,着色后即较少受害。

葡萄日烧病的发生是由于果实受到烈日暴晒后,表面温度急剧升高,形成水烫状凹陷干疤。向阳面果实发生重,产量超标时发生重。

防治措施:生产上保留适宜的叶果比,注意副梢处理程度,合理施肥,防止氮肥过多。

二、葡萄的主要虫害与防治

葡萄生长发育的各个阶段均可遭受多种害虫的危害，致使品质和产量下降。为害葡萄的害虫有 300 多种，一般发生普遍而严重的有 10 多种。侵害芽、叶的刺吸口器害虫主要有葡萄斑叶蝉、绿盲蝽、烟蓟马等，都造成葡萄嫩梢萎蔫、叶片枯焦早落。咀嚼式口器食叶害虫中最常见的有葡萄天蛾、金龟甲类；葡萄透翅蛾和葡萄虎天牛则是重要的蛀干害虫；葡萄粉蚧类介壳虫主要聚集在枝蔓上刺吸汁液，并常诱发霉菌和其他传染性病害的发生。此处针对上海地区易发的葡萄虫害做简要介绍。

1. 葡萄透翅蛾 葡萄透翅蛾属鳞翅目、透翅蛾科，幼虫蛀食新梢及老蔓。新梢被害处节间膨大，蛀入孔处有褐色虫粪，危害严重时被害部上方枝叶枯萎，果实萎蔫脱落。

防治措施：应在开花前后连续使用 2～3 次杀虫药，花后绑扎新梢时发现萎缩新梢及时清理。冬季修建时将被害老蔓及有膨大特征的一年生虫枝剪去，集中烧毁。开花前使用性诱剂，防治效果最佳。

2. 葡萄虎天牛 葡萄虎天牛又名葡萄枝天牛，属鞘翅目、天牛科，危害葡萄枝蔓。初龄幼虫在被害枝蔓中越冬。翌年 4 月中下旬开始蛀食活动。开花前发现新梢死亡，多为虎天牛所害，一直到开花期陆续出现。

防治措施：结合冬季修剪，认真清除虫枝，予以烧毁。春季萌芽后定期检查树体，凡结果母枝萌芽后萎缩的，多为虫枝，应及时剪除。

3. 介壳虫 介壳虫种类很多，常见的有葡萄粉蚧，同翅目、粉蚧科。其成虫和若虫在叶背、果实阴面、果穗内层的穗轴、穗梗等处刺吸汁液，使生长发育受到影响。果实或穗梗被害时，其表面呈棕黑色油腻状，不易被雨水冲洗掉。发生严重时，整个果穗被白色棉絮物所填塞。被害果穗外形不美观，果实含糖量下降，品质降低，失去商品价值。

各类介壳虫的防治措施基本相同：冬季剥除树皮，消灭越冬卵块和若虫；萌芽前喷施 3～5 波美度石硫合剂。虫害发生严重时，应在幼虫发生期用 1～2 次杀虫药。

4. 葡萄天蛾　葡萄天蛾俗称豆虫，属鳞翅目、天蛾科。幼虫危害叶片。低龄幼虫将叶片啃食成缺刻或孔洞，稍大则将叶片食光，残留部分叶脉。幼虫食量很大，往往一个虫子能把一个副梢的叶片全部食光。虫粪较大，黑色，近圆形，有凹陷纵沟，散落于地面。

防治措施：结合中耕锄草消灭虫蛹，幼虫期喷施 2 次杀虫药。少量发生时可视虫粪的位置在新梢叶片上捉除。

5. 浮尘子　又名二星叶蝉。此虫在上海地区一年发生 3 代，以成虫在落叶、石缝、杂草中越冬。此虫以成虫、若虫吸食叶片汁液危害。受害叶片先是点状失绿，产生小白点，小白点相连而成白斑。受害严重时全叶苍白，早期落叶，严重影响树势及花芽分化。虫粪排泄于果面，使果实受到污染。

防治措施：葡萄园保持清洁，及时清除杂草，冬季清扫落叶，集中销毁。加强树体管理，不使架面太密，降低虫口密度。

三、葡萄病虫害的综合防治理念

葡萄的病虫害防治是一个复杂的系统工程，要善于抓住各个物候期内在葡萄上危害最重的主要病害，集中力量解决其危害性，同时注意次要病害的发展和变化，有计划、有步骤地解决一些次要病害。在病虫害防治过程中必须贯彻"预防为主，综合防治"的植保方针。安全使用农药和植物生长调节剂应掌握下面 4 个原则：

一是选择使用矿物源农药为主，双低化学农药为辅，大力推广使用物理防治。

二是掌握适当的间隔期，采收前 7～10 d 不能用药，每个品种在成熟采收期间不得用药。

三是选择使用具有农药登记证的植物生长调节剂，在提高坐果、促进膨大两个环节，以很低浓度使用植物生长调节剂或不使用植物生长调节剂。成熟前与采收期一般不使用任何催熟的植物生长调节剂。

四是葡萄进入成熟期，在采收前最好把果品送至有关专业机构检测，确保果品的安全性。

表 2-4　上海地区幼树病虫害防治工作历

时间	病害名称	虫害名称	用药类型	注意事项	备注
4月底至5月初	—	绿盲蝽	双低杀虫药	清除越冬杂草、间作物，同时用药	可加入叶面肥共用
5月中旬至5月底	黑痘病	浮尘子、透翅蛾	有效杀菌药、双低杀虫药	除波尔多液、石硫合剂外其他杀菌和杀虫药可以混用	石硫合剂不能与任何叶面肥混用。波尔多液可以与尿素混用。其他化学杀菌剂、杀虫剂可以与尿素混用
6月上旬（梅雨季节前）	黑痘病、霜霉病	—	1:(0.8～1):250倍波尔多液	选择晴好天气用药，早晨葡萄叶片露水未干时不能用药	可与尿素混用
6月下旬至7月中旬	—	浮尘子等	双低杀虫药	高温天气用药要避开中午前后时段	可与叶面肥混用
7月底至8月上旬	霜霉病、黑痘病	浮尘子、虎天牛	1:1:200倍波尔多液或杀虫剂	防治虎天牛用杀虫剂，防治霜霉病用波尔多液，二者不可混用	防治浮尘子、虎天牛要单独使用杀虫药剂

表 2-5　结果树年周期内病虫害防治历

物候期	易发生病害	易发生虫害	防治措施	备注
萌芽前至萌动期	越冬病害	越冬虫害	清园，用4～5波美度石硫合剂	淋洗式喷施
发芽后至开花前	黑痘病、白腐病、叶斑病	绿盲蝽、浮尘子、虎天牛	广谱性杀菌剂、杀虫剂	发现新梢异常生长时检查结果母枝或主蔓上的虎天牛，人工捉除
开花期	灰霉病	透翅蛾	杀菌剂＋杀虫剂	根据病虫害发生情况可用药1～2次
幼果期至果实软化期	白粉病、白腐病	浮尘子	杀菌剂＋杀虫剂	选用0.1～0.3波美度石硫合剂或广谱性杀菌剂（石硫合剂不能与杀菌剂混用）
采收后	霜霉病	浮尘子	1：1：200倍波尔多液；杀虫剂	杀虫剂与波尔多液分别使用，间隔期不少于7 d

第四节　葡萄主要品种介绍

一、早熟品种

1. 喜乐　欧美杂交种，无核品种。美国纽约州农业实验站1952年以安大略和无核白为亲本育成，1972年引入我国。目前全国十几个省（自治区、直辖市）有种植，是特早熟的无核优良品种。嫩梢黄绿色，有丝状茸毛，幼叶淡绿色。一年生成熟枝条红褐色，两性花，花序中等大。果穗较小，平均穗重200～250 g。果粒较松散，椭圆形，经赤霉素处理后果粒重3～4 g。果皮黄绿色，果肉柔软多汁，果皮较薄。果实充分成熟后可溶性固形物含量16%左右，酸度低，有淡草莓香味，口感甘甜爽口。喜乐的败育胚珠极小，对鲜食口感无任何影响。树势旺盛，结实力中等，产量稳定。成熟期不易裂果，但充分成熟后易落粒。

2. 夏黑 欧美杂交种，无核品种。日本山梨县果树试验场利用巨峰和卜ム杂交育成，1998年引入我国。目前全国各地都有引种栽培，是早熟品种中的优良品种。嫩梢黄绿色，有少量茸毛，幼叶浅绿色，带淡紫色晕，叶片上表面光滑有光泽，叶背面密布丝状茸毛。成龄叶片特大，5裂，裂刻深。叶缘锯齿较钝。叶柄洼矢形，叶柄中长，卷须间隔性。属胚败育性无核品种。树势生长旺盛，萌芽率和成枝率均高，结果枝双花序居多。能早期丰产和连续稳产。果实成熟后不落粒、不裂果。果穗中等大，圆锥形，平均穗重350～400 g。果粒着生紧密，近圆形，自然状态下粒小，经赤霉素处理后达7～8 g。果皮紫黑色、厚而脆，果肉硬，果汁紫红色，耐贮运。果实糖度高，充分成熟后可溶性固形物含量为18%～20%，有较浓的草莓香味。

3. 京亚 欧美杂交种，中国科学院植物研究所从黑奥林实生后代选出的早熟品种。目前全国有多个省份种植，是优质、早熟的紫黑色品种。嫩梢叶片绿色，叶背覆厚茸毛，成龄叶片绿色，中等大，近圆形，3～5裂，裂刻较深。成熟枝条红褐色，节间中长，两性花。果穗中等大，圆锥形或圆柱形，平均重400～450 g，粒重10～12 g。果皮紫黑色，果粉较厚，果皮厚、易剥离，果肉较软，后熟期有酒香味，酸甜适中，成熟后可溶性固形物含量14%～15%。树势中等，落花、落果现象比巨峰轻，成花容易。

4. 早黑宝 欧亚种，是山西省农业科学院果树研究所1993年以瑰宝为母本、早玫瑰为父本杂交育成，杂交种子经秋水仙碱溶液诱变处理而成的欧亚种四倍体葡萄新品种。嫩梢黄绿色带紫红色，幼叶紫红色,表面有光泽,无茸毛;成龄叶片小,中等厚,心脏形,5裂,叶缘锯齿中等锐,叶柄洼呈U形,叶面绿色光滑,叶背无茸毛;一年生枝条暗红色,两性花,花序中等大,第一花序大部分着生在第四片叶的节位上。平均穗重500g,果粒着生紧密,短椭圆形,果粒中等大,平均粒重7~8g。果皮紫黑色、中等厚,果肉软,糖度16%~18%,酸度较低,口感甜,充分成熟时有浓郁的玫瑰香味。扦插苗生长势较弱,生产上建园要应用嫁接苗。坐果良好,花前主梢摘心可以延迟至盛花末或不摘心,但副梢要及时处理,留1叶摘心,并去掉所有卷须以防止扰乱树形。

5. 矢富罗莎 欧亚种,日本东京都町田市矢富良宗先生育成。嫩梢和幼叶绿色带紫红色,成龄叶片中等大,叶片较薄,叶背无茸毛,心脏形,5裂,裂刻较深。两性花,花较小。果穗较大,穗形紧凑,平均穗重550~600g,无需任何处理而果粒较大,长椭圆形,平均粒重7~8g。果皮紫红色,肉脆味甜,可溶性固形物含量16%左右,果粒表面有淡果粉。树势中庸,结实力强,枝条容易成熟,果实耐拉力强,不易脱落。

二、中熟品种

1. 巨峰 欧美杂交种,1937年大井上康以石原早生(大粒康拜尔)为母本、森田尼为父本杂交育成的四倍体品种。1959年引入我国,20世纪70年代末至80年代初在江南各省(自治区、直辖市)开始种植。目前是我国栽培的主要品种。一年生成熟枝条深褐色,节间长,粗壮。幼叶浅绿色,叶面、叶背密生茸毛,无光泽。成龄叶片大,近圆形,3裂,裂刻浅,锯齿中等尖锐,叶片厚,叶面绿色,光滑,无茸毛,叶背有中等密的茸毛,叶柄洼开张,叶柄微有红晕。卷须间隔性,双分权。两性花。树势强旺,萌芽率高,极丰产,副梢结实力强。果穗大,圆锥形,平均重400~500g。果粒大,栽培条件好的情况下平均粒重11~13g。果皮紫黑到紫红色,果皮与果肉、果肉与种子均易分离。充分成熟后可溶性固形物含量可达 16%～18%。

巨峰是四倍体品种，生长势强，落花、落果现象较重。特别是在树体营养不足或花期遭遇低温时，异常胚珠增多，容易造成坐果不良或出现大小粒严重现象。因此，稳定树势、控制氮肥、适当控制产量，是该品种稳产优质的关键管理措施。巨峰花期易感灰霉病，秋天大棚揭膜后易发生霜霉病。

2. 巨玫瑰 欧美杂交种。大连市农业科学院利用沈阳大粒玫瑰香和巨峰杂交育成。2001 年冬上海市葡萄研究所首次引进并在上海郊区推广，目前在全国各地都有栽培。一年生枝条红褐色，节间较长，枝条易成熟。幼叶黄绿带有紫褐色，叶面有光泽，叶背茸毛密。成龄叶片大，心脏形，5 裂，裂刻深，锯齿大，中等锐，叶柄长，卷须间隔性，两性花。树势强旺，萌芽率高，但副梢结果能力比巨峰差。成熟后无裂果、落粒现象。果穗中等大，圆锥形，平均重 350～400 g，果粒中等大，平均粒重 7～8 g。果粒着生整齐，果粉中等。果肉软、多汁，果肉与种子易分离。果皮稍厚，有轻微涩味。果实含糖量高，充分成熟后可溶性固形物含量超过 20%，有浓郁的玫瑰香味。

巨玫瑰是我国近年来新育成的四倍体品种，与巨峰有着同样的生长势旺盛的特点。在树势过旺的情况下易产生中粒现象。适于棚架或篱棚架栽培，应适当控制产量，调节好生长与结果的关系，以稳定树势。巨玫瑰花期易感染灰霉病，抗霜霉病的能力和抗旱、耐高温的能力较差。南方梅雨过后的伏旱季节应及早浇水以缓解旱情和降低棚温，否则该品种易发生黄化落叶现象。

3. 醉金香 欧美杂交种。辽宁省农业科学院以沈阳玫瑰（7601）为母本、巨峰为父本杂交选育而成的四倍体鲜食品种。1997 年通过品种审定。嫩梢、幼叶绿色，茸毛中多；枝条粗壮，成熟后为浅褐色；成龄叶片中等大，心脏形，3～5 裂，缺刻浅，叶背茸毛中多。果穗中等大，圆锥形，穗重 400～500 g。果粒大，倒卵圆形，黄绿色，平均粒重 7～8 g，果皮中等厚，果肉稍软、汁多、味甜，具有浓郁的茉莉香味。充分成熟时可溶性固形物含量

16%～20%。醉金香是欧美杂交种四倍体鲜食葡萄中易于无核化栽培的新品种，具有优质、抗病、高产、稳产等特点，对霜霉病和白腐病等真菌性病害具有较强的抗性，较适合南方地区生长季节高温多雨的气候特点。

4. 翠峰 欧美杂交种。日本福冈县农业综合试验场园艺研究所以先锋和森田尼无核为亲本育成。果穗中等偏大，圆锥形，平均穗重 500～600 g，果粒较大，倒卵圆形，平均粒重 13～15 g。果皮黄绿色、较薄，不易与果肉分离，肉质硬脆，糖度高而酸度低，清甜爽口，充分成熟时可溶性固形物含量 17% 左右。花期使用赤霉素处理可得到极大粒无核果实，是目前最大的黄绿色四倍体无核品种。树势中庸，结果母枝发芽率偏低，抗性较巨峰偏弱，但设施栽培条件下霜霉病等真菌病害不易发病。

5. 里扎马特 欧亚种。前苏联用可口甘和巴尔干斯基杂交育成，1961 年引入我国。叶片中等大，近圆形，光滑无茸毛，3～5 裂，上裂刻浅或中，叶缘锯齿双侧直，叶柄洼开张，椭圆形，基部 V 形。果穗为阔圆锥形，体积大，重一般为 650～750 g。果粒圆柱形，顶端稍尖。果皮薄，浆果成熟时为鲜红色，平均粒重为 10～12 g。果肉细嫩，口感较脆甜，风味好，充分成熟时可溶性固形物含量 16%～18%。树势偏旺，应多留副梢叶片，开花前不宜使用波尔多液，叶片容易遭受药害、肥害，应严格整穗、疏粒控制果穗大小。

6. 香悦 欧美杂交种。辽宁省农业科学院以沈阳玫瑰为母本、紫香水芽变（8001）为父本杂交选育而成。1998 年开始推广，2004 年审定定名。嫩梢绿色，覆厚茸毛，成龄叶片近圆形，大而厚，叶背覆茸毛，3 裂刻，中裂，叶片边缘具小锯齿。果穗圆锥形，果粒着生极紧密，平均穗重 400～500 g。果粒圆球形，平均粒重 11 g，果粒大小整齐。果皮蓝黑色，果皮厚，果粉多。果肉细致，果肉软硬适中，汁多，有浓郁桂花香味，可溶性固形物含量 17% 左右，品质极上。不裂果，不脱粒，耐贮运。因树势强，适宜棚架及棚篱架栽培，宜采用中短梢修剪。由于该品种坐果率较高，结果枝可在开花末期摘心。幼树控制徒长，多用有机肥为好。少施氮肥，增施磷、钾肥，防止徒长，促进枝条充分成熟，以保连年丰产、稳产。该品种花期易感染灰霉病，需注意防治。

7. 无核白鸡心（美国青提）　又名森田尼无核、世纪无核，欧亚种，原产美国，1983 年沈阳农业大学引进。嫩梢黄绿色，幼叶微红，无茸毛，成龄叶片大，近圆形，5 裂，裂刻较深。叶柄带紫红色，一年生枝条粗壮，成熟枝条褐色。果穗较大，圆锥形，平均穗重 700～800 g，果粒鸡心状，平均粒重 8～10 g。果皮黄绿色，果肉硬而脆，清甜爽口，充分成熟时可溶性固形物含量可达 16％。生长势旺盛，幼树宜中长梢修剪相结合，成龄树宜中短梢修剪结合。幼果期可使用低浓度赤霉素处理以促进膨大，处理不宜过早，以免产生果锈。该品种用根苗种植早期产量较低，用贝达作砧木嫁接后表现丰产。

三、晚熟品种

1. 美人指　欧亚种，日本植原葡萄研究所于 1984 年用尤尼坤与巴拉底 2 号杂交选育的鲜食品种，1994 年引进我国。该品种外观艳丽、口感清脆，是目前市场上很受欢迎的晚熟品种。嫩梢黄绿，阳面紫红色，无茸毛。幼叶黄绿稍带红紫色，有光泽；成龄叶片心脏形，中大，黄绿色，叶表面和叶背均无茸毛；新梢粗壮，直立性强，新梢中下部有紫红附加红色，节间中长，成熟枝条灰白色；两性花；果穗中到大，圆锥形，无副穗，平均穗重 550～750 g；果粒细长形，平均粒重 12 g，先端鲜红色，光亮，基部色泽稍淡，外观艳丽。果皮与果肉难分离，果皮薄但有韧性，不易裂果，果肉细脆可切成片，口味甜美爽脆，充分成熟后可溶性固形物含量 16％～19％。生长势较旺，芽眼萌发力强，成枝率高，果枝率中等。果实耐贮性好，抗病性较弱，枝条成熟较晚。

2. 意大利　欧亚种，原产意大利，用比肯和玫瑰香杂交育成。嫩梢黄绿色，无茸毛，成龄叶片薄，圆形到扁圆形。果穗大、圆锥形，平均穗重 500～600 g，果粒着生中等紧密，果粒大、椭圆形、黄绿色，果皮中厚，肉脆、味甜，有玫瑰香味，充分成熟时可溶性固形物含量 16%，种子与果肉易分离。品质上等，丰产，抗病性中，耐贮运。

3. 泽香 欧亚种。邵纪元先生于 20 世纪 50 年代用玫瑰香为母本、龙眼为父本杂交选育而成。集中分布在大泽山地区，并为当地主栽品种。植株生长势强，叶片中等大。果穗较大，圆锥形，平均穗重 400～500 g，果粒着生紧密，果粒圆形或椭圆形，平均粒重为 6～7 g。果皮黄绿色，充分成熟后为金黄色，果粒大小均匀，成熟一致。果皮薄，肉质脆，酸甜适度，清爽可口，有浓郁玫瑰香味，品质上等。抗旱、耐瘠，在干旱地区明显优于巨峰、玫瑰香等品种。对白腐病、炭疽病和白粉病的抗性较强，均优于其亲本，抗寒力也强于亲本，在大泽山地区有部分小气候较好的果园，不下架能安全越冬。该品种是适应性强、丰产、稳产的晚熟优良品种。

4. 秋红 又名圣诞玫瑰。欧亚种，原产美国，亲本为 S44‑3SC（多亲本杂交实生苗）×g‑1170（多亲本杂交实生苗）。极晚熟的葡萄新品种。嫩梢黄绿色，无茸毛；成龄叶片中等大，近圆形，3 裂刻，边缘有小锯齿；成熟枝条红褐色；果穗大，平均穗重 800 g，圆锥形，穗形紧凑；果粒中等，平均粒重 7～8 g，淡红色，倒卵圆形；果皮中厚，果粉较厚，果肉脆，充分成熟时可溶性固形物含量达 16%，果实味甜、酸度低，品质极佳。秋红是供应国庆假期的优质晚熟品种，树势中庸，能够连续高产、稳产，抗霜霉病、白腐病等真菌性病害能力较强，但是生长后期叶片易黄化，应补充以镁、铁等微量元素为主的叶面肥。

5. 摩尔多瓦 欧亚种。摩尔多瓦共和国的 M. S. Juraveli 和 I. P. Gavrilov 等人育成，亲本为古扎丽卡拉×SV12375。1997 年该品种从罗马尼亚引入河北。嫩梢黄绿或绿色，稍有暗红色纵条纹，茸毛较密。幼叶绿色，边缘有暗红色晕，叶背和叶面均具稠密茸毛。成龄叶绿色，大而厚，叶缘上卷，近圆形，全圆或 3 裂，上裂刻浅。叶背稀茸毛，叶缘锯齿大，较锐。果穗圆锥形，平均穗重 650 g，果粒短椭圆形，平均粒重 7～8 g，果皮蓝黑色，易着色；肉质中等，无香味但口感酸甜可口，充分成熟时可溶性固形物含量 16%，耐贮运。生长势强，高抗霜霉病、灰霉病，抗黑痘病、白粉病能力较低。

第三章

桃

根据联合国粮食与农业组织公布的数据，2012年世界五大洲83个国家和地区进行桃树生产，总面积为 1 499 872 hm²，年总产量 21 083 151 t。桃是世界第六大水果，主产国为中国、西班牙、意大利、美国。我国除海南省外均有桃树栽培，2012年总面积为 772 100 hm²，总产量为 12 027 600 t，分别占世界桃树生产的 51.5%和57.0%。桃树是我国第三大落叶果树。

桃树在上海市果树产业中占有重要地位。其中水蜜桃是上海市原产果树树种，有悠久的栽培历史。世界上 95%的水蜜桃栽培品种均直接或间接来源于"上海水蜜"。

第一节 基础知识

一、桃的主要种类

桃（*Prunus persica* L.）在植物学上属于蔷薇科（Rosaceae）李属（*Prunus* L.）桃亚属（*Amygdalus* L.）植物。生产上常见的有普通桃、山桃、光核桃、新疆桃、甘肃桃、陕甘山桃。

1. 普通桃 包括栽培桃和毛桃，果实圆形，果面有毛。冬芽外被密毛，叶片椭圆披针形或倒卵披针形，叶片侧脉未达叶缘即结合成网状，叶缘锯齿较密。核大，长扁圆形，核表面有沟纹和点纹。本种栽培品种最多，分布最广，也是我国南北栽培桃的主要砧木，是生产上最主要的种，有蟠桃、油桃、寿星桃、碧桃和垂枝桃5个变种。上海地区栽培的桃均属于普通桃及其变种，根据品种类别可划分为水蜜桃、黄桃、油桃、蟠桃。

（1）**蟠桃**　果实扁圆形，核小而圆，品种较多，分为有毛与无毛两种类型。

（2）**油桃**　又称为光桃、李光桃。果皮光滑无毛，色红或黄；肉色白或黄；果实圆形或扁圆形。

（3）**寿星桃**　树形矮小，浅根性，有红花、粉红花、白花3种类型。一般供观赏用，可作桃的矮化砧木或矮化育种的原始材料。

（4）**碧桃**　树体较寿星桃高，花重瓣艳丽，叶绿色或红色，很少结果，多作绿化树种。

（5）**垂枝桃**　枝条柔软，具下垂性。叶紫色或绿色。多供观赏树种。

2. 山桃　产于我国华北、西北山岳地带。小乔木，树干表皮光滑，枝细长。果实圆形，成熟时干裂，不能食用。核球形，表面有沟纹、点纹。耐寒、耐旱性强。有红花山桃、白花山桃和光叶山桃3种类型，是我国北方主要的桃树砧木类型。

3. 光核桃　野生分布于西藏及四川等地。乔木，枝细长，小枝绿色。花白色，单生或两朵齐出。果近球形，稍小。核卵形，扁而光滑。果可食用或制干。

4. 新疆桃　产于中亚。叶片侧脉直出在叶缘，呈弧形上升，不结合成网状，核表面有平行的沟纹，易与其他种类区分。广泛分布于新疆南部和北部各地，多数甜仁桃属于此类，甘肃张掖等地有少量栽培。因本种果实不耐运输，主要作为地方品种生产。新疆桃有新疆油桃、新疆蟠桃两个变种和一个新变型——李光蟠桃。

5. 甘肃桃　产于陕甘地区。冬芽无毛，叶片卵圆披针形，叶缘锯齿较稀；花柱长于雄蕊；核表面有沟纹，无点纹。

6. 陕甘山桃　产于西北地区。叶基部圆形，锯齿圆钝；核椭圆形。

二、桃的分类

桃有多种分类方法。根据果形分为普通桃、扁形桃（即蟠桃）。

根据果皮茸毛有无分为毛桃、油桃。油桃是普通桃的变异。根据果肉颜色分为白肉桃、黄肉桃和红肉桃。根据核与果肉的粘离度分为离核、粘核和半离核。离核即果肉与核易于分离；粘核即果肉与核不易分离；半离核又称为半粘核，硬熟期果肉与核不易分离，充分成熟后果肉与核较易于分离，但分离程度不如离核桃清晰。根据果肉质地分为溶质桃、不溶质桃和硬肉桃。溶质桃果实成熟时可以剥皮，果肉柔软多汁，适宜鲜食。在溶质桃中，又可分为软溶质桃和硬溶质桃。硬溶质桃肉质较坚实，需充分成熟方可剥皮。不溶质桃果实成熟时不易剥皮，质地坚韧，富弹性，适于加工制罐。硬肉桃果实初熟时果肉硬而脆，离核，汁液少，完熟后肉质变软。根据果实生长期分为特早熟品种、早熟品种、中熟品种、晚熟品种和特晚熟品种。特早熟品种果实生长期少于 75 d。早熟品种果实生长期 76～114 d。中熟品种果实生长期 116～137 d。晚熟品种果实生长期 137 d 以上。特晚熟桃（即冬桃、雪桃一类）在华北成熟期一般在 11 月上中旬。

上海地区桃根据果实性状分为水蜜桃、黄桃、蟠桃和油桃。水蜜桃果实圆形或椭圆形，果顶圆平，果肉柔软多汁，不耐贮藏运输。2014 年，水蜜桃面积为 3 223.3 hm^2，占桃树总面积的 54.9%；主栽品种为大团蜜露、湖景蜜露、新凤蜜露，占水蜜桃总面积的 80.2%，其他品种有玉露、白凤、川中岛、白花水蜜、塔桥一号、仓方早生等。黄桃果肉金黄色，果肉硬溶质或硬肉质，风味独特，以鲜食为主，近几年发展较为迅速，面积达到 1 973.5 hm^2，占桃树总面积的 33.6%，品种有锦绣、锦香、锦园和锦花等，主栽品种为锦绣，占黄桃总面积的 90.8%。蟠桃果实扁平，果肉柔软多汁，面积有 447.5 hm^2，占桃树总面积的 7.6%，主栽品种为玉露蟠桃。油桃光滑无毛，色泽鲜艳，果肉脆，成熟期早，由于上海地区梅雨季节的影响，在上海市栽培品质不好，面积发展很小。

三、桃的植物学形态

1. 根 桃树根系属浅根系，其生长状况、分布的深度和广度受砧木、品种、土壤、栽培密度、地下水位高低等因素的影响。根系大部分分布于 20～60 cm 的土壤中，其中 10～30 cm 分布最多。

2. 芽　桃芽分为叶芽和花芽两种，叶芽小而尖，花芽大而饱满。根据同一节上芽的着生数目又可分为单芽和复芽，复芽有双复和三复，三复中间一般为叶芽，也有无叶芽的。同一枝上的芽饱满程度及单芽、复芽的数量与着生的部位等是有差异的，这与营养、光照状况有关。

3. 枝干　桃的一年生枝，依生长发育状况，可分为徒长枝、发育枝、结果枝和单芽枝。结果枝又依长短分为徒长性果枝、长果枝、中果枝、短果枝、花束状果枝 5 类。徒长性果枝生长较旺，长60～80 cm，甚至更长，粗度 1.0～1.5 cm，有少量副梢，一般花芽质量稍差。长果枝生长适度，长 30～60 cm，甚至更长，粗度 0.5～1.0 cm，无副梢，花芽充实，多复花芽。中果枝长 15～30 cm，发育充实，花芽多而饱满。短果枝长 5～15 cm，发育良好的短果枝花芽饱满。花束状果枝长度在 5 cm 以内，芽的排列很紧凑。此外，枝条的长度和比例除受遗传因素影响以外，栽培管理和结果多少也是影响新梢生长的重要因素。在肥水管理正常的情况下，人们可以通过各种修剪方法和是否留果以及留果数量来调整新梢的生长和结果枝比例，从而实现优质、丰产、高效的栽培目标。

一年生枝节间长短因品种和栽培条件而异，一般长度为 2.0～3.0 cm，水蜜桃节间为 2.0～2.5 cm，蟠桃节间较短，为 1.8～2.0 cm。同一品种树势旺的节间长，树势弱的节间短。节间长短可用来鉴别桃树树势的强弱。一年生枝条多为绿色，阳面为红褐色；多年生枝条则多为灰褐色。

4. 叶　桃叶在新梢上为单叶互生，多为长圆披针形。桃的叶色通常与果肉颜色相关，黄肉桃叶色黄绿，如锦绣，白肉桃叶色为绿色。早熟品种早美夏末叶色变为红色，这一现象与果实早熟性状相关，但早熟品种并非均呈现红叶。叶片和叶柄连接处常着生蜜腺，也有无蜜腺类型。

5. 花　桃花根据花瓣大小、形状分为蔷薇型和铃型。蔷薇型花花冠大，色彩艳丽，更易吸引蜜蜂和其他昆虫，有利于授粉，上海地区主栽品种全部为蔷薇型花。花单生，先于叶开放，直径 2.5～3.5 cm；花梗极短或几乎无梗；萼筒钟形，被短柔毛，茸毛稀少或几乎无毛，绿色而具红色斑点；萼片卵形至长圆形，顶端圆钝，外被短柔毛；花瓣长圆状椭圆形至宽倒卵形，粉红色，罕为白色；雌蕊多为 1 枚，雄蕊 20～30 枚，花药一般为橙红色，浅黄、浅红或者白色花药一般不育，用电子显微镜扫描可见花粉畸形而空瘪。如大团蜜露、川中岛、浅间白桃，这些无花粉品种在合理配置授粉树后仍可丰产。无花粉或少花粉品种的丰产性受气候的影响很大，气候环境变化大、灾害性天气发生频率高的地区，应尽量选栽自花结实高的品种。

6. 果实 桃果实的大小差异很大，栽培品种果实较大，一般单果重 90～300 g，中晚熟品种果实大于早熟品种，如早露蟠桃平均单果重 100 g，曙光平均单果重 110 g，湖景蜜露平均单果重 180 g，锦绣黄桃平均单果重 260 g。果实形状分为扁平形、扁圆形、圆形、椭圆形、卵圆形、尖圆形。果顶部形状有凹入、圆平、圆凸、尖圆。缝合线有深浅和明显与不明显之分。果皮颜色分底色和彩色，底色有绿白、白、乳白、乳黄、黄、橙黄、红；彩色分粉红、红、紫红。彩色分布状态可用细点、斑、条纹晕以及占果面百分比表示。果皮表面常披有茸毛，而油桃光滑无毛。果肉的颜色有白、黄、红。果肉质地有软溶、硬溶、不溶、硬脆。

四、桃的年生长周期

1. 根系生长 早春地温升至 5 ℃左右时，根系开始生长；地温升至 7.2 ℃时，可向地上部输送营养物质；15 ℃以上开始旺盛生长；22 ℃时生长最快。当盛夏地温高达 26 ℃时，根系停止生长，进入夏季相对休眠期。秋季地温降至 19 ℃左右时，根系开始第二次生长，但生长势较弱。秋末冬初，地温降至 11 ℃时，桃树根系停止生长，进入冬季休眠期。

2. 萌芽与开花　桃芽的萌发，花芽比叶芽稍早，花芽为纯花芽，每朵花芽形成一朵花（蟠桃的一些品种有 2～3 朵花）。开花期常依品种和其他条件的不同而有先后，在一般情况下，萌芽早的品种，开花亦早，老树比幼树早，短果枝比徒长性结果枝早。在同一地区，由于品种不同，其花期也不同。在上海地区桃树初花期一般在 3 月底至 4 月初，盛花期集中在 4 月上旬，末花期多在 4 月中旬，蟠桃、玉露桃的花期较早。花期的长短与品种、气候等也有关，如大团蜜露从初花到末花，约有 15 d，而玉露桃的花期在 10 d 左右。同一品种不同年份，花期亦有变化，一般可相差 3～5 d。

3. 枝梢生长　叶芽在春季萌发后，新梢开始生长，一个生长季有 2～3 次生长高峰，第一次生长高峰在 4 月下旬至 5 月上旬，第二次生长高峰在 5 月下旬至 6 月上旬，同时该阶段新梢开始木质化，6 月下旬新梢的生长明显减弱。幼树和生长势强的树还会出现第三次生长高峰。除此之外的新梢此时主要是逐渐进入老熟充实、增粗生长阶段。上海地区新梢生长经历约 5 个月，3 月中下旬萌芽，4 月初开始生长，5 月副梢生长，8 月中下旬生长停止。生长势强的新梢生长期长、生长量大，每次生长高峰都伴随着大量副梢发生。生长势弱的生长期短，生长量小。

4. 果实发育与成熟　授粉和受精后，子房开始膨大，形成幼果。桃果实的生长发育要经历 3 个时期，即幼果膨大期、硬核期、果实迅速生长与成熟期。

（1）幼果膨大期　此期从花后子房开始膨大至果核开始硬化之前。幼果体积和质量迅速增加，果核也迅速增大，至嫩脆的白色果核核尖呈现浅黄色（即果核开始硬化），膨大期结束。此期持续时间一般为 20～40 d，极早熟品种最短，极晚熟品种最长。

（2）硬核期　此期果实增长缓慢，果核逐渐硬化，当果实再次开始迅速生长时此期结束。此期持续的长短品种间差异很大，极早熟品种 1 周左右，早熟品种 2～3 周，中熟品种 4～5 周，晚熟品种

6～7 周。

（3）果实迅速生长与成熟期　硬核期结束后，果实再次开始迅速生长，直至果实成熟。此期，果实的体积和质量迅速增长，果实质量的增加占总果重的 50%～70%，增长最快的时期在采收前20 d 左右。

5. 花芽分化　桃树花芽分化分生理分化期和形态分化期，生理分化期一般于 5 月下旬至 6 月上旬开始，到 7 月中旬前后结束，此期新梢生长的速度明显放慢。生理分化开始不久便转入形态分化，开始分化多集中在 7～8 月。上海市农业科学院对玉露桃花芽形态分化期所做的切片观察表明，7 月下旬开始分化，8 月下旬为花萼分化期，9 月上旬为雄蕊分化期，9 月下旬为雌蕊分化期，10 月上旬花芽形态分化基本完成。花芽分化开始早晚和持续时间长短与品种、树龄、新梢长度、树势、气候等因素相关。长势旺的树花芽分化比弱树晚，幼树比成年树晚，长果枝比短果枝晚，副梢上的花芽比主梢的花芽晚。同一新梢上，下部的芽分化开始早，持续时间长；上部的芽开始晚，持续时间短。年份干旱时分化早，降水较多时晚。

6. 落叶　桃落叶期在地区间有较大差异，北方早于南方，如北京地区在 10 月下旬，而上海地区在 11 月中旬。落叶早晚还与树体营养状况有关，与品种关系较小，如上海地区各栽培品种落叶期都在 11 月中旬。

7. 休眠　入秋后不久，叶芽陆续进入自然休眠状态，至落叶前 40 d 左右花芽也很快进入自然休眠状态。进入自然休眠状态的芽，必须在适宜的低温条件下度过一定的时期才能解除休眠。只有解除自然休眠的芽，才能在适宜的条件下正常萌发，进而抽枝长叶，开花结果。解除自然休眠所需的低温量称为需冷量，果树生产上通常用经历 0～7.2 ℃ 低温的累计时数计算。需冷量由遗传因素决定，每个品种都有一定的需冷量，中国桃品种需冷量变化为 250～1 150 h，水蜜桃 800～900 h，蟠桃 700～800 h，黄桃和油桃因来源和品种群而异。

五、桃生产适宜的生态条件

桃树原产我国海拔较高、生长季节日照长、光照强的西北地区，长期生长在土层深厚、地下水位低的土壤中，形成了喜光、耐旱、怕涝、耐寒的特性。

1. 温度 桃树喜温耐寒，对温度的适应范围较广，从南纬 40°到北纬 50°都有分布，但经济栽培则在北纬 25°～45°。从我国桃主产区的气温情况分析，南方品种群适栽的年平均温度为 12～17 ℃，北方品种群为 8～14 ℃。桃树生长最适温度为 18～23 ℃，果实成熟的适温为 25 ℃左右，温度过高或者过低都会影响桃树正常的生长和发育。桃具一定耐寒力，一般品种可耐−25～−22 ℃的低温，但需要注意的是耐冬季低温不等于耐早春的剧烈变温。桃树在不同时期的耐寒力也不同，休眠期花芽在−18 ℃的情况下才受冻害，解除休眠后，桃树各器官的耐寒力逐渐降低，萌动期的花芽可耐−5 ℃的低温，花期最低气温降至−3～−1 ℃时，花器官就容易受到冻害。

2. 水分 桃耐干旱，降水量过多，易使枝叶徒长，花芽分化质量差、数量少，果实着色不良，风味淡，品质下降，不耐贮藏。由于各品种群长期在不同气候下形成了对水分的不同要求，如南方品种群耐湿润气候，在南方表现较好，北方品种群引种到南方栽培易徒长，花芽少，结果差，品质低，因此在品种选择时，应注意品种群的类型，以免在生产中带来麻烦。

桃虽喜干燥，但在春季生长期，特别是在硬核初期及新梢迅速生长期，如遇干旱缺水，则会影响果实和新梢的生长发育，并导致落果。若果实膨大期干旱缺水，细胞膨大受到影响，同时叶片光合作用也受到抑制，减少营养物质的积累。上海地区降水较多，早熟品种一般不会缺水，中晚熟品种果实膨大时，正处于盛夏干旱时期，叶片蒸腾量很大，因此应根据实际情况进行适当的灌水，促进果实膨大。桃树花期不宜多雨，上海地区有时花期遇到连续阴雨天气，致使当年减产。桃树极不耐涝，积水超过 24 h 易引起死亡，应注意在梅雨季节和台风暴雨后做好排水工作。

3. 光照 桃属喜光性很强的植物，若树冠上部枝叶过密，极易造成下部枯死，结果部位外移。幼果膨大期光照不足会使幼果发育迟缓并大量落果，光照不足还会降低果实可溶性固形物含量和单果重，影响果实着色。因此，在栽培上必须注意控制好桃树群体结构和树体结构，合理调控枝叶密度，生长季多次修剪，保持通风透光良好。此外，上海地区采用设施大棚栽培时，易引起光照不足，应注意棚膜的透光性和大棚顶面是否能全打开，尽可能增加光照。

4. 土壤 桃树对土壤的要求不严，但最适宜的是排水良好、透气性强、土层深厚的沙壤土。在黏重土壤上栽培时易发生流胶病，应多施有机肥，采取深沟高畦，三沟配套，加强排水，适当放宽行距，进行合理的轻剪等。

桃树喜微酸至中性土壤，一般 pH 以 5～7 为宜，当 pH 低于 4 或者超过 8 时，生长不良。在偏碱性的土壤中，桃树叶片易发生黄化病，特别是在排水不良的土壤中，黄化现象更为严重。桃树对土壤的含盐量很敏感，土壤中的含盐量大于 0.14% 时即会受害，含盐量达 0.28% 时会造成死亡。因此，在上海市东部沿海部分含盐量高的地区栽培桃树时，应采取降盐措施，如河水洗盐、深沟高畦、增施有机肥、绿肥还田等综合措施。

六、育苗

1. 砧木 生产上我国桃树的砧木多用毛桃和山桃，经长期的观察比较，上海地区桃的砧木以毛桃为最好，适应性、生长势、耐寒力都比较强，与桃树嫁接亲和力好，成活率高，嫁接后生长发育良好，根系发达，对养分的吸收力强，虽然不耐涝，但耐涝性比山桃强。

毛桃的播种期，上海地区一般以秋末冬初播种为主，秋播发芽早，出苗率高，生长快而强健，同时可省去层积处理。

2. 接穗 接穗在六年生至十年生的成年壮桃树外围上部采集，选用斜生的长果枝或者徒长性结果枝。芽接用的接穗可现采现接，枝接用的接穗必须在冬季剪好，进行妥善贮藏，如现采现接会影响嫁接的成活率。

3. 嫁接 桃树在春、夏、秋三季都可以嫁接，上海地区一般在春、秋两季进行，春季以枝接为主，秋季以芽接为主。

4. 苗圃管理 嫁接成活后，早春萌芽时，对芽接苗应及时解除绑扎物，并及时抹除砧木的萌蘗，以保证接芽的正常生长。枝接苗也应及时去除砧木的萌蘗，在 6 月中下旬茎干加粗生长前，及时解除绑扎物，以避免造成嫁接部位的缢缩而影响生长发育。接芽生长至 45 cm 时及时予以摘心，以促进二次枝的生长，培育整形苗。生长期间施速效氮肥，薄肥勤施，以促进嫁接苗的快速生长。

第二节 实用栽培技术

一、建园与定植

1. 园地选择 园地应选择交通方便、地势平坦、沙壤土质、土壤肥沃（有机质含量在 1.0％以上）、土层深厚、排灌方便、周围 1 000 m 处无水（气）污染源的地块，地下水位 0.8 m 以下，pH 中性偏酸。

2. 定植前准备与土地平整 应按园地规划，修建主要干道、支路和生产操作道，按照比实际桃株数量多 10％～15％ 的量来购置桃芽苗（若为成苗，可按照实际桃株数量进行购置）。定植前要进行土壤平整，按照定植行距，开好畦沟，做到深沟高畦，畦面整成龟背形，并做到三沟配套。条沟深 0.6 m，宽 0.6 m；腰沟深 0.8 m，宽 0.8 m；围沟深 1 m，宽 1 m。

3. 定植时间 初冬至早春萌芽前都可定植，但以初冬定植为宜，该时期进行定植对根的影响少，由于离萌芽时间长，根系与土壤密结程度高，当地温回升至 5 ℃时根系就能活动，有利于早发新根和地上部的正常发芽。宜在 12 月初至翌年 2 月中旬定植。

4. 定植密度　行距×株距（自然开心形）：5.5 m×5 m（每 667 m² 定植 24 株）；5 m×5 m（每 667 m² 定植 27 株）；5 m×4.5 m（每 667 m² 定植 30 株）。

5. 挖定植穴　定植穴底面积 60 cm×60 cm，穴深 60 cm。表土和深层土分开放置。

6. 底肥　底肥应使用充分腐熟的有机肥，每穴 20～25 kg，与表层土混合后回填，回填后穴上层用深层土做成一个畦面（高 25～30 cm）。

7. 栽种与栽后管理　对受伤或霉烂根系进行修剪，超过 30 cm 长根系适当剪短。在定植墩中心挖小穴，把苗木垂直放在小穴内，使根系自然舒展，把细土填入根间，周边压实，并把嫁接口露出土面，进行培土。填土时切忌架空，应使根系与土壤充分密结。栽植深浅以苗木原来的土痕稍高于畦面为宜，避免栽植过深，发现死苗立即补种。栽后浇透水，遇干旱应及时补浇一次，保持土壤湿润。在嫁接苗长到 10～15 cm 时应解膜、绑缚，并除去砧木上的萌蘖。

二、整形修剪

1. 修剪的作用及目的

① 改变果树与环境条件的关系。正确的修剪可以调整个体与群体结构，更有效地利用空间，更好地改善光照条件，提高光能利用率。

② 可以调节树体的平衡关系。桃树要进行正常的生长结果，必须维持树体各部分之间、各器官之间的相对平衡，修剪可防止和改善任何一部分的过多或不足。如利用地上部分和地下部分动态平衡的规律，通过修剪可调节整体生长；此外，通过修剪还可调节营养器官与生殖器官的平衡，调整同类器官之间的平衡，调节树体的

营养状况，等等。

③ 提早成形，提早结果，延长结果年龄。

④ 提高产量，克服大小年。

⑤ 清除病虫，降低病虫危害程度，提高果实品质。

⑥ 便于生产管理，降低生产成本。

⑦ 增强树体的抗自然灾害能力。

2. 修剪时间 冬季修剪在 12 月初至翌年 2 月中旬，生长期修剪在 4 月上旬至 9 月下旬。

3. 树形（自然开心形） 主干高 40～60 cm，三主枝错落着生，与主干结合牢固，主枝小弯曲延伸，侧枝分布均匀，树冠大而不空，小枝多而不挤，全树光照良好。

4. 整形

（1）定干高度 60～80 cm，选留主枝 在整形带内选留 3 个水平夹角为 120°左右的新梢作主枝。配置侧枝，第一侧枝距主干 50～70 cm，第二侧枝距第一侧枝 40～60 cm，向两侧交错着生，角度大于主枝基角。

（2）培养大中型结果枝组 采用先截后放、先放后缩、去直留平、去强留弱、多留结果枝的整形方法，枝组修剪可采用双枝更新和单枝更新法。

5. 不同树龄的修剪（冬剪） 修剪的依据：桃树因品种、树龄等的不同，有其自身的生长规律和结果习性，在不同的自然条件和管理水平下，其生长势的强弱表现亦不同，同时树体各部位的生长情况也有较大的差异。因此，修剪时必须根据桃树各方面的综合情况，决定正确的修剪措施。在修剪时要做到一看、二思、三决定、四动手，这样在修剪过程中才能做到科学性和合理性。

整枝的基本原则是：随枝造型，有形不死，主从分明，均衡树势；幼树强枝重剪，弱枝轻剪，直接培养主枝。

（1）三年生至五年生桃树修剪 以轻剪为宜，长放为主，宜采用长梢修剪方法。应重视夏季修剪，增加枝量，培养骨架，采用拉枝来培养结果枝组，严格控制背上旺枝和外围强枝。修剪宜轻，适当去强留弱，营养枝、结果枝分布均匀合理，对扰乱树形的徒长枝和直立枝从基部疏除。

（2）六年生以上桃树修剪　生长势强的树宜轻剪，树势弱宜重剪，疏枝与短截相结合，并结合增施肥料、合理留果等措施，平衡树势，延长经济寿命。

主侧枝修剪：应注意抑强扶弱，平衡树势。主枝延伸若为强势，可结合留枝角度，利用长果枝延伸，若主枝延长枝顶端距地面达 2.5 m，则需及时封顶。

（3）衰老期树的修剪　对衰老的主侧枝，要进行回缩重修剪，以恢复长势；对结果枝组及时更新，尽量利用可供更新的徒长枝、叶丛枝填空补缺，以维持一定的产量。

6. 夏季修剪（生长期修剪）　夏季修剪是冬剪的补充，具有不可替代的作用。主要方法有复剪抹芽、疏枝、扭梢、摘心、拉枝、剪梢等，需灵活运用。简要介绍几种方式：

（1）抹芽　萌芽后，抹除树上无用的芽，新植的幼树，主要抹去砧木上萌发的"野芽"及成苗定植的整形带以下的芽，幼年树及初果树主要抹去各级骨干枝延伸枝附近的竞争芽，以及锯口附近的徒长芽和部分背上有徒长趋势的芽。

（2）摘心　在新梢生长前期，摘心能促使早发副梢，增加分枝级次，形成较多的结果枝。副梢一般生长至 15～20 cm 时即进行摘心。

（3）扭梢　处理生长过旺的辅养枝和强旺枝组，促进开张和缓和，夏季扭梢要在 5 月下旬至 6 月进行，此时基部已开始木质化，徒长性的新梢经处理后可转化为良好的结果枝。

（4）剪枝　5～6 月短截新梢不但可以改善光照条件，而且可以促使下部抽出两个结果枝，短截长度以留基部 5～7 个叶片为好，大的徒长性枝条也可从基部剪除。

这些措施对幼树提早成形、促进结果有显著的效果，对提高成年树产量和衰老树的更新复壮均有重要的作用。但要注意 7～8 月高温期间不宜进行夏季重度修剪。

三、花果管理

1. 花期管理

（1）人工授粉　大团蜜露、川中岛、浅间白桃等无花粉或花粉量极少的品种要适时授粉。在初花期和盛花期将已采好的花粉，用铅笔橡皮头或毛笔蘸此花粉点授于柱头上。授粉顺序按主枝顺序排列，由下到上，由内到外逐枝进行，授后做上记号，以免重复和遗漏。一般长果枝点 6～8 朵，中果枝点 3～4 朵，短果枝 2～3 朵。选刚开不久、柱头嫩绿并附有黏液的花进行授粉，以保证坐果均匀（若授粉后 3 h 内遇降水或晚霜，需重复授粉）。一般人工授粉以重复进行 2～3 次为宜。

（2）疏花、疏蕾　配合冬季修剪之后的田间管理进行。在 3 月底至 4 月初花蕾盛期抹除花蕾，节省营养充实结果花芽，以提高果品单果重和内在可溶性固形物含量。具体方法：长果枝抹除枝条基部、顶部及中部上面花蕾，留中部侧面、下面的花蕾；中、短果枝抹除枝条基部、中上部上面的花蕾，留中部、上部下面的花蕾。留花量为根据品种坐果率高低留总花量的 40%～60%。

2. 果实管理

（1）生理落花、落果的时期及原因　桃开花后，主要有 3 个落花、落果时期。第一期是在开花后 1～2 周，落掉的是未膨大的子房，造成这次落花、落果的原因有：一是肥水基础差，从而在上一年提早落叶，使花芽分化不良、花器先天不足和树体养分贮藏不足；二是花期受到低温、阴雨、霜冻、大风落沙等不利气候影响，而不能正常授粉和受精；三是种植的品种无花粉（如仓方、大团蜜露），而且缺乏授粉树，或者授粉品种与无花粉的主栽品种花期不遇；四是花期受病虫危害，如褐腐病、炭疽病、桃斑蛾，使子房发育受阻，从而造成脱落。

第二期是在开花后 3～4 周，子房已膨大，落果的主要原因是花后低温阴雨，光照不足，营养不良及病虫危害等，使子房停止发育而脱落。

第三期是已受精的幼果脱落，又称硬核期落果。一般发生在 5 月下旬至 6 月上旬，落果发生的时间及轻重程度，各品种间有较大的差异。一般早熟品种发生较早，落果较轻；晚熟品种发生较晚，落果较重。

此外，在花期和幼果生长期间，如果管理不当，造成药害或肥害时，也会随时发生严重的落花、落果现象。

（2）疏果

① 意义：盛果期的桃树，在适宜的气候条件下，坐果量大大地超过负载量。在结果的同时，还将发生大量的新梢作为翌年的结果枝，所以生长与结果的矛盾比较大。因此在改进栽培管理，提高产量的前提下，应使桃树合理负载，减少果实发育期间养分的过分消耗，提供余下果实及树体生长所需养分，改善果实果形的整齐度，提高果品单果重及可溶性固形物含量，增加商品果率及商品价值。

② 疏果时间：结合花期复剪、夏季修剪、套袋等农事开展分批、多次疏果，可在确保产量的同时节省树体营养，稳步提高果实单果重及内在品质。

③ 疏果方式：疏果应根据树势、树冠大小确定留果量，以每 667 m² 盛果树产桃 1 000～1 250 kg 为宜。成年结果树每株留果 200～250个，每 667 m² 留果 8 000～10 000 个。先疏去小果、畸形果、背上果、病虫果和伤果。在一个结果枝上疏基部果，留中上部的果，长果枝留 2～3 个果，中果枝留 1～2 个果，短果枝留 1 个果。

疏果时，应以留优去劣为原则，将小形、畸形、病虫果疏去，留发育正常的大果；从着生的位置考虑，应疏去并生、朝上及无叶小果；疏果时，应由内到外，从上到下，做到"枝枝必问"，防止漏疏或损伤已疏部位的果实。

④ 疏果注意事项：果枝基部留果尽量避开枝干分权处，果与果之间的距离不能够小于一个拳头大小（10～15 cm），也可以参考

叶果比来确定留果量，另外也可以参照果树主干的干周粗度来确定果树的负荷量。

（3）套袋与拆袋

① 套袋与拆袋的意义：果实套袋后，可防止病虫的危害，同时可以促使果实皮色嫩白、美观，减少果肉纤维，提高果实品质，还可减轻采摘时的机械损伤。套袋的果实，糖分与维生素含量会相对减少，因此，在桃果实成熟前 10～15 d 及时将袋撕破，使果面能得到阳光的照射，可使果实色泽更鲜艳，糖分与维生素含量相对增加。

② 套袋技术：套袋（可根据不同品种选择合适桃袋）在 5 月下旬至 6 月上中旬为宜，梅雨季节前必须结束套袋；套袋要先里后外、先上后下进行，绑缚于枝条上。套袋前必须全面进行一次防病治虫，喷药后 3～5 d 套袋完毕，超过 5 d 的应补喷一次。

四、土肥水管理

土壤能使桃树固定直立，是桃树生长的基础，也是养分和水分供给桃树的重要载体。肥料是桃树获得优质、稳产的必要条件，所以科学地做好土、肥、水管理，对桃树生长和结果有着深远的影响。

1. 土壤管理

（1）深翻土壤 深翻是为了改善土壤的理化性状，可使土壤疏松，增强土壤的通透性。桃树是好气性强的果树，深翻可促进根系的生长，并可减少越冬病虫基数。幼树可在树冠外围深翻，随着树龄增大，深翻区域逐年扩大，至相接为止。深翻深度以 20～30 cm 为宜，大树可结合施入基肥进行全园深翻，注意接近主干处要浅，远离主干要深。深翻土壤应在落叶后的秋末进行。

初春萌芽期进行中耕，有利于提高地温，促进根系的生长，雨后及时中耕可改善土壤的透气性和排水，增强根系的吸收能力及稳定土壤水分。

（2）间作与覆盖

① 间作可选择不影响桃树通风透光的豆类、叶菜类、绿肥等矮秆作物，切忌间种棉花、玉米之类的高秆作物。但不论种哪种作物，都要留出树盘（80 cm 以上），切忌与桃树争光、争肥，同时要加强中耕除草和肥水管理，以免影响桃树的生长。幼龄树可视空间程度进行合理间作，以充分利用空间，提高其种植前期的经济效益。

② 温度偏高时期对树盘进行覆盖，可减少杂草、地面蒸发量和降低土温，促进果实着色、成熟和提高品质，减少落果及果面损伤，并有益于微生物的活动，增加土壤中的有效钾。覆盖材料：草、秸秆、反光膜等。

2. 施肥

（1）幼年树追肥　以速效的氮肥为主，宜薄肥勤施。

（2）结果树追肥

① 成年结果树一般每年施 1 次膨果肥，一般早熟品种在成熟前 25 d 左右施入，中熟品种在成熟前 1 个月左右施入，晚熟品种在成熟前 30～40 d 左右施入，以氮磷钾复合肥为主，增加钾肥比例，每株施三元复合肥 1～1.5 kg；弱树可适量施花前肥，以速效氮肥为主，在芽萌动期间每株施尿素 0.5 kg。

② 基肥：每年 9～12 月施基肥，基肥以有机肥为主。幼树每株施商品有机肥 15～25 kg；成年结果树每株施商品有机肥 40 kg，另可加规格为 15 - 15 - 15 的三元复合肥 1 kg。

（3）施肥方法

① 追肥可在树盘外围挖环状沟或挖对称半月形沟施肥，深度在 15～20 cm，待复合肥完全用水溶化后施入，然后覆土，施后再浇水。

② 基肥在树盘外围对称挖条形沟或挖环状宽沟施肥，沟宽 30～40 cm、深 30～40 cm、长 80～120 cm。将肥料与土按照 1∶1 的比例充分搅拌均匀后施入沟内。

3. 水分管理

① 桃园应深沟高畦防止积水，特别雨季要注意开沟排水，疏

通沟系，做到雨停沟干。

② 桃果实在成熟前后正值高温夏旱季节，需及时灌水，灌水宜在傍晚或清晨进行，以沟灌为主，不可大水漫灌，应做到随灌随排，沟里留水时间不能超过4 h；有条件的果园可以推广滴灌。

③ 桃树极不耐涝，生长期淹水1 d以上即会死亡，上海地区梅雨期间降水集中，7～9月台风季节多暴雨，过多的雨水很易造成桃园积水，常会引起桃树落叶、生长不良甚至死亡。应经常注意清理沟系，使排水通畅，达到雨停沟内无水的状况，降低地下水位。

五、果实的采收、包装

1. 采收适期　果实由绿转白或乳黄色，向阳面呈现红霞或红斑，果实充分肥大，固形物含量急剧增加，具有色、香、味。鲜食桃成熟度一般在八成熟后。

2. 桃果实成熟的区别标准　果实横径已停止膨大，果面丰满，尚未泛白者为六成熟，开始泛白者为七成熟，大部分泛白者为八成熟，全部泛白并开始转软者为九成熟，进市销售的桃以八成熟为最宜，九成熟的桃以当地销售为宜，七成熟的桃作加工制罐用最宜。

主要掌握"五看一摸"的技术：看品种，是否到了采收的时期；看方向，东南向的桃子积温高，一般果实都先熟；看部位，生长势较强的桃树，树冠中部的中、短果枝的果实先熟，生长弱的树冠上部的果实先熟；看枝条，受伤枝、缩剪口枝上的果实先熟；看袋形，袋形鼓起的先熟；用手摸，摸上去有柔软感的表示果实已成熟。

3. 采收方法　先用手心托住桃，将桃握住，再将桃向一侧轻轻一扳，就可采下。注意不能用手指按压果实和强拉果实，以免果实受伤和枝条折断。高树要用梯子，篮子内衬软布，轻采轻放。

4. 采收时间　应安排在晴天上午天气凉爽时或下午天气转凉后进行。

5. 果实包装　桃皮薄肉软，不易贮运，良好的包装除可提高商品外观质量外，还有利于桃的贮运。果实采收后，放入瓦楞纸箱内；同一等级果实放入同一等级箱子，果与果之间不能相互摩擦，防止果实积压。

六、设施栽培管理

1. 上海桃设施栽培模式及设施类型　设施栽培是指利用温室、塑料大棚或其他设施，改变或控制果树生长发育的环境因子，以达到人工调节果树生产的目的。我国果树设施栽培的模式主要包括促成早熟栽培、延迟晚熟栽培、避雨保护栽培和简易保护栽培4种。设施类型以日光温室为主，避雨棚和塑料拱棚次之。上海桃设施栽培面积较小，主要以促成早熟栽培为主，设施类型以连栋塑料大棚为主。

2. 品种和树形选择

（1）品种选择　品种选择主要考虑品种的成熟期，同时兼顾品种的坐果率、抗逆性等特性。可选择曙光、沪油018、早露蟠桃、仓方等早熟品种及塔桥1号、红清水、湖景蜜露、新凤蜜露等坐果率高的早中熟水蜜桃品种。据经验，设施栽培大团蜜露配以人工辅助授粉可提早成熟，避开7月中旬后的高温大气对果实的不利影响，延长上市期并可提高果实品质，取得较好经济效益。

（2）树形与行株距　设施栽培桃树树形主要根据大棚行宽及高度进行选择。从设施利用率及管理难易等方面考虑可选择主干形及Y形。主干形行株距可选择3 m×（2～3）m，每667 m² 栽74～111株；Y形行株距可选4 m×（3～4）m，每667 m² 栽42～55.5株。

3. 设施栽培配套技术

（1）温度、湿度、光照等环境因子调控　根据上海地区温度结合主栽品种的需冷量要求，一般在1月底进行覆膜扣棚。花期温度控制在20～22 ℃，果实发育初期温度控制在25 ℃以下，果实发育后期到采收前一般控制在28～30 ℃，采后将棚上所有天窗、侧边及门都打开或将所覆薄膜揭掉，尽量使棚内温度与外界同步。通过覆地膜、开棚等方式将棚内湿度控制在60%～70%。

加强顶膜的清理，提高透光率，同时结合4月中旬中耕除草施膨果肥，铺设银黑双色反光膜以增强树体下部漫射光、散射光强度，提高下部果实着色度和可溶性固形物含量。

（2）肥水管理　2月中下旬（花前5 d左右）进行灌水，每株树在树盘周围50～100 cm处灌水25 kg，对树势弱的树，同时加入尿素50～75 g，促芽生长；果实成熟前25～30 d施膨果肥，每株施硫酸钾型三元复合肥0.1～1.5 kg，增施硫酸钾肥0.2～0.3 kg，施肥方式为溶水浇施；果实采收后施采后肥，每株施硫酸钾型三元复合肥0.5～0.75 kg，施肥方式为挖环状沟撒施；秋季（落叶后）施足基肥，每株施有机肥50 kg，增施黄豆饼肥4～5 kg，施肥方式为挖沟深施。

（3）整形修剪　树形若采用主干形，定植以芽苗为好，每株树边上插1根3 m左右的竹竿用于主干的绑缚。定植当年，顶芽直线向上延伸，侧枝长至20 cm即留2～3片叶短截，促其分枝形成结果枝（组）。一般到当年冬季，主干长到1.5～1.8 m，形成40～60个结果枝（组）。当年冬季修剪时将主干下部40 cm的枝条全部疏除，上部30～40 cm的枝条留基部2个芽重短截，疏除中部同方向距离较近的过密枝，留分布均匀的结果枝（组）20～30个（第二年每667 m² 产量150～200 kg）。第四年树形基本可定型，主干高度通过挂果回缩控制在2.0～2.2 m，全树结果枝（组）控制在100～120个。修剪方式以长梢修剪为主，枝条更新以单枝更新为主。夏季修剪主要通过短截控制徒长枝生长，防止落果，同时疏除、回缩无果枝和过密枝。

（4）花果管理　2月下旬（花蕾盛期）进行疏花和疏蕾，长果枝抹除枝条基部、顶部及中部上方花蕾，留中部侧下方的花蕾；中、短果枝抹除枝条基部、中上部上方的花蕾，留中部、上部下方的花蕾。因部分品种在大棚内坐果不稳定，留花量为总花量的70%以上。

4月初进行第一次疏果，主要疏除并生果、畸形果等；4月中旬进行第二次疏果（定果），根据留果量疏除并生果、畸形果、病虫果及小果等。留果标准：长果枝3～4个，中果枝2个，短果枝、花束状果枝留1个或不留，每667 m² 留果量控制在10 000个左右，果实不进行套袋。

（5）病虫害防治　大棚内果实成熟前主要病虫害有蚜虫、梨小食心虫、红颈天牛、桃蛀螟、臭椿象、桃褐腐病、桃炭疽病等，果实成熟后主要病虫害有金龟子、桃潜叶蛾、桃细菌性穿孔病等。

防治以农业防治、物理（机械、人工）防治、化学防治为主，生物（天敌）防治为辅。冬季做好清园、深翻、涂白、清理沟系等农业防治工作，可有效减少桃园病虫害基数；生长季使用黑光灯、粘虫板、糖醋液等杀虫器械（药剂）可有效诱杀金龟子、桃潜叶蛾、梨小食心虫等成虫，减少害虫危害；通过人工捕杀红颈天牛的幼虫或成虫可减少红颈天牛的发生量。

4. 桃树设施栽培注意事项

（1）忌品种单一　虽然大多数桃树品种能自花结实，但由于设施栽培棚室内空气流动量小，棚内相对湿度较高，花药开裂慢，花粉黏滞，影响了桃树的受粉和受精。因此在栽培中必须选择与主栽品种需冷量相同或略低且花粉量大、发芽率高、亲和力好的品种进行异花授粉，并采用蜜蜂授粉和人工点授相结合的办法，从而提高坐果率。

（2）忌升温过早　升温的时间应根据品种的需冷量来确定。上海地区一般覆膜时间在1月下旬（水蜜桃品种延后7～10 d）。如果升温时间过早，会造成开花不齐、开花后无花粉等不正常现象，从而降低坐果率。

（3）忌棚温忽高忽低　开始升温时不要过高、过急。特别是花期不要温度过高，温度过高花器发育不好，不能正常受粉和受精，影响坐果；温度过低开花不整齐，花期时间延长，严重时花期受冻。花期温度应控制在最高不超过22 ℃，坐果后应控制在25 ℃以下，果实发育期温度最高不超过 28 ℃（水蜜桃尽量控制在 30 ℃以下），温度过高会造成新梢徒长，加重果实生理落果。

（4）应开展地膜覆盖　棚室内应覆盖地膜，使地温回升，促进根系活动，使树体和根系生长协调，促进坐果及果实生长。覆膜后可以降低棚内湿度，减轻病虫害的发生。

（5）忌留果太多　在设施栽培中，棚室桃不同品种、不同大小、不同上市时间与露地栽培的价格相差很大，个大色艳品质好、成熟期早的易销，而留果过多会使果个小、果实着色差，成熟期延后，从而造成卖果难、经济效益降低等问题。

第三节　病虫识别与防治

上海地区桃树主产区主要病害有流胶病、细菌性穿孔病、褐腐病、炭疽病、桃缩叶病等；主要虫害有桃蚜、桃红颈天牛、桃潜叶蛾、梨小食心虫、红蜘蛛、桑白蚧等。其中尤以褐腐病、细菌性穿孔病、桃红颈天牛、桃潜叶蛾、梨小食心虫这几种病虫害对桃树生产的影响较大。根据目前关于桃树病虫害绿色防治技术的研究，相关措施主要以农业防治、物理（机械、人工）防治、化学防治为主，生物（天敌）防治为辅。

一、农业防治措施

结合修剪、土壤深翻、清园等农业措施，减少病虫害发生源头或改变病虫害发生环境，可达到控制病虫害发生的目的。主要抓好产后管理与冬季管理 2 个阶段的工作。

1. 产后管理　产后进行 1 次清园工作，将桃园中的病虫果、套袋、病虫枝等彻底清理出果园，集中烧毁或深埋；在 9 月初温度下降后进行 1 次轻度夏季修剪，改善桃园通风透光条件，同时将梨小食心虫危害的枝梢剪除，集中处理掉；清理沟系，防止积水，降低果园整体湿度。

2. 冬季管理　秋施基肥后全园进行深翻，深度在 20～30 cm；修剪完毕后进行全园清理，将病虫果、枝、叶、套袋等清理出果园，集中烧毁或深埋；清理沟系；对主干与主枝进行涂白。

二、物理防治措施

物理防治主要包括机械捕杀与人工捕杀两种防治措施。使用黑光灯、频振式太阳能杀虫灯、粘虫板、性引诱剂等杀虫器械（药剂）可有效诱杀金龟子、桃潜叶蛾、梨小食心虫等成虫，减少虫害；通过人工捕杀红颈天牛的幼虫或成虫可减少红颈天牛的发生量（一般在 1 个果园内连续两年不间断地捕杀可基本控制红颈天牛的发生）；用硬毛刷或铁刷刷除桑白蚧等蚧类害虫效果明显。

三、化学防治措施

化学防治提倡使用低毒、高效、低残留的生物农药，包括矿质类农药、生物制剂等。应注意农药安全使用间隔期，确保果实的安全性。在桃树生产周期中防治关键是打好 3 次药：一是冬季桃树萌芽前石硫合剂的喷施，浓度一定要在 5～7 波美度，可有效防止桃缩叶病的发生，减轻桃蚜、桃褐腐病等病虫害的发生；二是露红前波尔多液的喷施，时间一定要掌握好，浓度为生石灰∶硫酸铜∶水＝1∶1∶100；三是果实套袋前杀虫杀菌剂的喷施，果实一定要带药入袋，杀菌药剂可用百菌清、苯醚甲环唑、甲基硫菌灵等广谱性杀菌剂，杀虫药剂可用灭幼脲、苦参烟碱等生物制剂农药。

四、主要病害与防治

1. 桃细菌性穿孔病

（1）侵害症状（图 3-1）　细菌性穿孔病主要发生在叶片，也能侵害果实和新梢。叶片发病时初期为水渍状小斑点，扩大后成为

圆形、多角形或不规则形，
紫褐色至黑褐色斑点，直
径约2mm，病斑周围呈水
渍状，并有黄绿色晕环，
以后病斑干枯，边缘发生
一圈裂纹，容易脱落形成
穿孔。病斑多发生在叶脉
两侧和边缘附近，有时数
斑融合成一块大斑，病斑
多早期脱落并造成大量落

图3-1　桃细菌性穿孔病危害状

叶。果实发病初期，果面上发生褐色小圆斑，稍凹陷，其后颜色变
深，呈暗紫色，周缘呈水渍状，天气潮湿时病斑上常出现黄白色黏
质分泌物，干枯时发生裂纹。枝条受害后会有两种不同形式的病
斑，一种为春季溃疡，另一种为夏季溃疡。春季溃疡发生在上一年
夏季抽生的枝条上，病菌于前一年已侵入，枝条上形成小疱疹，直
径约2mm，以后可扩展长达1~10cm，有时可造成枯梢现象；夏
季溃疡多发生在当年生的新梢上，形成水渍状暗紫色斑点，病斑褐
色或紫黑色，圆形或椭圆形，稍凹陷，边缘呈水渍状。

（2）发病条件　病原细菌主要在病梢上越冬，翌年春季在病部
溢出菌脓，经风雨和昆虫传播，由气孔、皮孔等处侵入。一般4月
中旬展叶后即发生。5~6月梅雨季节和8~9月台风季节是发病高
峰，果园郁闭、排水不良、树势衰弱时发生严重。一般早熟品种较
易发病，特别是成熟期多雨发病更重。

（3）防治方法

① 冬季修剪时注意清除枯枝，消灭病源。

② 早春萌芽前喷5波美度以上石硫合剂，桃花蕾露红期，喷洒
1∶1∶100倍波尔多液（展叶后禁用），展叶后喷72%农用链霉素可
溶性粉剂2500~3000倍液或1∶（1~2）∶200硫酸锌石灰液。

③ 加强开沟排水，降低田间湿度，合理修剪，改善通风透光
条件以避免树冠郁闭，增施磷、钾肥，增强树势，提高抗病力。

2. 桃褐腐病　桃褐腐病又称为菌核病，为真菌性病害，是上海地区的重要病害之一，主要侵害花、叶、新梢和果实，其中以果实受害最重。

（1）侵害症状（图3-2）

① 花与叶：花部受害自雄蕊及花瓣先端开始，发生褐色水渍状斑点后逐渐延至全花，随即变褐而枯萎，残留在枝上长久不脱落；嫩叶受害自叶缘开始，病部变褐、萎垂，残留在枝上。

② 新梢：侵害花与叶片的病菌菌丝，可通过花梗与叶柄逐步蔓延到果梗和新梢上，形成溃疡斑。病斑长圆形，中央稍凹陷，灰褐色、边缘紫褐色，常发生流胶。当溃疡斑扩展环割一周时，上部枝条即枯死。

图3-2　桃褐腐病危害状

③ 果实：自幼果至成熟期都能受害，果实越接近成熟受害越重，被害果最初在果面上产生褐色圆形病斑，在数日内可扩及全果，果肉变褐软腐，病果腐烂后易脱落，但不少病果失水后变成僵果，悬挂枝上经久不落，是病菌越冬的重要场所。

（2）发病条件　桃树开花期及幼果期遇低温多雨且果实成熟期逢温暖、阴雨、高湿时发病严重，树势衰弱、管理不善、地势低洼或枝叶过密、通风透光较差也是引起发病较重的主要因素。果实在贮运中如遇高温、高湿，有利于病害发生，所致损失更重。

（3）防治方法

① 消灭越冬菌源，做好清园工作，彻底清除僵果、病枝，集中烧毁或进行深翻，将地面病残体深埋地下。

② 对果实进行套袋。

③ 加强排水，增施有机肥，增强树势并避免留枝过多，保证

通风透光。

④在发芽前（2月20日前后）喷施5~7波美度的石硫合剂或晶体石硫合剂（15倍液），花蕾露红期（3月中旬前后）喷施1∶1∶100倍波尔多液或77%氢氧化铜可湿性粉剂250~300倍液，谢花后10 d喷65%代森锌可湿性粉剂500~800倍液，10%苯醚甲环唑水分散粒剂1 000~1 500倍液或甲基硫菌灵800~1 000倍液，以后每隔10~15 d连续喷2~3次。

3. 桃炭疽病　本病是桃果实上的重要病害之一，为真菌性病害，主要侵害果实和枝梢，严重时造成枝梢大量枯死，果实大量腐烂而造成失收。

（1）侵害症状　硬核前幼果染病后，初期果面呈淡褐色水渍状斑，病斑随即扩大，呈圆形或椭圆形，红褐色并显著凹陷，潮湿时产生粉红色黏质物质即病菌孢子，病果很快脱落，部分果实腐烂并失水成为僵果悬挂枝上。

新梢被害后，出现暗褐色略凹陷长椭圆形的病斑，气候潮湿时病斑表面发出橘红色小粒点，病梢向一侧弯曲，叶片下垂纵向往上卷成筒状。病枝常枯死，芽萌动至开花期枝上病斑发展很快，当病斑环绕一圈后，其上段枝梢即枯死。因此，该病严重的桃园，开花前后会出现大批果枝陆续枯死的现象。

（2）发病条件　菌丝体在病枯枝和病果上越冬，翌年早春产生孢子侵染结果枝，以后陆续向花果传播侵染加重危害。阴雨连绵、天气闷热时容易发病，园地低洼、排水不良、修剪粗糙、留枝过密、树势衰弱和偏施氮肥时，容易发病。

本病在上海地区一年有3个发病过程：3月中旬至4月上旬发生在结果枝上，5月发生在幼果上，6~7月发生在果实成熟阶段，全年以幼果阶段受害最重。

桃树品种间的抗病性有很大差异，一般早熟品种发病较重，中熟品种次之，晚熟品种抗病性较强。

（3）防治方法

①冬季修剪时仔细清除树上的枯枝、僵果和残桩，消灭越冬

病源，在芽萌动至开花前后及时剪除初次发病的病枝，防止引起再次侵染，对出现卷叶症状的果枝也要剪除，并集中深埋。

② 选用抗病品种。

③ 加强排水，增施有机肥，提高磷、钾肥的施用比例，增强树势并避免留枝过密、过长，保证通风透光。

④ 发芽前及花蕾露红期的用药与防治褐腐病相同，落花后其中 4 月中旬至 5 月下旬最重要，每隔 10 d 左右喷药一次，药剂可用甲基硫菌灵粉剂 800～1 000 倍液、75％百菌清可湿性粉剂 600～800 倍液、10％苯醚甲环唑水分散粒剂 1 000～1 500 倍液等，几种药剂可交叉使用。

4. 桃缩叶病 真菌性病害，是桃的主要病害，在沿海、滨河等高湿地区发生较重。

（1）侵害症状（图 3 - 3） 主要侵害桃树幼嫩部分，以侵害叶片为主，严重时也可侵害花、嫩梢和幼果。春季嫩梢刚从芽鳞抽出时就显现卷曲状，颜色发红，随叶片逐渐开展，卷曲皱缩程度也随之加剧，叶片增厚变脆，严重时全株叶片变形、枝梢枯死。枝梢受害后呈灰绿色或黄色，枝条节间变短且略为粗肿，严重时整枝枯死。花与果实受害后多半脱落，花瓣肥大变长，病果畸形，果面常龟裂。

图 3 - 3 桃缩叶病危害状

（2）发病条件 桃缩叶病的发生与早春的气候条件有密切的关系。桃芽萌发时如气温低（10～16 ℃）、持续时间长且湿度高，桃树易受害，温度在 21 ℃以上时病害则停止发展。病害一般在 3 月下旬开始发生，4 月中旬至 5 月初为发病盛期，5 月底气温升高，发病渐趋停止。由于病菌在树枝上可残存 1 年以上，若当年发病重，翌年发病也重。

（3）防治方法

① 萌芽前及时喷施 5 波美度以上石硫合剂，花蕾露红期喷施 1∶1∶100 倍波尔多液。

② 发病期间及时剪除病梢和病叶，集中烧毁，以清除病源。

③ 发病严重的桃园注意加强肥水管理，以促进树势恢复，增强抗病能力。

五、主要虫害与防治

1. 梨小食心虫　又名桃折梢虫，属鳞翅目小卷叶蛾科。幼虫主要蛀食梨、桃等的果实和桃树的新梢，在桃、梨等果树混栽的果园危害严重。

（1）侵害症状（图 3-4）桃梢被害后萎蔫枯干，影响桃树生长，被害果有小的蛀入孔，孔周围微凹陷，最初幼虫在果实浅表侵害，孔处排出较细虫粪，然后由浅入深，果肉蛀道直向果核，被害处留有虫粪，虫果易腐烂脱落。

图 3-4　梨小食心虫侵害状

（2）形态特征

① 成虫：体长 4.6～6.0 mm，翅展 10.6～15 mm，全体灰褐色，无光泽，翅上密布白色鳞片，静止时两翅合拢。

② 卵：黄白色，近乎白色，半透明扁椭圆形，中央隆起，周缘扁平。

③ 幼虫：老熟幼虫体长 10～13 mm，全体淡黄色或粉红色，头部黄褐色，臀板有深褐色斑点，腹部末部有臀栉 4～7 刺。

④ 蛹：体长 6～7 mm，纺锤形，黄褐色，腹部末端有钩刺8根。

（3）生活习性及发生规律　上海地区每年发生 5～7 代，以老熟幼虫在树干翘皮中结白茧越冬，3 月下旬开始化蛹，成虫羽化后，主要产卵在桃、李等树新梢上，一头雌虫产卵 50～100 粒，散产。趋光性不强，喜食糖蜜和果汁。幼虫孵化后，多从新梢顶部第二、第三叶的基部蛀入，向下蛀食，受害梢常流出树胶，梢端叶片先萎缩，然后新梢干枯下垂。一头幼虫可转移侵害 2～3 个新梢，幼虫老熟后在树干翘皮裂缝作茧化蛹，成虫羽化后，继续在桃梢上产卵侵害。第二、第三代发生在 6～7 月，大部分在桃树上，幼虫继续侵害新梢桃果。以后几代逐步转向梨等果树侵害，但在梨等果树不多的地区，幼虫继续侵害桃的生新梢和果实。由于有转主侵害的习性，在桃、梨混栽的果园，梨小食心虫常发生较重。

（4）防治方法

① 合理配置树种，建立果园时，尽可能避免桃、梨混栽。

② 发芽前，彻底刮除翘皮并集中处理，消灭越冬幼虫。

③ 剪除虫梢，集中处理，消灭其中幼虫。

④ 用性诱剂诱集成虫，可用于预测成虫出现期，指导及时喷药。

⑤ 根据测报及时用药防治，防治药剂有除虫脲 1 000～1 500 倍液、氯氟氰菊酯 1 000～1 500 倍液、氰戊菊酯或氯氰菊酯 1 000～1 500倍液、灭幼脲 1 200～1 500 倍液，较重时同时使用氯氰菊酯 1 200～1 500 倍液和灭幼脲 1 200～1 500 倍液。

2. 桃蛀螟　桃蛀螟又名桃蠹螟，俗称桃食心虫，属鳞翅螟蛾科，是桃树的重要蛀果害虫，除侵害桃外，还能侵害其他多种果树以及玉米、高粱、向日葵等。

（1）侵害症状　幼虫多从桃果柄处和两果相贴处蛀入，蛀孔外有大量虫粪，虫果易腐烂脱落。

（2）形态特征　成虫（图 3-5）体长 10～12 mm，翅展 25～28 mm，全身橙黄色，前后翅上散生大小不等的黑色斑点，腹部背面与侧面有成排的黑斑。卵扁椭圆形，长径 0.6～0.7 mm，短径约 0.3 mm，初产下时乳白色，后变为红褐色。幼虫老熟时体长 18～25 mm，体背淡红色，各体节都有粗大的灰褐色瘤点（图 3-6）。蛹长 12～15 mm，纺锤形，褐色，腹部末端有细长卷曲钩刺 6 个。

（3）生活习性及发生规律　以老熟幼虫在玉米、高粱果穗、向日葵和残株内越冬。成虫夜间活动，有较强的趋光性，以枝叶较密、留果较多的树上以及两果相接处产卵较多。早熟品种上见卵较中、晚熟品种为早，幼虫孵化后多从果柄处或果与叶及果与果相接处蛀入，蛀入后直达果心，幼虫老熟后多在果柄处或两果相接处化蛹。

上海地区一年发生 4 代，第一代和第二代幼虫蛀食桃果为主，第三、第四代转害玉米、高粱、向日葵等作物，越冬代成虫发生期为 5 月中下旬，5 月下旬至 6 月上旬是第一代产卵高峰，以后各代世代重叠。

图 3-5　桃蛀螟成虫

图 3-6　桃蛀螟老熟幼虫

（4）防治方法

① 清除越冬寄主中的越冬幼虫，在 4 月前将玉米、向日葵、高粱等残株烧毁，并将桃树老皮刮净，是防治桃蛀螟的重要措施。

② 桃树合理修剪，合理留果，避免枝叶和果实密接。

③ 果实套袋，套袋前结合防治其他病虫害喷药 1 次，以消灭早期桃蛀螟的卵与幼虫。

④ 在桃园内安装杀虫灯或用糖醋液诱杀成虫。

⑤ 各代卵期喷施苦参烟碱 1 200 倍液、氯氟氰菊酯 1 000～1 500 倍液、氰戊菊酯或氯氰菊酯 1 000～1 500 倍液、灭幼脲 1 200～1 500 倍液，较重时同时使用氯氰菊酯 1 200～1 500 倍液和灭幼脲 1 200～1 500 倍液。

3. 桃红颈天牛

（1）侵害症状　桃红颈天牛是桃树的重要害虫，幼虫蛀食桃树枝干皮层和木质部，使树势衰弱、寿命缩短，严重时桃树成片死亡。

（2）形态特征

① 成虫：体长 28～37 mm，除前胸（俗称头颈）背板酱红色外，其余均为黑色，故称为红颈天牛。有一股难闻的气味，雄虫较雌虫小，卵长圆形，乳白色，长 5～7 mm。

② 幼虫：老熟幼虫体长 50 mm，黄白色，前胸背板扁平方形，前缘黄褐色，中间色淡（图 3 - 7）。

③ 蛹：淡黄白色，长 36 mm。

（3）生活习性及发生规律

2～3 年发生 1 代，以幼虫在树干蛀道内过冬，翌年春越冬幼虫恢复活动，在皮层下和木质部钻蛀不规则的隧道，并向蛀孔外排出大量红褐色虫粪及碎屑，堆满树干基部地面，5～6 月侵害最重。5～6 月老熟幼虫做茧化蛹，6 月中旬至 7 月上旬成虫羽化后，从蛀孔钻出在树干上栖息，经 2～3 日的交

图 3 - 7　桃红颈天牛幼虫

尾，卵多产在主干、主枝的树皮缝隙中，在流胶病严重的枝干上产卵更多。幼虫一生钻蛀隧道总长 50～60 cm。

（4）防治方法

① 夏季成虫出现期，捕杀成虫。

②幼虫孵化后，经常检查枝干，发现虫粪时，将皮下的小幼虫用铁丝钩杀，或用枝接刀在幼虫侵害部位顺树干纵划2～3道杀死幼虫。

③用药棉堵塞，幼虫蛀入木质部后，由于蛀道弯曲，用铁丝不易钩杀，可用棉絮醮上稍高浓度的氯氰菊酯液体堵塞虫孔，然后将地面的虫粪清除，以利于及时发现遗漏幼虫，再行灭杀。

④开展生物防治，在4～5月的晴天中午，在桃园内释放肿腿蜂（红颈天牛天敌），杀死天牛幼虫。

4. 桃潜叶蛾 桃潜叶蛾又名桃叶潜蛾，属鳞翅潜叶蛾科。

（1）侵害症状（图3-8） 幼虫在叶肉内串成弯曲潜道，并将虫粪充塞其中，叶表皮不破裂，可由叶面透视幼虫虫体，严重时每一叶片可有数十条幼虫同时潜食，造成叶片干枯而大量脱落，致使果实不能正常生长发育，对产量和质量影响很大，同时严重影响桃树花芽的分化和养分的积累。

（2）形态特征

①成虫：体长3 mm，翅展6 mm，躯体及前翅银白色，前翅狭长、先端尖，附生3条黄白色斜纹，翅先端有黑色斑纹。前、后翅都具有灰色长缘毛。

②卵：扁椭圆形，无色透明，卵壳极薄而软。

③幼虫：体长6 mm，

图3-8 桃潜叶蛾侵害状

胸部淡绿色，体稍扁有黑褐色胸足3对。

④茧：扁枣核形，白色，茧两侧有长丝粘于叶上。

（3）生活习性及发生规律 上海地区1年发生7代以上，以蛹或老熟幼虫结成的茧在树皮裂缝、土块缝隙杂草、落叶等处越冬。翌年4月桃展叶后，成虫羽化，夜间活动产卵于叶下表皮内。幼虫孵化后在叶组织内潜食危害，幼虫老熟后在叶片吐丝结白色薄茧化蛹。5月上旬发生第一代成虫,以后不足1个月发生1代。除第一、第二代发生稍整齐外,以后各代呈现出明显世代重叠现象。

(4) 防治方法

① 冬季搞好清园,扫除落叶集中烧毁,刮除老皮,刮下的老皮集中处理,涂白堵缝,对桃园土壤深翻。

② 药剂防治:可用1.8‰阿维菌素1 800~2 000倍液、20％灭幼脲悬浮剂1 000~1 500倍液等进行防治。特别要重视对第一、第二代的防治,达到"早治、早防"的目的。

5. 桃粉蚜 桃粉蚜又名桃大尾蚜,桃粉蚜属同翅目蚜科。

(1) 侵害症状(图3-9) 成虫和若虫群集于新梢和叶背刺吸汁液,被害叶失绿向叶背纵卷,卷叶内积有白色蜡粉,严重时叶片早落,严重影响嫩梢生长,排泄蜜露常导致烟煤病发生。

(2) 生活习性及发生规律 一年发生20多代,生活周期类型属乔迁型,以卵在芽腋、裂缝及枝杈处越冬,萌芽时孵化,群集于嫩梢,在叶背侵害繁殖。5~6月繁殖最盛,危害严重,大量产生有翅胎生雌蚜,迁飞到夏寄主(芦苇等禾本科植物)上繁殖,10~11月产生有翅蚜,返回冬寄主上侵害繁殖,产生有性蚜交尾产卵越冬。

(3) 防治方法

① 加强果园管理,剪除被害枝梢,集中烧毁。

② 在桃园附近铲除芦苇,减少蚜虫的夏季繁殖场所。

③ 保护天敌。蚜虫的天敌很多,有瓢虫、食蚜蝇、草蛉蜓、寄生蜂等,对蚜虫抑制作用很强,因此要尽量少喷洒广谱性农

图3-9 桃粉蚜侵害状

药，同时避免在天敌多的时候喷洒农药。

④ 喷施农药。春季卵孵化后，桃树未开花和卷叶前及时喷洒吡虫啉 1 500～2 000 倍液或 2％苦参烟碱 1 000～1 200 倍液或菊酯类乳油。

六、主要生理病害与预防

1. 桃树生理性流胶病　此病在长江中下游桃产区发病较重。流胶造成树势衰弱，影响果品质量，甚至导致桃树死亡。

（1）发病症状　此病多发生于桃树枝干处，尤以主干和主枝交叉处最易发生。初期病部略膨胀，逐渐溢出半透明的胶质，降水后加重。其后胶质渐成胶冻状，失水后呈黄褐色，干燥时变为黑褐色。严重时树皮开裂，皮层坏死，生长衰弱，叶色变黄，甚至枝干枯死（图 3-10）。

图 3-10　桃树生理性流胶病

（2）发病原因　该病为生理性病害，以下几种因素可使桃树发生流胶。

① 排水不良、土壤黏重、土壤盐碱化等不良环境条件，使桃树产生生理障碍，引起流胶。

② 寄生性真菌及细菌的危害、枝干和果实被害虫等蛀食，引

起主干、主枝、果实流胶等。

③ 病菌孢子借风雨传播，从伤口和侧芽侵入，从而引起流胶。尤以雨后为甚，使树体迅速衰弱。

（3）防治方法

① 加强土、肥、水的管理，增施有机肥，改善土壤理化性质，增强树体抵抗能力。

② 及时防治桃园各种病虫害。

③ 落叶后，树干、大枝涂白，防止日灼、冻害，兼杀菌治虫。

④ 芽膨大前喷洒 5～7 波美度石硫合剂，露红期喷 1∶1∶100 倍波尔多液，铲除越冬病菌。

2. 桃树缺铁黄化病　根据近几年对上海郊区桃园的观察发现，该病主要是由于土壤 pH 偏高，桃树根系营养元素吸收失衡，铁元素缺乏所致。

（1）发病症状　桃树缺铁主要表现为叶脉保持绿色，而脉间褪绿。严重时整片叶全部黄化，最后白化，导致幼叶、嫩梢枯死（图 3 - 11）。

（2）发病原因　由于铁元素在植物体内难以转移，所以缺铁症状多从新梢顶端的幼嫩叶开始表现。铁是叶绿素合成所必需的元素，铁又是构成呼吸酶的成分之一。缺铁时，叶绿素合成受到抑制，使植物表现褪绿、黄化甚至白化。

图 3 - 11　桃树缺铁黄化病

（3）防治方法　增加土壤有机质、改良土壤结构和理化性质、增加土壤的透气性为根本措施。

① 碱性土壤可施用生理酸性肥料加以改良，促使土壤中被固定的铁元素释放。

② 控制盐害是盐碱地区防治桃树缺铁症的重要措施。

③ 黄化病严重的桃园，必须补充可溶性铁元素。展叶后，喷施 $0.1\%\sim0.15\%$ 的螯合铁溶液，或 $0.15\%\sim0.2\%$ 的硫酸亚铁溶液，每隔 $7\sim10$ d 喷一次，连喷 $3\sim4$ 次可达到一定效果。

第四节　主要品种介绍

一、早熟品种

1. 早美　树势中等，树姿开张。多年生枝为褐色，一年生枝阳面暗红色，阴面暗绿色，节间长 2.5 cm，复花芽起始节为 7 节。叶片宽披针形，叶缘粗锯齿形，叶尖渐尖，叶基广楔形，叶脉为不明显网状，叶色暗红色，平均叶长 16 cm，叶宽 3.7 cm，叶柄长 0.6 cm。花为蔷薇型，花瓣粉红色，有花粉。皮孔大，数量中等。

果实近圆形，整齐，缝合线浅，两侧对称，果顶圆平（图 3-12）。果个中等，平均单果重 145 g，最大果重 185 g。成熟时果面底色白色，表色红色，茸毛粗密。果皮易剥离，果肉白里透红，肉质软溶，汁液多，味甜，稍有涩味，香味中等，可溶性固形物含量为 $9\%\sim10\%$，粘核。5 月底至 6 月初果实成熟，从盛花到果实成熟 55 d 左右，11 月中旬为落叶期。

图 3-12　早美果实

2. 曙光　树势强，树姿较开张。多年生枝为褐色，一年生枝阳面暗红色，阴面暗绿色，节间长2.3 cm，复花芽起始节为3节。叶片宽披针形，叶缘钝锯齿形，叶尖渐尖，叶基广楔形，叶脉为不明显网状，叶色绿色，平均叶长16.1 cm，叶宽3.4 cm，叶柄长0.6 cm。花为蔷薇型，花瓣粉红色，有花粉。皮孔大，数量中等。

果实长圆形，整齐，缝合线浅，两侧对称，果顶圆凸（图3-13）。果个小，平均单果重110 g，最大果重165 g。成熟时果面底色黄绿色，表色鲜红色，无茸毛。果皮易剥离，果肉黄色，肉质软溶，汁液中等多，味甜，无苦涩味，香味淡，可溶性固形物含量为10%～12%，粘核，不裂核。露天栽培6月10日左右果实成熟，从盛花到果实成熟65 d左右。

图3-13 曙光果实

3. 早露蟠 树势中等，树姿开张。多年生枝为褐色，一年生枝阳面暗红色，阴面暗绿色，节间长2.3 cm，复花芽起始节为3～5节。叶片长椭圆披针形，叶缘细锯齿形，叶尖渐尖，叶基广楔形，叶脉为不明显网状，叶色绿色，平均叶长14 cm，叶宽3.3 cm，叶柄长0.6 cm。花为蔷薇型，花瓣粉红色，有花粉。皮孔小，数量较少。

果形扁平，整齐，缝合线浅，两侧较对称，果顶凹入（图3-14）。果个中等，平均单果重100 g，最大果重165 g。成熟时果面底色绿色，表色红色，茸毛细且稀少。果皮易剥离，果肉白色，肉质软溶，汁液多，味甜，无苦涩味，香味淡，可溶性固形物含量为 10%～12%，粘核，不裂核。露天栽培 6 月中旬果实成熟，从盛花到果实成熟 60 d 左右，11 月中旬为落叶期。

图 3-14　早露蟠果实

4. 锦香　该品种树势中等，树姿开张，萌芽与成枝力均较高。复花芽多，蔷薇花型，粉红色，雌蕊与雄蕊等高，无花粉，需配置授粉树或人工授粉。

果实圆形，整齐，果顶圆平，两半匀称，缝合线不明显；平均单果重 190 g，最大果重 270 g。果皮底色金黄，茸毛少，充分成熟时可剥皮。果肉金黄色，较韧，属硬溶质。可溶性固形物含量 9.2%～11%，风味甜，微酸，汁液中等，香气浓。果实采收期为 6 月 24～30 日，果实生育期为 80 d 左右。

5. 沪油 018　该品种是上海市农业科学院林木果树研究所培育的早熟甜油桃品种。果实椭圆形，平均单果重约 170 g，最大果重 220 g；果顶圆平，果实对称，果面底色浅黄，阳面有紫色斑点和条纹。果皮较厚，不易剥离。果肉黄色，肉质细密、脆硬，硬溶质，汁液中等，纤维少，风味甜香，可溶性固形物含量 9%～11%；果核硬，粘核；果实生育期 85 d 左右，在上海地区 6 月中旬成熟。

二、中熟品种

1. 加纳岩　树势中等，树姿开张（图 3-15）。多年生枝为褐色，一年生枝阳面暗红色，阴面暗绿色，节间长 2.1 cm，复花芽起始节为 2～4 节。叶片长椭圆披针形，叶缘钝锯齿形，叶尖渐尖，叶基广楔形，叶脉为网状，节间长 2.1 cm，叶色黄绿色，平均叶长 16 cm，叶宽 3.2 cm，叶柄长 0.7 cm。花为蔷薇型，花瓣粉红色，有花粉。皮孔中等大，数量中等。

果实近圆形，整齐，缝合线浅，两侧较对称，果顶圆平。果个中等，平均单果重 135 g，最大果重 175 g。成熟时果面底色绿黄色，表色鲜红色，茸毛细密。果皮易剥离，果肉白色，肉质软溶，汁液多，味浓甜，无苦涩味，香味淡，可溶性固形物含量为 13%～15%，粘核，不裂核。7 月上旬果实成熟，从盛花到果实成熟 95 d 左右，11 月中旬为落叶期。

图 3-15　加纳岩

2. 红清水　树势强，树姿开张。多年生枝为褐色，一年生枝阳面暗红色，阴面暗绿色，节间长 2.3 cm，复花芽起始节为 2～3 节。叶片宽披针形，叶缘粗锯齿形，叶尖急尖，叶基广楔形，叶脉为不明网状，叶色绿色，平均叶长 15 cm，叶宽 3.5 cm，叶柄长 0.6 cm。花为蔷薇型，有花粉。皮孔大，数量中等多。

果实近圆形，整齐，缝合线浅，两侧对称，果顶圆平（图 3-

16）。果个极大，平均单果重175 g，最大果重240 g。成熟时果面底色黄绿色，表色红色，茸毛细密。果皮易剥离，果肉白色，近核处红色，肉质软溶，汁液多，味浓甜，无苦涩味，香味淡，可溶性固形物含量为12%～14%，粘核，不裂核。7月下旬果实成熟，从盛花到果实成熟110 d左右，11月中旬为落叶期。

图3-16　红清水果实

3. 浅间白桃　树势中等，树姿开张。多年生枝为褐色，一年生枝阳面暗红色，阴面暗绿色，节间长2.3 cm，复花芽起始节为1～3节。叶片长宽披针形，叶缘粗锯齿形，叶尖渐尖，叶基广楔形，叶脉为不明显网状，叶色深绿色，平均叶长16 cm，叶宽4.2 cm，叶柄长1 cm。花为蔷薇型，花瓣粉红色，无花粉。皮孔中等大小，数量中等多。

果实近圆形，整齐，缝合线浅，两侧较对称，果顶圆凸（图3-17）。果个极大，平均单果重200 g，最大果重250 g。成熟时果面底色黄白色，表色红色，茸毛粗密。果皮易剥离，果肉白色，肉质软溶，汁液多，味浓甜，无苦涩味，香味淡，可溶性固形物含量为13%，粘核，不裂核。7月中旬果实成熟，从盛花到果实成熟105 d左右。

图3-17　浅间白桃果实

4. 塔桥1号　树势中等，树姿开张。多年生枝为褐色，一年生枝阳面暗红色，阴面暗绿色，节间长2.6 cm，复花芽起始节为5～6节。叶片宽披针形，叶缘钝锯齿形，叶尖渐尖，叶基尖形，叶脉为不明显网状，叶色绿色，平均叶长 17 cm，叶宽 3.8 cm，叶柄长 0.8 cm。花为蔷薇型，花瓣粉红色，有花粉。皮孔小，数量较少。

果实近圆形，整齐，缝合线浅，两侧较对称，果顶圆凸（图 3-18）。果个极大，平均单果重 175 g，最大果重 210 g。成熟时果面底色黄绿色，表色红色，茸毛细密。果皮易剥离，果肉白色，肉质软溶，汁液多，味浓甜，无苦涩味，香味中等，可溶性固形物含量为 12%～14%，粘核，不裂核。7月中上旬果实成熟，从盛花到果实成熟 105 d 左右，11月中旬为落叶期。

图 3-18　塔桥 1 号果实

5. 大团蜜露　树势强，树姿较开张。多年生枝为褐色，一年生枝阳面暗红色，阴面暗绿色，节间长 2.3 cm，复花芽起始节为 2～3 节。叶片长椭圆披针形，叶缘细锯齿形，叶尖渐尖，叶基广楔形，叶脉为不明显网状，叶色绿色，平均叶长 16.5 cm，叶宽 4.3 cm，叶柄长 1 cm。花为蔷薇型，花瓣粉红色，无花粉。皮孔大，数量多。

果实近圆形，整齐，缝合线浅，两侧对称，果顶圆平（图 3-19）。果个极大，平均单果重 200 g，最大果重 556 g。成熟时果面

图 3-19　大团蜜露果实

底色黄绿色，表色红色，茸毛细密。果皮不易剥离，果肉白色，近核处红色，肉质软溶，汁液多，味甜，无苦涩味，香味淡，可溶性固形物含量为11％～13％，粘核，不裂核。7月20日左右果实成熟，从盛花到果实成熟110 d左右，11月中旬为落叶期。

6. 湖景蜜露 树势强，树姿开张。多年生枝为褐色，一年生枝阳面暗红色，阴面暗绿色，节间长2.0 cm，复花芽起始节为2节。叶片长椭圆披针形，叶缘钝锯齿形，叶尖渐尖，叶基广楔形，叶脉为不明显网状，叶色绿色，平均叶长14.5 cm，叶宽3.6 cm，叶柄长1 cm。花为蔷薇型，花瓣粉红色，有花粉。皮孔中等大，数量少。

果实近圆形，整齐，缝合线浅，两侧不对称，果顶圆凸（图3-20）。果个大，平均单果重180 g，最大果重350 g。成熟时果面底色绿色，表色红色，茸毛细密。果皮易剥离，果肉白色，近核处红色，肉质软溶，汁液多，味浓甜，无苦涩味，香味淡，可溶性固形物含量为12％～13％，粘核，不裂核。7月下旬果实成熟，从盛花到果实成熟110 d左右，11月中旬为落叶期。

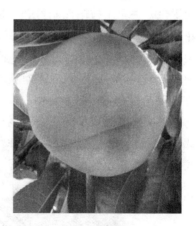

图3-20 湖景蜜露果实

7. 新凤蜜露 树势强，树姿开张。多年生枝为褐色，一年生枝阳面暗红色，阴面暗绿色，节间长2.3 cm，复花芽起始节为2～4节。叶片狭披针形，叶缘钝锯齿形，叶尖渐尖，叶基广楔形，叶脉为网状，叶色绿色，平均叶长15 cm，叶宽3.7 cm，叶柄长1.1 cm。花为蔷薇型，花瓣粉红色，有花粉。皮孔小，数量少。

果实近圆形，整齐，缝合线浅，两侧对称，果顶圆平（图3-21）。果个极大，平均单果重180 g，最大果重400 g。成熟时果面底色黄绿色，表色鲜红色，茸毛细密。果皮易剥离，果肉白色，近核处红色，肉质为溶质，肉质致密，汁液多，味浓甜，无苦涩味，香味浓，成熟时可溶性固形物含量可达 13％以上，粘核，不裂核。7 月下旬果实成熟，从盛花到果实成熟 110 d 左右，11 月中旬为落叶期。

图 3 - 21　新凤蜜露果实

8. 清水白桃　树势中等，树姿开张。多年生枝为褐色，一年生枝阳面暗红色，阴面暗绿色，节间长 2.9 cm，复花芽起始节为 3～5 节。叶片长宽披针形，叶缘粗锯齿形，叶尖渐尖，叶基广楔形，叶脉为不明显网状，叶色深绿色，平均叶长 18.5 cm，叶宽 4.7 cm，叶柄长 1.1 cm。花为蔷薇型，花瓣粉红色，有花粉。皮孔中等大小，数量少。

果实椭圆形，整齐，缝合线浅，两侧对称，果顶圆凸（图 3 - 22）。果个极大，平均单果重 200 g，最大果重 220 g。成熟时果面底色绿色，表色红色，茸毛细密。果皮易剥离，果肉白色，近核处

图 3 - 22　清水白桃果实

红色，肉质软溶，汁液多，味浓甜，无苦涩味，香味淡，可溶性固形物含量为14%～16%，粘核，不裂核。7月下旬果实成熟，从盛花到果实成熟115 d左右，11月中旬为落叶期。

9. 玉露蟠桃　树势中等强，树姿开张。多年生枝为褐色，一年生枝阳面暗红色，阴面暗绿色，节间长1.95 cm，花芽起始节为1～2节，复花芽多。叶片为狭披针形，叶尖急尖，叶基楔形，叶缘细锯齿形，微呈波浪状，平均叶长为15.4 cm，宽4.1 cm，叶柄长1 cm。花为蔷薇型，花瓣粉红色，有花粉。

图3-23　玉露蟠桃果实

果实扁平形，果顶凹入，缝合线深，两侧较对称（图3-23）。平均单果重150 g，最大果重可达290 g。成熟时果面底色乳白，顶部和阳面有玫瑰红点或晕。易剥皮，果肉乳白色，近核处多带红色，肉质柔软，纤维中等，汁液多，风味甜浓，富有芳香，可溶性固形物含量为12%以上，粘核。8月上旬果实成熟，从盛花到果实成熟120 d左右，11月中旬为落叶期。

三、晚熟品种

1. 玉露　树势强，树姿较开张。多年生枝为褐色，一年生枝阳面暗红色，阴面暗绿色，节间长 3.8 cm，复花芽起始节为 4～6节。叶片长椭圆披针形，叶缘粗锯齿形，叶尖渐尖，叶基广楔形，

叶脉为不明显网状，叶色绿色，平均叶长 17 cm，叶宽 4.3 cm，叶柄长 1.3 cm。花为蔷薇型，花瓣粉红色，有花粉。皮孔大，数量多。

图 3-24　玉露果实

果实近圆形，整齐，缝合线浅，两侧较对称，果顶圆凸（图 3-24）。果个大，平均单果重 155 g，最大果重 190 g。成熟时果面底色黄绿色，表色红色，茸毛细密。果皮易剥离，果肉白色，近核处红色，肉质软溶，汁液多，味酸甜，无苦涩味，香味浓，可溶性固形物含量为 14%～16%，粘核，不裂核。8月上旬果实成熟，从盛花到果实成熟 125 d 左右，11月中旬为落叶期。

2. 川中岛　树势较强，树姿开张。多年生枝为褐色，一年生枝阳面暗红色，阴面暗绿色，节间长 2.5 cm，复花芽起始节为 3～4节。叶片长椭圆披针形，叶缘钝锯齿形，叶尖渐尖，叶基广楔形，叶脉为网状，叶色绿色，平均叶长 16.5 cm，叶宽 3.8 cm，叶柄长 0.9 cm。花为蔷薇型，花瓣粉红色，无花粉。皮孔小，数量少。

果实近圆形，整齐，缝合线浅，两侧对称，果顶圆平（图 3-25）。果个极大，平均单果重 200 g，最大果重 275 g。成熟时果面底色绿黄色，表色鲜红色，茸毛细密。果皮易剥离，果肉白色，近核处红色，肉质软溶，汁液中等多，味浓甜，

图 3-25　川中岛果实

无苦涩味，香味中等，可溶性固形物含量为 13％～15％，离核，不裂核。8 月 10 日左右果实成熟，从盛花到果实成熟 125 d 左右，11 月中旬为落叶期。

3. 锦绣黄桃　树势强，树姿开张。多年生枝为褐色，一年生枝阳面暗红色，阴面暗绿色，节间长 2.4 cm，复花芽起始节为 2～5 节。叶片长椭圆披针形，叶缘细锯齿形，叶尖渐尖，叶基广楔形，叶脉为不明显网状，叶色深绿色，平均叶长 18.5 cm，叶宽 4.7 cm，叶柄长 0.9 cm。花为蔷薇型，花瓣粉红色，有花粉。皮孔大，数量中等。

果实卵圆形，整齐，缝合线浅，两侧对称，果顶圆凸（图 3-26）。果个极大，平均单果重 260 g，最大果重 325 g。成熟时果面底色绿色，表色黄色，茸毛较细密。果皮不易剥离，果肉黄色，近核处红色，肉质硬溶，汁液中等多，味酸甜，稍有涩味，香味中等，成

图 3-26　锦绣黄桃果实

熟时可溶性固形物含量为 12％～14％，最高可达 16％，粘核，不裂核。8 月中下旬果实成熟，从盛花到果实成熟 135 d 左右，11 月中旬为落叶期。

第四章
梨

第一节　基础知识

一、梨的主要种类

梨属于蔷薇科（Rosaceae）梨属（*Pyrus*）植物，全世界约有35个种，主要集中分布于地中海、高加索、中亚和我国。日本菊池秋雄（1948）依据梨果实子室数，并参照萼片的宿存或脱落、果实皮色及叶缘锯齿分为3类。俞德浚（1974）对我国梨属植物进行了深入的调查研究后，对菊池秋雄的分类做了若干修订，并发现了滇梨、木梨等5个新种。我国生产上采用的一般有5个类型的品种。

1. 秋子梨（*Pyrus ussuriensis* Maxim）　野生于我国东北、华北、西北和朝鲜北部等地。乔木，叶卵形至广卵形，基部圆或楔形，先端渐尖，有针芒状锯齿。果实小，多圆形或扁圆形，黄绿色，有的阳面浅红色。萼片宿存，果梗特短。果肉石细胞发达，一般需后熟方可食用。花期特早，耐旱、耐涝、耐瘠薄，抗寒力极强，能耐−35～−30 ℃的低温，适于在年平均气温4～12 ℃的寒地栽培。该种约有200个品种，京白梨、鸭广梨和南果梨是该种传统的栽培品种，品质较优。该种也可作耐寒砧木。

2. 白梨（*Pyrus bretschneideri* Rchd.）　主要分布于河北、安徽、山东、辽宁、山西等省（自治区、直辖市），华北、西北地区的其他地方及淮河流域也有栽培。乔木，小枝无毛或几乎无毛。叶卵形或阔卵形，先端渐尖，基部阔楔形或圆形，叶缘有贴附性针芒状锯齿。果实长圆形或瓢形，黄绿色，果梗长，萼片脱落，间或宿存，心室 4～5 个，石细胞少，不需后熟即可食用。果实多耐贮藏，花期早，耐寒性较秋子梨弱，适于年平均气温 7～15 ℃的冷凉干燥气候地栽培。栽培品种有 500 多个，著名品种有鸭梨、雪花梨、茌梨、黄县长把梨、栖霞大香水梨、秋白梨、金川雪梨、苹香梨等。当前生产中栽培的品种大多属于本种。

3. 砂梨［*Pyrus pyrifolia*（Burm. f.）Nakai］ 分布于长江流域及其以南诸省（自治区、直辖市）。日本、朝鲜也有分布。乔木，小枝幼叶初具灰白色茸毛，大叶卵形至阔卵形，先端渐尖，基部圆形或广楔形，叶缘有针状锐锯齿。果实扁圆形至圆形，间或有长圆形或卵形的。果皮多锈褐色，也有绿色，萼片多脱落，果梗长，石细胞较多，心室 4～5 室居多。果实成熟后不经后熟即可食用，一般贮藏性差。砂梨抗寒性差，对水分要求高，耐热，在南方梨区栽培表现较好。能耐－20 ℃左右的低温，适宜在年平均气温为 13～21 ℃的温暖湿润地区栽培。在长江以南还适宜作砧木。在气温较低、降水量较少的北方栽培，树势生长较弱，果实品质有所改变。在渤海湾地区栽培表现尚好，栽培品种有：四川苍溪梨、威宁大黄梨、云南宝珠梨、严州雪梨、黄花梨等。日本梨品种也属本种，如二十世纪、菊水、新水、丰水、幸水、二宫白、晚三吉、明月梨等。

4. 新疆梨（*Pyrus sinkiangensis* Yü） 分布于新疆、甘肃、青海、宁夏等省（自治区、直辖市）。乔木，小枝无毛。叶卵圆形、椭圆形至广卵圆形，先端短而渐尖，基部圆形，少数方形，叶缘上半部有细锐锯齿，下半部锯齿浅或近于全缘。果实较小，卵圆至倒卵圆形，萼片直立、宿存，心室 5 室，果心大，果梗特长。果实熟后即可食用。本种耐寒，抗旱力特强，栽培品种有 30 多个，如甘肃的长把梨、新疆的阿木特梨、青海贵德甜等。

5. 西洋梨 野生分布于欧洲的中部、东南部，安纳托利亚及伊朗北部等地。乔木，枝直立。叶小，革质，有光泽，卵圆、椭圆或圆形，先端急尖或短渐尖，基部近心脏形或阔楔形，全缘或先端部分具不显著的锯齿。果实葫芦形或倒卵形，黄绿色，有锈斑，果梗粗短，萼片多宿存。果实需经后熟方可食用。质软汁多，味甜有香气，不耐贮藏。西洋梨喜冷凉干燥气候，在我国栽培面积较小，主要分布在山东省烟台市、辽宁省、西部冷凉干燥的山区。能耐－20 ℃左右低温，适宜年均温度为 7～15 ℃的地区栽培。果实需经后熟方可食用，优良品种有巴梨、茄梨、三季梨、日面红等，目前栽培较多的贵妃（又名秋福）、康德、身不知和太平等是西洋梨与中国梨的杂种。

二、梨的植物学形态

1. 树冠　自然生长的梨树为高大乔木。树冠开展，常具主干，斜生主枝，顶端优势、层性均很明显。梨树经济寿命很长，华北地区 100 年树龄梨树的树冠至今依然郁郁葱葱，山东、河北都存有 200～300 年的老树。大树树冠高 10 m 多，树冠直径 10 m 多，干周 1 m 以上。

2. 枝条　梨树枝梢粗壮，有直立、开张甚至有下垂的。砂梨枝条幼时有白色柔软茸毛，二年生的枝呈褐色，具长形皮孔，野生种多具针刺，栽培种大多没有针刺。

3. 花　伞房花序，园艺学上简称花丛（corymb），花多为白色，未开花时花蕊有色素。有花 7～10 朵，花瓣一般 5 个，也有重瓣的，为广卵形，先端全缘呈啮齿状；雄蕊 20～30 枚；花柱较雄蕊长，多为 4～5 个，稀有 5 个以上的，离生。上海地区花期 3 月底到 4 月上旬。

4. 叶　叶柄长 2.5～7 cm；托叶膜质，边缘具腺齿；叶片卵形或椭圆形，长 5～11 cm，宽 3.5～6 cm，先端渐尖或急尖，叶片基部圆形或近心形；边缘有带刺芒尖锐齿，微向内合拢，幼叶两面有茸毛，老叶无毛。

5. 果实　果实多数呈圆形、扁圆形，也有长圆形和卵圆形，果皮色泽多数为褐色或绿色，萼片大多脱落，间或宿存。果点较大，果梗较长，果肉白、水分多，肉质较细嫩且脆，石细胞少，味甜爽口。上海地区主要为早、中熟砂梨，果实成熟期 7～8 月。

6. 根　根系分布依品种、砧木、树龄、管理、环境条件等而异，土层深厚、疏松、肥沃而地下水位低的，分布深。南方地区根深一般 1 m 左右，大多根系分布在离地表 40 cm 以内，北方梨树根深可以达到 3～4 m。水平分布主要在距中心干 3 m 范围以内，距中心干近的分布少，远的分布多。

三、梨的年生长周期

1. 生长期　生长期是植物各部分器官表现出显著形态特征和生理功能的时期。梨树的生长期自春季萌芽开始，到秋季落叶为止，主要包括萌芽、现蕾、展叶、开花坐果、枝条生长、花芽分化、果实发育和成熟、落叶等物候期。

（1）根系的生长　梨树根系的生长发育与品种、砧木、土壤性质和栽培水位有关。梨树的生理耐旱性较弱，适合 pH 5.8～7 的土壤，耐盐碱性较强，土壤含盐量不超过 0.2% 都能正常生长发育。适宜栽培在土质疏松肥沃、透水和保水性能较好的沙壤土。根系在土温 0.5 ℃ 时开始活动，15～25 ℃ 生长较好，超过 30 ℃ 或低于 0 ℃ 则停止生长。

在上海地区幼树根系生长有 3 个高峰：3 月中旬至 4 月下旬、6 月中旬至 7 月下旬、10 月中旬至 11 月下旬。由于持续时间不同和温度的影响，3 次生长量递减。结果树根系生长有两个高峰：5 月下旬至 7 月上旬，新梢停止生长、叶面积大部分形成后至高温来临前；9～10 月，果树采收后，土温不低于 20 ℃ 之前。以后生长逐渐缓慢，至落叶后进入相对休眠期。结果较多、管理不善的梨树，根系生长几乎无明显高峰。

（2）枝条的生长　一年生枝条具有花芽的是结果枝，无花芽的是生长枝。结果枝根据生长量不同，又分短果枝（5 cm 以下）、中果枝（5～30 cm）、长果枝（30 cm 以上）；生长枝也分为短枝（5 cm 以下）、中枝（5～30 cm）、长枝（30 cm 以上）。梨芽属于晚熟性芽，形成当年一般不会萌发。梨芽萌发率高，成枝率低，因此，绝大多数枝条停止生长较早，枝与果争夺养分的矛盾较小，花芽较易形成，坐果率也较高。但是梨树顶端优势特强，易形成上部强、下部弱和主枝强、侧枝弱的现象。

（3）叶的生长　叶片生长的时间，从萌芽到展叶一般需要10 d，自展叶到停止生长需16～28 d。不同新梢，叶面积的大小不同，其中长梢最大，中梢次之，短梢最小，但就枝梢单位长度所占有的叶面积来说，正好相反。因此，中、短梢的营养物质积累较多，有利于花芽分化和果实的增大，但长梢又是产生中、短梢的基础。就上海地区而言，一个砂梨果实发育需要30片叶片供给营养物质。重视秋施基肥可以适当提高树体贮备营养的水平。

（4）花芽分化　由叶芽的生理和组织状态转化为花芽的生理和组织状态，称为花芽分化。花芽分化是果树年周期中最重要的物候期，要想达到早果高产的目的，必须了解花芽分化的规律，掌握调控花芽分化的措施。

上海地区5月下旬至6月上旬梨树开始花芽分化，7～8月为大量分化时期，延续到10月底，温度高时可以延续到11月上旬，至此花器基本形成，此后，树体休眠。开春后，气温回升再继续分化，到4月上中旬雌蕊内胚珠发育完成，直至开花。因此，应加强秋后及花前管理，促进花芽的完全发育。

（5）花的生长　上海地区3月中下旬开花，花期5～14 d，初花期2 d左右，盛花期4 d左右，末花期4 d左右。外围花先开，中心花后开。梨树是异花授粉果树，自花结实率很低，要使梨树正常受粉、结果，要配置授粉树。目前，上海松江梨园采用人工授粉技术，提高了果实品质，果形大且圆整。

（6）果实的生长　梨果实在生长过程中有3次生理落果，盛花期落果、生理落果和高峰期落果。引起的原因：第一次是受粉和受精不良，第二次是营养矛盾，第三次是轻微的落果。梨树果实较大，果柄较脆，5～6级风就会造成大量落果而减产。

2. 休眠期　休眠期指秋季落叶后至翌年春季萌芽前的一段时

期。休眠期长短因树种、品种、原产地环境及当地自然气候条件等而异。上海地区砂梨的需冷量一般为 1 000 h 左右（0～7 ℃）。

四、梨生产适宜的生态条件

1. 温度　梨的种类、原产地不同，对温度要求差异很大，分布范围也有所不同，见表 4 - 1。

表 4 - 1　梨主产区的气温（℃）

国家	种类	年平均气温	1月平均气温	7月平均气温	生长季（4～10月）	休眠期（11月至翌年3月）	无霜期（d）	临界温度
中国	秋子梨	4～12	−15～−1	22～26	14.7～18.9	−13.3～−4.9	150	−30
	华北梨及西洋梨	10～15	−8～0	23～30	18.1～22.2	−3.5～−2.0	200	−25～−23、−20
	砂梨	15～21.8	0～8	26～30	15.8～26.3	5～17	250～300	−23以上
日本	砂梨	12～15			19～20			−23
	西洋梨	10.3～10.7	−1.6～−1.5	22.2～23	16.8～17.3	0.9～1.6		

砂梨原产我国长江流域，要求温度较高，多分布于北纬 23°～32°，一般可耐−23 ℃以上的低温。华北梨原产黄河流域，不喜高温多湿，主要分布于北纬 33°30′～38°，一般能耐−25～−23 ℃的低温，超过此限度，就会遭受冻害。秋子梨原产我国东北地区，是栽培梨中耐寒力最强的，大多集中分布于北纬 38°～48°，其野生类型可耐−52 ℃的低温，一般栽培品种能耐−30 ℃的低温。

梨的不同器官，耐寒力不同，其中以花器、幼果最不耐寒。西洋梨受冻的临界温度：花蕾期（着色）−2.2 ℃，开花期为−1.9 ℃，幼果期−1.7 ℃。往梨的花在开放时各阶段临界温度：现蕾期

—5.0℃，花序分离期—3.5℃，开花前1～2 d为1.5～2.0℃。因此，云贵高原山地栽培梨树，常受晚霜危害，而江浙一带也会在早春气温回暖骤然降温后出现冻花芽现象或个别年份早花品种会出现冻花。

梨是异花授粉果树，传粉需要昆虫媒介，蜜蜂8℃开始活动，其他昆虫则要在15℃以上才开始活动。梨花粉发芽要求10℃以上，18～25℃最为适宜，在16.0℃的条件下，日本梨从受粉至受精，约需44 h，若温度升高，受粉和受精过程缩短，反之则要延长。故凡花期天气晴朗、气温较高，受粉和受精一般良好，当年坐果良好，若连续阴雨或温度变化过大，导致受粉和受精不良，落花、落果严重，会影响产量。

2. 降水量及湿度　梨的生长发育需要充足的水分，如水分供应不足，枝条生长和果实发育都会受到抑制。但降水量过多，湿度过大，也不适宜，因为梨根系生长需要一定的氧气。土壤内空气含氧量低于5%时，根系生长不良；含氧量降低至2%以下时，抑制根系生长；土壤空隙全部充满水时，则根系进行无氧呼吸，会引起植株死亡。梨树具有很强的耐缺氧能力，2012年8月"海葵"台风来袭，上海市松江区部分果园淹水4～5 d，桃、梨和葡萄唯独梨树没有死亡。

梨对降水量的要求和耐湿程度，因种类和品种的不同而不同。秋子梨耐湿性差，一般多分布在降水量500 mm以内的地区；华北梨耐湿性亦较差，分布区降水量大致在400～860 mm；砂梨耐湿性强，多分布于降水量1 000 mm以上地区。西洋梨分布在夏季干燥的气候带，不耐湿，在南方高温多湿地区栽培，生长不良，病害严重，或徒长，不易结果。

降水量及湿度大小对果实皮色影响较大，在多雨高湿气候下发育的果实，果皮气孔的角质层往往破裂，一般果点较大，果面粗糙，缺乏该品种固有的光洁色泽，尤以绿色品种如二十世纪、菊水、祇园（秋蜜）、太白、新世纪等表现明显。同时，4～6月新梢生长和幼果发育期间，若降水过多、温度过高，病害必然严重。所以南方栽培梨，在春夏多雨季节应开沟排渍，降低地下水位，在伏旱季节应适当灌水。

3. 光照和风　梨是喜光果树，若光照不足，往往生长过旺，表现徒长，影响花芽分化和果实发育；如光照严重不足，生长会逐渐衰弱，甚至死亡。浙江农业大学等单位对菊水在同一天内不同时间光合作用强度的测定结果表明，当光照度在 30 000～50 000 lx 时，光合作用强度较大，超过 100 000 lx 时，光合作用强度减弱。

风对梨的影响很大，强大的风力，不仅会影响昆虫传粉，刮落果实，而且使梨的枝叶发生机械损伤，甚至倒伏。风还能显著增加梨的蒸腾作用，使叶内水分减少，从而影响光合作用的正常进行。一般无风时叶的水分含量最高，同化量最大，随着风力的增加，水分逐渐减少，同化量亦相应降低。但若果园长期处于无风状态，空气不能对流，二氧化碳浓度必然过高，恶化环境，同化量也会下降，容易引发病虫害。因此，适于梨树生长发育的是微风（0.5～1 m/s）。建立防风林，可改善果园的小气候，减少风害，增强同化作用。

4. 土壤与地势　梨对各种土壤都能适应，无论沙土、壤土和黏土都可栽培。但由于梨树的生理耐旱性较弱，故以土层深厚、土质疏松肥沃、透水和保水性能较好的沙壤土最为适宜。上海市松江区、青浦区、金山区的土壤比较黏重，以上三地梨树栽培管理要注意排水；崇明、嘉定、浦东等地以沙土为主，注意适时灌水，施肥要做到少量多次。梨对土壤的酸碱度的适应范围较大，pH 在 5～8.5 的土壤均可栽培，砂梨以土壤 pH 不超过 8 为宜。上海市松江区、青浦区、金山区梨园土壤 pH 低于 7，而崇明县大多梨园土壤 pH 在 8 左右，有的超过 8.5，生长受一定影响，叶片黄化现象较普遍。梨树耐盐碱能力较强，土壤含盐量不超过 0.2% 时生长正常。

梨对地势选择不严格，山地、丘陵、平原、河滩都可栽培。在平原、河滩栽培土壤水分条件较好，管理较为方便，但在高温多雨的地区，往往吸雨水过多，地下水位过多，影响树势和果实品质，且真菌性病害容易蔓延。上海为水网平原地区，地势整体低洼，管理、建设果园主要考虑能及时排水，一般采用深沟高畦栽培模式，强调沟系建设，要求围沟、腰沟、毛沟"三沟"配套，对今后果园机械的广泛应用会有一定影响。山地丘陵果园，排水、光照及通风条件较好，树势易于控制，病害也可减少，易获得高产优质的果实，但水土易于流失。同时，随着海拔的升高，气温逐渐降低，在高山地区栽培梨树，往往花期易受霜害。

五、育苗

我国栽培的梨亲缘性很强，相互繁殖亲和性很好。一般用杜梨（棠梨）、秋子梨、豆梨、褐梨、山梨、砂梨作砧木（图4-1、图4-2、图4-3）。西南地区用川梨作砧木，西北地区用麻梨作砧木，东北用秋子梨作砧木，河北地区用褐梨作砧木。西洋梨作砧木在湿地不适宜，易感腐烂病。西洋梨可以同温榅或山楂进行嫁接，温榅砧嫁接西洋梨具有矮化效果。上海地区使用的砧木主要为砂梨、杜梨（棠梨）、豆梨等。

（一）苗圃选择

育苗地要选择地势高、光照充足、疏松肥沃的土地，在播种前要先进行深耕，施足有机肥，开好排水沟，做到精耕细作。

图4-1　棠梨苗　　　图4-2　嫁接苗　　图4-3　二年生梨苗

（二）育苗方法

培育砧木苗（棠梨苗）一般用播种和扦插的方法。

1. 播种育苗　野生苗来源：一是直接到市场上买当年生新苗；二是买种子培育实生苗。棠梨种子4万粒/kg，每667 m²需种量0.75～1 kg，出苗可达2万株。

播种时间一般在2月下旬。播种方法为条播，条播行距为30～40 cm；为节省土地亦可双行带状条播，窄行距20～25 cm，宽行距50 cm。播种后盖少量细土，土上覆草，然后用竹片、薄膜做成小拱棚，注意温度、水分的控制。幼苗长出2～3片真叶时，开始间苗，苗间距10～13 cm，疏除的小苗还可以移栽再利用。

要保证砧木正常健壮生长，应注意病虫害防治，如地老虎、蝼蛄、蛴螬、蚜虫、猝倒病、锈病等的防治。

2. 扦插育苗　扦插矮化温梓易生根，一般用扦插繁殖，冬季剪取根际发生的枝条，每根枝条留15～20 cm扦插。杜梨的根也可用来扦插育苗，只是较易感染根肿病。培育可以嫁接东方梨的砧木扦插苗是一项重要的工作。

3. 嫁接育苗　一般用芽接法或切接法，成活率都很高。

（1）接穗　应在品种纯正、品质优良、生长健壮、无病虫害的母本树上选取发育充实的枝条作为接穗（图4-4）。

（2）嫁接时间　1月至3月中旬。

（3）嫁接方法　一般可采用坐地砧木切接方法，这种方法操作简便，成活率高。

（4）操作技术　在砧木离地面5 cm处剪断，选树枝平滑一侧，刀口朝上，削一个小斜切面。在斜切

图4-4　接　穗

面上向下直切一刀，深2～3 cm；将接穗剪成长5～8 cm，带1～2个芽，并削成两个切面，长切面一般在顶芽同一侧面，长约3 cm，短切面是在长切面的对侧面，长0.5～1 cm。将接穗的长切面紧贴砧木的切面插入，使砧木、接穗双方一侧的形成层对齐密合。然后用塑料薄膜（以聚氯乙烯薄膜较好）将砧木、接穗上的剪口密封扎紧，防止水分蒸发和雨水淋入。也可用根接法进行室内嫁接。

接芽萌发后，及时抹除砧木上的萌蘖。最好立插支柱，引缚新梢直立生长。在苗木生长季节要加强肥水管理和病虫害防治，使苗木健壮生长。

第二节　实用栽培技术

一、建园与定植

1. 建园　果园附近应无污染源，水源、土壤、气候条件符合生产标准需求。地势较周边地区高，交通便捷，水电设施完善。经济条件较发达，有足够劳动力。具有一定的库房场地等生产辅助设施。

园区规划包括确定规模、管理方式、选择合适品种、投资预算、投资方案、明确投资回报，在此基础上完成设计、细化方案。近年上海梨园规模有所集中，但同其他地方比还是比较小，家庭自主经营的多为0.5～2 hm²，合作社、企业管理的多为5～10 hm²，20～40 hm²的梨园较少。其中家庭自主经营的单位面积产值、效益均比较高，20～40 hm²的梨园效益较差。应依据各自特点选择合适规模，确保有良好的收益。上海地区梨树种植品种以早熟优质梨为主（占80%）。种植到收益时间一般需要4年，梨树投资回收期较长。

2. 定植

（1）定植时期　落叶后至萌芽前，以12月中下旬至翌年2月以前较适宜，根据工作日程安排，宜早不宜迟。

（2）定植技术　对苗木进行复查，剔除少量无效苗（病虫苗、弱苗、折断苗、接芽被碰落的芽苗），对根系适度整理。对未去绑的苗进行解绑，待解去接口处塑料绑扎带后再定植。定植深度为盖没根颈部的原有泥痕即可，不要过深，要保证今后嫁接口能露出畦面，不被土埋没。

（3）定植后的管理　梨苗定植后要浇水，而且要浇透水，扶正倒伏苗。成苗定植要进行定干，定干高度在 0.5～0.6 m。芽苗定植在 3 月上旬进行剪砧解绑，萌芽后要及时抹去萌蘖（砧木上萌发的芽）。定植以后要及时、定量浇水，一般天气干旱时隔 7～10 d 浇一次水。

（4）株行距　可以采用先密后稀、计划密植的方式。定植可采用株行距 3.3 m×2 m，第六年后可以逐步间伐。良好的光照有利于花芽的形成。采用 4 m×（2.5～3）m 的株行距，间伐的年限要长一些。

（5）做畦　南方水网地区要求"三沟"（围沟、腰沟、毛沟）配套，深度合适，围沟深度 1.0～1.2 m，腰沟深度 0.8～1.0 m，毛沟深度在 0.6～0.8 m。做到雨后能快速排干水。做好畦，准备挖定植穴或定植沟（深 0.6～0.7 m，宽 0.8 m 的穴或沟），挖时生土、熟土分开。每 667 m² 施腐熟有机肥 3 000～5 000 kg。定植穴内以熟土与腐熟有机肥拌均匀回填。使土充分沉降，一般还要使定植沟或定植穴处平面高出畦面 0.2 m 左右，充分犁碎表土，等土壤干湿合适即就可以定植。

二、整形修剪

整形修剪的目的是：幼树培养合理骨架，迅速形成树冠；投产树开角透光，配置健壮稳定的结果枝组，扶弱抑强均衡树势，扩（控）树冠保持有效结果体积，使树体丰满。上海地区修剪分冬季、夏季两个时期，冬季修剪（休眠期修剪）时间在 12 月下旬到 2 月下旬，主要在 1 月进行。

(一) 生长季整形

1. 抹芽 抹除因疏除大枝而萌发的潜伏芽。对于旺树疏枝后的锯口,一年内应进行2～3次抹芽。

2. 剪梢、摘心 剪梢是指在生长季节将当年生枝剪去一部分,又称为短青。摘心在5月中旬进行。摘心也称为掐尖,在5～8月新梢生长期进行,将梨树先端幼嫩的部分摘除5～10 cm的嫩枝,以促生分枝,减少消耗。留叶片5～8片。

3. 剪除萌蘖枝、过密枝 于新梢生长期,将密集、无生长空间的新梢从基部疏除,以改善树冠内部光照条件。

4. 拉枝 5月中旬开始,对二年至三年生梨树进行主枝拉枝,角度呈50°～60°,中心干不拉。辅养枝可以拉水平,促使骨干枝开张角度。长放枝(侧枝)拉平促进花芽形成。拉枝时间为6月底到7月上旬。

5. 疏枝 秋季进行,疏除过密枝、徒长枝和下垂枝,进行辅养枝改造。

(二) 冬季修剪整形

1. 疏散分层延迟开心形(小冠疏层形)整形 主干高0.4～0.5 m,树高控制在3.0 m左右,冠幅3～4 m。第一层3个主枝,层内距0.3 m;第二层2个主枝,层内距0.2 m。第一层与第二层相距0.8 m,保留中心干,直接在主枝上培养大、中、小结果枝组。

修剪方式:选留主枝,定植后当年在0.5～0.6 m高处定干,在定植后两年内在3个方向留好3个主枝,3个主枝水平方向夹角为120°。以拉代剪,分年逐步开张主枝角度,使基角达到50°～60°,腰角70°。通过对第三年距离第三个主枝0.5 m的领导干冬剪,培养2个辅养枝,第四年开始再培养第四、第五个主枝。培养三层主枝的在离第五主枝0.6 m处的领导干上培养第六主枝,方向不要留在东南面。成枝力差的品种,前几年对幼树主枝领导干进行中度短截以增加枝量，扩大树冠，同时尽量多保留枝条。通过对直立枝和竞争枝缓放拉枝，培养成辅养枝和结果枝组，使树体丰满，提早结果和提高前期产量。4年后对主枝和领导干进行轻剪，上部疏剪，下部适度短截增加有效结果体积。结果大枝组的配置：第一层主枝每枝配置2个结果大枝组，在离中心干0.5～0.6 m处背斜侧培养第一大枝组；在离第一枝组0.5 m处培养第二枝组，第二层留1个大枝组；中心干上不培养大型结果枝组，培养中小型枝组。

2. 平棚架栽培整形　株行距5 m×6 m或4 m×5 m，四周和株、行间设支柱，棚面用钢绞线拉织成（60～80）cm×（60～80）cm的网格，棚面距地面高度是1.8～2 m。苗木植后定干0.8～1 m，萌芽后，选留3～4个健壮新梢作主枝培养，3年养成3个主枝、6个侧枝及12个副侧枝的树冠。

（1）棚架的搭建

① 结构和材料。梨树经济寿命长，选择棚架材料既要考虑材料价格，以减少投入，又要考虑耐用性。一般选用水泥预制材料和金属镀锌材料。棚架由柱子和金属丝编织的网面两大部分组成。柱子分角柱、侧柱、吊柱3种。角柱：竖于棚架的四角，采用12 cm×12 cm×330 cm的水泥柱。侧柱：竖于棚架的四周，采用10 cm×10 cm×285 cm的水泥柱。角柱和侧柱在预制时顶部要埋好小铁环，便于穿引钢绞线和铁丝形成网面。吊柱：均匀分布于棚架中，采用直径8 cm左右、长4 m的镀锌钢管或水泥柱，作用是将整个网面吊起，不使其下坠。在吊柱的顶端焊接一个钻有9个小孔的圆盘，拉引网面的铁丝穿过小孔固定在吊柱的顶端。

网面用25 mm²的钢绞线和8号镀锌铁丝相互穿插编织而成。为节约成本，也可用16 mm²的钢绞线。棚架顶部四周及中间纵横每3 m拉一道钢绞线，形成的网格为整个网面的骨架；钢绞线骨架形成后，每隔50 cm添拉一道8号或10号铁丝，形成网格为50 cm×50 cm的网面。

② 搭建方法。梨树棚架的搭建一般在苗木定植第二年冬或第

三年春进行。搭建的方法和步骤是：

a. 确定棚架的高度。棚架高度一般在 1.8～2.0 m，根据梨园管理人员的身高而定，以头顶向上留 15～20 cm 为宜。

b. 确定柱子埋设位置。先将 4 根角柱的位置在田块的四角定下来，然后将同侧的 2 根角柱连成直线，沿直线每间隔 3 m 定下一个点，这些点即为侧柱的位置。

c. 确定吊柱的位置，每根吊柱一般能吊起 80～120 m 的网面，根据田块大小，确定吊柱的数量，并均匀分布在田块内。将角柱、侧柱和吊柱按预定位置埋好。为使各种柱子竖立牢固，每根侧柱配一个地锚，而角柱要承受纵横两个方向的拉力故需配两个地锚。每根柱子埋入地下的深度由棚架的高度决定。在安装钢制吊柱时，必须先在地面做好混凝土基础，然后再将吊柱直立于混凝土基础之上。角柱和侧柱有两种埋设方法，一种是与地面垂直，另一种是与地面成统一角度斜立。

d. 架设网面。用钢绞线将网面骨架拉好，然后用 8 号铁丝纵横拉成小网格。最后用细铁丝将网格的各交叉点绕牢。将吊柱顶端圆盘小孔中引下的 9 根铁丝在网面的不同网格交叉点上拉紧，使整个网面在同一平面上。

（2）整形修剪

① 定干。定干高度以 0.7～1 m 为宜。若定干太低，主枝长至棚面的时间长，而且影响侧枝的培养；若定干太高，上部枝梢容易超过棚面，引缚时因转弯太急易折断，而且会导致树体早衰。

② 培养主枝。萌芽后，主干上端抽生 3～6 个新梢，待其长至 20 cm 左右时，选留 3～4 个不同方向、生长健壮者作主枝培养，生长势强的品种（如幸水）留 3 个主枝，生长势中庸的（如丰水）留 4 个主枝。对只有两个或 3 个主枝的幼树，翌年萌芽前，在所留的 2 个或 3 个主枝间的空隙位置嫁接上 1～2 个壮芽，将来萌生新梢后作第三或第四个主枝培育。落叶后，将主枝按不同方位拉成 30°角并固定，留壮芽剪去先端部分。当年主枝生长量应在 1～1.5 m。

③ 继续培育主枝并选留侧枝。第二年萌芽后，继续保持主枝延长枝直立生长。对主枝数不足的幼树，可加大所留主枝的角度，让嫁接成活后的枝梢直立生长，使后培养的第三或第四个主枝通过一年的生长达到强弱平衡。每个主枝上选留两个侧枝，第一侧枝距主干的距离不小于 80 cm，其下的枝芽全部抹除；第二侧枝在第一侧枝的对侧，两个侧枝在主枝上的间距不小于 50 cm。所留枝必须是主枝上的侧芽萌发的新梢，背上枝、背下枝应尽快抹除。每个主枝上所留侧枝的方向要相互错开，避免以后产生的侧枝及枝组拥挤。侧枝选留后，树体高度已超过棚面，冬季落叶 2 周后，要将主枝、侧枝超过棚面的部分引缚在棚面上。引缚时，首先选择好主枝的伸展方向，在枝与枝的接触处固定（不要太紧），然后将枝条在韧性允许的情况下尽可能放平固定，再用竹竿将其顶部竖直，留壮芽剪去先端。侧枝的引缚方法与主枝基本一致，只是其顶部与棚面呈 45°角，侧枝在棚面上的间距应不小于 1.2 m。

3. 双层棚架栽培整形

（1）棚架搭建

① 搭建材料。日本的棚架大部分是以钢管为支柱，并在园地中央设置 4～5 m 的吊柱且配置吊线以缓解棚面压力，这种棚架造价较高。考虑到建园成本，我国棚架一般采用水泥柱搭建，不再设置吊柱和吊线，采用适当加密支柱，这样可大幅度地降低投资，每 667 m² 造价 2 000～3 000 元。这种简易棚架正在我国各地逐步推广。

② 搭建时间。在定植后当年夏季或冬季进行搭建。过早搭建使建园材料利用率较低，而搭建过晚则不利于上架。

③ 搭架方法。棚架面离地高度要根据梨园管理者身高而定，一般为 1.5～1.7 m。棚架梨园水泥支柱立于果树行间，规格为 8 cm×8 cm×265 cm。水泥支柱上架两层三角铁，用于铁丝的穿引。第一层架面距地面 60～70 cm，架面宽度 160～180 cm，每隔 40～45 cm 南北向拉一根 4 号或 5 号镀锌铁丝，架面一般由 4～6 根南北向、水平、平行分布的镀锌铁丝组成，每根长度不宜超过

50 m（10 株树）；距第一层架面垂直高度 90～100 cm 处，建造第二层架面，规格同第一层架面（图 4 - 5）。如有条件可选用塑钢丝，这种钢丝使用年限长，但成本较高。

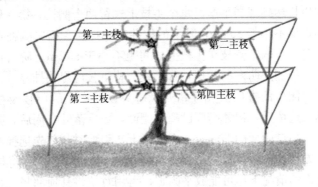

图 4 - 5　搭架方法

（2）整形修剪

① 定干。第一次定干在第一层架面处剪截，留顶端 3～4 个饱满芽，底下其余部位芽全部抹除。当年夏季抽生出的新梢，其中间部位新梢作为主干继续垂直生长。第二次定干则在第二层架面靠下 1～2 cm 处剪截。

② 培养下层树冠。第一次定干后，主干上抽生 3～4 个新梢，待其长至 25 cm 时，选留中间枝继续垂直生长，两侧各选 1 个强壮新梢作为主枝培养，沿架面方向水平拉枝，绑缚固定。第二年将主枝上抽生的新枝分别均匀绑缚于两侧的水平架面上，与主枝呈垂直角度，所留侧枝的方向要相互错开，避免以后产生的侧枝及枝组拥挤。注意保持主枝顶端优势，其延长长的枝头角度略大于侧枝。主枝上的背上枝、背下枝应尽快抹除。

③ 培养上层树冠。第二次定干后，留顶端 2～3 个饱满芽，其余芽抹除。待芽萌发抽枝长至 25 cm 左右时，两侧各选 1 根强壮枝条作为主枝培养，整形方法同下层树冠。第三年夏季将上层树冠培养成型，冬季对两层主枝和侧枝的延长枝头根据其生长势的强弱剪留 2/3～3/4，每 30～40 cm 留一个营养枝，其余疏除。将留下的

营养枝绑于棚面上，使其转化成结果枝。当枝条已布满或接近布满棚面时，其修剪主要是控制延长枝生长，均衡树势，达到稳产高产，延长结果期。具体做法：延长枝过旺的轻剪以缓和树势，过弱的中截；营养枝、结果枝要轮换更新；盛果期树上萌发的当年生竞争枝，要扭梢使其转化为结果枝取代衰老的结果枝。

三、高接换种

高接换种指在原有旧品种的树冠上改接优良品种，进行品种更新。采用此项技术措施，一般 2～3 年即可恢复原有树冠大小，产量恢复快、效益明显提高。该措施是果品结构调整、低产果园改造常用的技术措施。

1. 高接时间

（1）春季 在 2～4 月树体已开始活动但接穗还未萌发时进行。此时高接以枝接为主，用带木质部的芽接也可以。

（2）秋季 在 8～9 月树体和接穗均易离皮时进行，而且接穗的芽应充分发育成熟。以带木质部的芽接为主。秋季高接要在温度尚高时进行，砧穗愈合成活率高，翌年春天可提早萌发生长。

2. 高接前准备 高接换种前要做好全面规划和具体安排。要做到逐年改换，分片高接，"小年"多接，"大年"少接；确定所要淘汰的品种，选好适宜本地栽培的优良品种，注意品种搭配和授粉树的配置。高接用的接穗要选择没有病虫、生长充实、芽体饱满的一年生枝。

3. 高接方法 高接换种的主要嫁接方法是皮下接。

（1）削接穗 左手拿穗接，用食指将接穗托住，右手持刀削接穗。斜面要求长、平、薄，斜面长度依接穗粗度而定，一般 3～6 cm。在大斜面的另一面的先端削成两个 0.5～1 cm 的小斜面，呈箭头形。

（2）切接口 接穗削好后，用切接刀将接口削平，然后竖切一个口，深达木质部，切口长为接穗大斜面长度的一半。树离皮时，可用刀尖轻轻一拨，将皮微微分开；离皮不好时用撬子插入，将皮撬开。

（3）插接穗　将接穗对准切口，大斜面朝向木质部，小箭头面朝向皮，慢慢插入，插入时，左手按住竖切口，防止插偏或接穗插到外面，插至大斜面在砧木切口处微微露出为止。一般1个枝头可插2个接穗，左右排开，较细的枝头插1个接穗，插在上部。若伤口过大可插3～4个接穗，有利于伤口愈合。

（4）包扎　用塑料包扎严紧，以能把接口和切口封严不露出外面为原则。

另外，还可采取下列嫁接方法：皮下腹接，主要用于高接树内膛光秃部位插枝补空；切腹接，多用于高接树内膛直径在2 cm以下细枝的嫁接；嵌芽接，用于骨干枝上萌蘖枝的补接。

4. 高接后的管理

（1）土肥水管理　高接后多采用叶面喷肥，一周一次，使用速效肥料。应薄肥分施，以腐熟的有机肥为好，以免根系遭受伤害。

高接后2年内不要中耕，以免表层根系受到伤害。应及时灌水，有条件时可进行覆盖。

（2）树体管理　要及时抹除原树隐芽萌发的萌蘖，以免抑制接穗枝条的生长和减少养分的无效消耗。接穗萌发的枝条长至40 cm长时，解除绑缚接口的薄膜。解膜不能过早或过迟，若过早，接穗的愈伤组织还未长好，影响成活和新枝的生长发育；若过晚，会勒伤甚至勒断接穗，前功尽弃。调整树形，及时拉枝以形成合适的角度，摘心以促进分枝。为使高接树尽早形成树冠，嫁接好后1～2年不结果或减少结果的数量，并设置支架，以免风吹或结果使之折断。

四、花果管理

（一）人工授粉

1. 人工辅助授粉的原因

① 梨属于异品种授粉才能结实的树种，建园时需配置授粉

品种。

② 由于花粉主要借助蜜蜂和其他昆虫传授，当花期遇到大风、干热风沙、多日阴雨、低温、霜冻等不良天气时，蜂蜜等昆虫的活动受影响，或柱头黏液上粘满沙土，或高温使柱头干褐，或低温冻死花器，会使授粉不良，降低坐果率或造成有花无果实的现象。

③ 梨花白色，蜜源少，蜜蜂不喜欢采落。

④ 梨的花粉细胞是第二年春 2～3 月才开始形成的，在当年是大年的或秋季管理差的梨园，由于贮藏养分不足，致使第二年花粉发育不良或败育。即使栽有授粉品种，也会出现自然授粉坐果不多的现象。

2. 花粉的采集

（1）采花　在初花期即呈气球状花苞时采花取花药。采花时，花多的树多采，花少的树少采；弱树多采，旺树少采；树冠外围多采，中部和内膛少采；花多的枝多采，花少的枝少采；梨树先开边花，采粉时应采中心花留边花。

（2）取粉

① 人工取粉：两手各拿一朵花，花心相对相互摩擦，将花药、花丝、花瓣全擦落到纸上，清除花瓣和花丝，将花药薄薄地摊在纸上，置 25 ℃左右的室内晾干，一般两昼夜花药即开裂，可以使用。

② 取粉机取粉：使用花药脱药机，脱花药后，先筛出花瓣、花梗等杂物，然后薄薄地摊在光滑的白纸上，放在 23～25 ℃的温室中经过 28～40 h 的阴干，花粉即大量散出。

3. 授粉时期　盛花初期，25% 的花开放时进行人工点授，此期为花序边花的第一至第三朵开放，争取在 2～3 d 内完成授粉工作。

4. 授粉方法

（1）蜜蜂传粉　适于授粉树占 20% 以上并配置均匀的梨园，为提高坐果率，可以每 667 m² 放 1 箱蜜蜂。

（2）人工点授　开花时用自制的授粉器（纸棒、橡皮头、毛笔等）蘸取花粉，授粉时把蘸有花粉的授粉器向花的柱头上一碰即可，优先选粗壮的短果枝花授粉。

（3）液体喷粉　花粉悬浮液的配制方法是：5 kg 水、10 g 花粉、250～500 g 糖、15 g 硼砂和 15 g 尿素，混合后喷布，随配随用。

（4）花粉袋授粉法　将采集的花粉加入 2～4 倍滑石粉，使滑石粉与花粉混匀，装入双层纱布袋内，将花粉袋绑在竹竿上，在树上震动撒粉。

（5）挂罐插枝及震花枝授粉　在授粉树较少时或授粉树花少的年份，可花期从附近花量大的梨园剪取花枝，用装水的瓶罐插入花枝，分挂在待授粉树上，并上下、左右变换位置，借风和蜜蜂传播授粉，效果也很理想。为了经济利用花枝，挂罐之前，可把花枝绑在竹竿上，在树冠上震打，使花粉飞散，震后可插瓶挂树再用。

（6）快速鸡毛点授法　用鸡的软绒毛绑成绒球，在 1～2 m 长的竹竿前绑一根 8 号铁丝的弯拐头，再绑上绒球。一手拿装花粉的罐头瓶，另一手拿绑有绒球的竹竿点授。绒球每蘸 1 次粉可点授 50 个花序，每个花序只点 1～2 个边花即可。

（7）鸡毛掸子滚授法　先用白酒洗去鸡毛上的油脂，干后绑在木棍上，先在授粉树花多处反复滚蘸花粉，然后移至要授粉的主栽品种树上，上下、内外滚授，最好能在 3 d 内对每株树滚授 2 次，效果最好。

（二）疏花技术

1. 疏花芽　冬季修剪时，疏除多余的花芽。一个果台留 1～2 个花芽。为扩大树冠，主枝、副主枝当年生延长枝的腋芽应疏除，三至四年生枝段上的短果枝一般 10 cm 左右留一个。

2. 疏花（蕾）　花蕾露出时，用手指将花蕾自上向下压，花梗即被折断。注意保留花序中长出的幼叶，这部分叶展叶早，是早期形成全树叶面积的基础。疏花蕾标准为每隔 20 cm 左右留一个花序。应疏弱留壮，疏小留大，疏密留稀，疏腋（腋花芽）留顶（顶花芽），疏下留上（树冠上部），疏除萌动过迟的花蕾。花序伸出后，应及时疏除副花序，保留正常花。

（三）果实管理

1. 定果 留果适量的标志应当有 3 个：一是果个大小应达到该品种的商品果规格；二是能形成翌年够用的花芽数量；三是树体壮而实，不过弱也不过旺。

疏果时间：疏果应在幼果细胞分裂期结束前进行，5 月上旬前完成。

留果标准：疏除病果、虫果、畸形果、无叶果、1～2 位果和 5～6 位果，保留 3 或 4 位果。在疏花芽、疏花蕾的基础上，1 个果台留 1 个果，以达到叶果比 30：1 的标准。棚架栽培的梨 1 m^2 留 12～15 个果。

2. 套袋技术

（1）套袋的作用　由于从幼果期就套上特制的纸袋直至采收，使梨果常年在袋内生长，免受病虫和风、雹、雨、强光的影响，为生产高档商品果提供了保证。

套袋在 5 月上中旬前完成为好。套袋技术是影响果实品质和外观的主要因素，目前上海大多数果园因缺少劳力而不能完成。

（2）梨果套袋操作技术要点

① 套袋前要按负载量要求认真疏果，留果量可比应套袋果数多些，以便套袋时有选择的余地。

② 套袋前一定要喷杀虫、杀菌混合药 1～2 次，重点喷果面，以杀死果面上的病虫菌。用药主要针对梨黑星病、轮纹烂果病和梨木虱等。喷药后 10 d 之内还没完成套袋的，余下部分应补喷 1 次药再套袋。

③ 套袋时严格选果，选择果形长、萼紧闭的壮果、大果、边果套袋。剔出病虫果、弱果、枝叶磨伤果、次果。每个花序只套 1 果，1 果 1 袋，不可 1 袋双果。

④ 套袋顺序和要求。先树上后树下，反之，易碰落果实。上下、左右、内外均匀布开。就一个园区或一株树而言，若套就全园

或全树都套，若不套则全不套。不能半套半留，或树下部套袋而树上部不套袋。这样才便于在全套袋的园区统一减少打药次数。

⑤ 套袋操作方法。先把手伸进袋中使全袋膨起，然后一手抓住果柄，另一手托袋底，把幼果套入袋中部，再将袋口由两边向中部果柄处叠折；将袋口叠折到果柄处后，于袋口左侧边上，向下撕开到袋口铁丝卡，最后将铁丝卡反转90°，弯绕扎紧在果柄上。注意不要套绑在果台上，也不要扎得过分用力，以防卡伤果柄影响幼果生长。套完后，用手往上托打一下袋底中部，使全袋膨胀起来、两袋角的出水气孔张开。幼果悬空在袋中，不与袋壁贴附，可防止害虫刺果和药水、病虫菌分泌物污染而长锈生霉。

⑥ 注意事项。因果袋制作时涂有农药，操作后应及时洗手，以防中毒。采收时连同果袋一并摘下放入筐中，待装箱时再除袋分级，既可防止果被碰伤，保持果面净洁，又可减少失水。果袋运输时要防日晒和雨淋，在低温干燥条件下存放。用前稍增加湿度以提高韧性。用过的废果袋翌年不可再用，因为果袋上的药蜡已经失效。

（3）套袋效果评估　套袋效果受气候条件（早期低温和风害、果实膨大期多雨）、品种特性、栽培环境和栽培技术影响（氮肥过多、湿度过大、施用乳油农药），同时也受套袋技术本身（纸袋质量、套袋时间的早晚和套袋方法）影响。

五、土肥水管理

（一）土壤管理和保育

通过对土壤的不断改良，使耕作层深厚、土质疏松、有机质含量高，形成丰产梨园必要的土壤肥力条件。通过人为、科学地输入适量的梨树生长、生产所需的养分，达到梨园小生态系统输入与产出的动态平衡。过量使用化肥，一是肥料流失多，利用率低，二是破坏大生态系统的持续久效平衡。为维护持久发展，不能滥用化肥。

结合秋季施有机肥深翻熟化耕作层，对新建梨园尤其重要。上海地区一般新建梨园的前身以水稻田为主，土壤板结，并有不透水的犁底层存在，不利于梨树根系的生长，从而影响整个树体的生长。通过深翻并结合施腐熟有机肥，提高土壤有机质含量，增加团粒结构，来达到疏松土壤、提高地力的目的。深施基肥的工作，上海地区一般在 9 月下旬到 10 月中旬进行，施肥穴应挖在定植穴的外围，不要形成不翻的夹层，施肥穴（沟）为深 0.50～0.60 m、宽 0.50 m 的条沟，密植园 3～5 年内全园完成改良。成年树改为以树干为中心，离开主干 1.0～1.5 m 的地方开若干条放射条沟（近树端窄，逐步变宽），各年在不同的地方施基肥，进行轮换，以达到改良土壤、更新局部根系、维持树势的目的。对地下水位高、排水不良、透气不好的地块要进行冬季深翻（11 月进行），深翻深度在 0.25 m 左右，深翻时要少伤根系。

中耕除草，清除杂草对幼树果园比较重要，不要滥用除草剂，对有机栽培果园不能用除草剂，完全靠人工除去杂草。清耕栽培梨园通过中耕可以疏松表土层，改善通气性，调节水分。生草栽培的梨园，草种可以是白花三叶草或黑麦草，也可以是有选择地除去恶性杂草的自然草皮，要按时刈割，定期深翻施有机肥，以 4 年为一个更新周期，每年轮换更新草皮一部分。

（二）肥料施用

有机肥作为基肥是梨树常年最基本的肥料来源，腐熟有机肥使用量一般应在 45～60 t/hm²，才能确保梨园有充足的地力。增强地力的根本措施是加强土壤改良工作，需要多使用有机复合肥料。氮∶磷∶钾比例 1∶（0.5～0.7）∶（0.8～1.2）。9 月到翌年 4 月为梨树施肥前期，施肥要以前期为主，磷肥结合有机肥一次施入，氮、钾以少量多次的原则追施，地力越差的园每次用量应越少，但次数应增加，施肥总量为大树每次小于 150 g/株。土壤氮肥水平要求能平稳发挥，有利于生产外观漂亮的果实。第一次氮肥在 2 月使用较好，果实成熟前（7 月下旬至 8 月初）氮肥要停用，采收后施采果肥。50％～70％的钾肥在后期（在枝梢与果实发育期）使用。

追肥周年可以施用，根据不同的栽培方式与地力水平安排施肥时间、次数与数量。新定植树，可以在5月中旬后开始施肥，每株树施用25～50 g尿素，每15 d一次，结合中耕浇水进行，7～8月可以施用少量钾肥。二年生至三年生幼树可以1个月追施一次，每株50～75 g尿素，施用到8月底。有条件的追肥可以用腐熟液态有机肥。叶面追肥总浓度控制在0.3％以内。

1. 秋施基肥 秋施基肥，正好与秋季根生长高峰的需肥规律一致，并且肥效跨两年（当年秋和翌年春），其肥效能在翌年春季养分最紧张的4～5月（营养临界期）得到最好的发挥。如果春施基肥，则需要经过2～3个月才能见效，春季肥效不能很好地发挥，其结果往往造成秋梢徒长，成花少而且不充实，并容易受冻害。

（1）施入时间 以选择在果实采收前后（9～10月）施入为好。

（2）施入肥料 以有机肥为主，全年有机肥和磷肥用量一次施入。对于"大年"树可适量加些氮肥，以助采收后的树势恢复。一般此期用氮量占全年用氮量的50％（含有机肥和速效氮）。

（3）施肥方法 施肥最好与深翻改土相结合，也就是有机肥以深施为好，深度为50 cm左右；施肥的位置要经常变换，环状、全行长沟状、树盘内点穴状以及树下撒施后刨盘翻入等方法交替使用。

对于夏季因病虫害、旱害早期落叶严重的树，则不能采用上述基肥施用方法。必须要少施肥，或者采取少量多次的方法。注意不能认为树越弱越应多施，以防再次生长，不但不能补充养料，反而会消耗树的营养。对于这种情况其施肥方法以叶面喷施见效最快，可用0.5％～1％的尿素、磷酸二氢钾及微量元素肥料喷施。

（4）灌水 基肥施入后应结合灌水，否则，肥效不能正常发挥。

2. 根际追肥

（1）追肥时间和用量 萌芽前（2月中下旬至3月初）第一次

追肥以氮肥为主，主要是促进根、芽、叶、花展开，提高坐果率。此期氮肥占全部追肥用量的40%，每1 000 m² 施尿素10 kg或复合肥15 kg，追肥的同时应配合灌水。花芽分化前（5月下旬）第二次追肥，以三元复合肥或多元复合肥为好（幼树这两次追肥即可）。此期氮肥占全部追肥用量的40%，每1 000 m² 施尿素10 kg；钾肥占全部追肥用量的40%，每1 000 m² 施硫酸钾10 kg。在果实膨大期（7～8月）追第三次肥，以三元复合肥或多元复合肥为好。主要以钾肥为主，配以磷、氮肥，以促进果实增大和提高品质。此期氮肥占全部追肥用量的20%，每1 000 m² 施尿素5 kg；钾肥占全部追肥用量的60%，每1 000 m² 施硫酸钾15 kg。

（2）追肥部位　要按树冠覆盖面大小来确定，不要过于集中施用，以免在干旱缺水的情况下造成肥害烧根。此外，要尽量多开沟，沟深15 cm即可，并且肥与土拌匀，使肥料与更多的根群接触，便于吸收。有条件的地方随水灌施最好。

（3）追肥方法　保肥、保水能力低的梨园，追肥必须少量多次，做到勤施少施，切忌一次多量，以免造成肥料流失和浪费。对于密植园，追施肥料要增加每667 m² 施用量，减少单株用量，但也必须少量多次，最好的办法是行内撒施，然后翻埋。对于间作绿肥和秸秆覆盖的梨园，要适当增加氮素用量，以克服草与树争肥的矛盾和覆盖物利用问题。

3. 根外追肥　根外追肥又称为叶面喷肥。在生产上，落花后（5月）喷"亮叶肥"效果极佳。9～10月喷施较高浓度的氮肥，能增进秋叶的光合作用，增加贮藏养分积累；喷磷、钾肥对提高品质效果良好。对于表现出缺素症尤其是缺少微量元素的梨园，进行针对性的叶面喷肥速效、节省、实用。

（1）喷肥浓度　尿素0.2%～0.3%，从春季到秋季都可喷用，春季喷浓度低些，晚秋喷浓度高些；磷酸二氢钾0.3%～0.5%，生理落果后至采收都可喷，1年2～3次，与喷药结合；对于缺硼梨园，萌芽前喷1%硼酸水溶液，盛花期喷0.1%～0.3%硼酸水溶液可提高坐果率，或喷硼砂0.25%～0.5%加同浓度的石灰，盛花期和落花后 20 d 喷 1 次，可以防止因缺硼引起的果实凹凸不平、果肉变褐、木栓化；5～6 月喷施 0.5％硫酸锌可防止缺锌引起的小叶病；在初发现黄叶时喷 0.3％～0.5％硫酸亚铁可防治缺铁症。

（2）要避免药害 除了控制浓度外，叶面喷肥要预先试喷，观察有无药害，喷药时雾滴要细而均匀，不要在叶片边缘积累药液，否则会因蒸发浓缩使叶缘受害。

（3）注意喷布时间及部位 天晴无风时早、晚喷，以防止中午高温引起药害。为延长肥效，喷肥时可加入 6501 农药展着剂 2 000 倍液；喷肥部位以叶背面为好，因此处气孔多、吸收好。

除上述三点外，在施肥时还必须做到"三看"，即看天、看地、看树相。地力好，有机肥充足，降水适中，则追肥量多点或少点、早点或晚点都不至于出问题。施入多则土壤能吸附贮存起来，相反土壤可释放提供。而地力有机肥少或砂性土、树势弱的梨园，追肥要少量多次。同时，施肥量和施肥时间必须严格。对于营养生长过旺但结果少或小年树，必须要减少氮肥用量，而弱树、大年树则相反。另外，如果按产量增加施肥量，必须根据树势、地力来确定，对于树势、地力好的梨园可以适用，而对于基肥少、地力差、树势弱的梨园，则不能产量增加多少，肥料也增加多少。必须具体问题具体分析，科学合理地施肥。

砂梨对肥水条件要求高，要以施腐熟有机肥为主，适量补充化肥作速效肥，或是以有机肥为主，施有机肥时结合施长效肥，生长前期深施适量追肥。有机栽培梨园追肥不能使用化肥，可以施腐熟的有机质液态肥（豆饼、豆粕或符合绿色食品卫生要求的大型有机牧场的处理发酵的液态肥料）作速效追肥。

（三）水分管理

水分是树体生长和果实发育的必要条件。水分不足会造成旱害，过量则造成湿害，因湿害还会造成树体吸收水分障碍而出现旱害。平原水网地区要注意建立完善的排水系统和设施，主要是建园时配套排水沟系，每年清理修复沟系。做到雨后沟内不积水。此外，要注意雨季和伏旱交替时的树体适应过程。一般投产树，生长期5个晴天灌一次水，遇阴天则延长相应的天数，灌水量一般以使田间持水量保持在60％～80％为宜（约30 mm即可）。灌水方式可以为沟灌加浇灌，有条件的可以采用滴灌，一方面可以节约用水，减少水土流失，提高肥效，有利于保护环境，另一方面，对土壤结构破坏减少，对根系不良影响减少，便于管理，有利于树体的生长。灌水宜在傍晚进行，持续时间在12 h左右，让根系周围渗透。

六、果实的采收、分级、包装、贮藏

(一) 采收

梨果个大、皮薄、汁多、肉脆，受伤后易腐烂，所以采果人员应剪短指甲，戴上单线手套，轻采轻装，尽量避免机械损伤。要按先外后内、先下部后上部的顺序进行。采果时用双手握住果实前部向上一抬，果梗即可与果台分离，连同纸袋一起采下，注意保护果梗。将果实放在垫有麻袋或海绵的篮子内，运回后预冷、分级、包装，入库贮藏。

(二) 分级

梨果的分级主要有人工分级和机械分级两种方式。人工分级是主要的分级方法，常用目测法。分级机械主要是以质量进行分级的。可事先人工对梨的形状、色泽、有无伤残等外观进行分级，然后分别将不同级别的果实放在不同的传送带上，根据果实托盘弹簧承受压力不同，使其落入不同的接受容器中，从而分为若干级别。鲜梨主要品种单果重等级要求如表4-2。

表4-2　鲜梨主要品种的单果重等级要求（g）

品种	优等品	一等品	品种	优等品	一等品
早生新水	≥250	≥200	新水梨	≥230	≥180
翠冠	≥350	≥300	幸水梨	≥300	≥250

（续）

品种	优等品	一等品	品种	优等品	一等品
新世纪梨	≥300	≥250	黄金梨	≥300	≥250
菊水梨	≥230	≥180	丰水梨	≥400	≥350
黄花梨	≥400	≥350	新高梨	≥600	≥500
香梨*	≥120	≥110	巴梨*	≥260	≥220
鸭梨*	≥220	≥180	安梨*	≥130	≥110

* 上海市没有生产，仅作参考。

（三）包装

包装容器主要有纸箱、钙塑箱、果筐和木箱等。一般纸箱规格（长×宽×高）为 46 cm×30 cm×30 cm，可装 15 kg。包装应在冷凉的环境条件下进行，避免风吹日晒和雨淋。装箱时，先放好底层纸板和纸格，每果用专用包果纸包好，由内盒中央向四周循序装入，一格一果，每装满一层盖一块纸板，依次装满后称重。简易包装时，将梨果专用保鲜袋（请注意使用说明）铺展于箱内，将梨果用专用包装纸逐个包紧，由纸箱底外围向内一层一层装满整个纸箱。纸箱最底和最上各用一块纸板填充，最后封箱。现在市场上多用塑料泡沫网套包果，还有在包装箱中用凹穴的泡沫塑料垫板装果，不加套，也不包纸，包装手续简便，便于机械化操作。进行包装和装卸时，应轻拿轻放，避免机械损伤。在包装外面注明产品商标、品名、等级、规格、质量、数量、产地、特定标志、包装日期等内容。

（四）贮藏

1. 采后预冷 梨果采收后，进行长期贮藏的必须及时预冷，推迟预冷不利于长期贮藏。果实采收分级后，有冷库的即入库贮藏，效果很好。若利用自然通风降温的方法贮藏，此时不可直接入窖，需先进行预冷。

预冷在分级包装前进行，具体方法是：将采收的果实放在冷凉的地方，利用夜间低温降低果温，1～2 d后即可分级包装。

2. 贮藏条件

（1）温度　梨的冰点为−3～−1.8 ℃，平均为−2.1 ℃，其适宜贮藏温度为0～1 ℃。

（2）湿度　一般利用土窑洞、通风库贮藏，其空气相对湿度应保持在90%～95%，冷库空气相对湿度保持在85%～90%。较高的湿度能减少果实水分蒸发，减轻自然损耗，保持品的新鲜饱满状态。

（3）气体成分　在一定的低温条件下，适当降低氧浓度，增加二氧化碳浓度，可以降低梨果的呼吸强度，延长贮藏寿命。砂梨果实贮藏适宜的气体组分是：氧气2%～3%、二氧化碳3%～4%。

3. 贮藏方法　冷库贮藏时，库温以0～1 ℃为宜，相对湿度控制在90%左右。梨采收后，最好在2 d内入库，若推迟入库，会缩短贮藏寿命。入库后，采取逐步降温的方法，入库初期温度以10～12 ℃为宜，以后逐渐降至0～1 ℃。配合适宜的采收期，即可达到良好的贮藏效果。

冷库贮藏应注意定期升温除霜，并及时淋水或喷雾以调节湿度。冷库的通风换气宜在夜间进行，若库内二氧化碳积累过多，可安装空气净化器，也可用2%的氢氧化钠溶液吸收。冷藏果出库时，应使果温逐渐上升到室温，否则果面结霜，易造成腐烂。

七、设施栽培管理

设施栽培是当前上海市果树栽培发展的重要方向，是新一轮种植业结构调整的重要内容，是种植技术的一次新飞跃。

20世纪90年代中后期，由于晚熟梨品种栽培效益下降，早熟梨树新品种及栽培新技术得以迅速发展，上海市早熟梨栽培迅速发展，面积超过总梨树面积的50%。随面积的增加，早熟梨的市场竞争将日趋激烈，为提高松江水晶梨的竞争力，需要新的品种、新技术支撑。在上海市松江区科学技术委员会的支持下开展梨树设施栽培技术试验，上海地区梨树设施栽培可以使早熟品种提早上市，减少原有病虫害的发生，减轻自然灾害的影响。梨树促成栽培避免了雨水直接接触果实表面，结合套袋技术减轻果锈的发生程度。促成栽培便于采用隔离、诱捕等手段生产安全果品，满足市场对安全、优质、高档水晶梨的需求。而安全、优质、高档水晶梨早期的市场价达到 15～24 元/kg，经济效益高。

（一）设施栽培的应用特点

① 具有避雨作用，便于管理。植株不受雨淋，减轻病害的传播。

② 拓宽梨树品种选择的范围。

③ 设施栽培改善了温度、水分条件，延长了细胞分裂期、果实膨大期，促进果实发育，可以提早成熟、增大果实。

④ 设施栽培一次性投资较高。

（二）设施栽培的主要类型

目前生产上大多采用前期促成栽培、后期避雨栽培方式。促成栽培是指早春覆膜保温，提早萌芽，然后再逐渐揭去边膜转为避雨栽培，采收结束后去除顶膜，变为露地栽培。也有采用早春覆膜保温，提早萌芽，套袋完成后去膜。避雨栽培指对植株上部进行薄膜覆盖，避免淋雨，采收后去膜。

（三）大棚梨树栽培技术

1. 大棚的构造与搭建　大棚一般南北向搭建。骨架上覆盖薄膜，以聚乙烯膜（PE）为主，也可用聚氯乙烯膜（PVC）和乙烯-醋酸乙烯膜（EVA），均选长寿无滴类型，厚度在 0.08～0.12 mm。其中连栋棚高 4.0～5.0 m，跨度 6.0～8.0 m，顶部开窗。单棚采用 8 m 的为主，高度 3.2 m。土地、空间利用率不高。

2. 品种的选择　根据引种观察实践，推荐上海地区大棚栽培梨树以早熟品种为主,根据管理、销售情况适当安排中晚熟品种。

(1) 早生新水　早生新水果实扁圆形,整齐圆整,果皮浅黄褐色,在大棚内平均单果重为 230～250 g。采收期在 7 月上中旬,可溶性固形物含量可达到 12%～13%,品质极优,每 667 m² 产 1 000 kg。

(2) 翠冠　由幸水×(杭青×新世纪)杂交选育而成,果实近圆形,平均单果重 300 g,可溶性固形物含量 12%,品质优,采收期在 7 月中下旬,每 667 m² 产量 1 250 kg。

3. 定植与整形修剪

(1) 株行距　采用南北行向,行内距 4 m,株距 2～4 m。以定植三至四年生的大树为好,投产快,定植后第二年盖膜。

(2) 定植技术　定植沟深 0.8～1 m、宽 0.6～0.8 m,沟底与腰沟相通,定植时沟底先铺一层(20 cm)秸秆或树枝,然后覆土,土中拌有有机肥(每 667 m² 用量 4～5 t)。上层覆以松土,即可按株距定植。

(3) 整形修剪　树形采用三主枝开心形,定干高 60～80 cm。控制树高 1.8～2.0 m。

(四)设施栽培的温度管理

1. 温度的调控

(1) 覆膜　梨树一般 1 月中旬渡过休眠期,通常在 2 月初覆膜。

(2) 覆膜后温度的调控　覆膜后一般 15～25 d 萌芽,萌芽前白天最高温度控制在 28 ℃以内,夜温控制在 7～8 ℃。萌芽至开花前日温控制在 15～30 ℃,白天超过 30 ℃要打开棚门或拉起边膜通风,夜温控制在 10 ℃。此段时期内白天开棚,夜间关棚,应严格操作。促成栽培前期必须警防高温伤害,并在 5 月 1 日前后完全揭去边膜,保留天膜转成避雨栽培。

2. 湿度的调控

(1) 萌芽期　保持土壤水分和提高室内湿度,发芽后则要控制湿度，棚内相对空气湿度应控制在 85% 左右。

（2）花期　棚内相对空气湿度应控制在 60%～70%。

（3）坐果后　棚内相对空气湿度应控制在 75%～80%。

在春天覆棚后，为降低棚内湿度，宜地面覆盖地膜，膜下滴灌有利于保温、增温，促进萌芽。切勿大水漫灌。棚内高温、低湿的环境条件是避免病害发生的关键。

3. 光的调节　塑料大棚内梨树易徒长。因旧膜老化与膜吸尘使透光率迅速下降，一般新膜使用 2 个月后透光率仅为原来的 50%。

4. 空气的调控

（1）前期通风换气　开花之后，光合作用逐步旺盛，如逢晴天应在 10 时以后间断通风换气 1～2 次，每次 30～60 min。从棚内温度达 30 ℃开始，每天通风换气，低于 20 ℃不进行通风换气。转为避雨栽培后，自然换气。

（2）多施有机肥　棚内土壤中增施有机肥，使之在分解过程中释放二氧化碳。为防止有毒氨气的产生，棚内不宜使用未腐熟的有机肥，少施或不施碳酸氢铵和尿素。

（五）设施栽培肥水管理

1. 施肥管理　秋季施足基肥，每 667 m² 施腐熟的有机肥 3 000 kg 和 100 kg 磷肥。生长季坐果后应施膨果肥，每 667 m² 施三元复合肥（15 - 15 - 15）20 kg 和 5 kg 尿素。果实膨大期追施钾肥，每 667 m² 施硫酸钾 30 kg。生长前期主要为促进生长，提高光合效率，后期抑制营养生长。

2. 水分管理　大棚内土壤水分全靠人为补给，同时因土壤溶液向表层积聚，影响根系水分吸收，因此水分管理应与露地不同。扣棚前一周应灌一次大水（透水），萌芽后灌中水。花前 7 d 灌一次小水，花期不灌水。坐果后灌一次大水，以促进幼果生长。果实生长期，可间隔 10 d 左右灌一次小水、中水，保持 10 cm 以下土层湿润。在果实第二次生长高峰到来时再灌一次大水，保证果实增大。采收前 2 周停止灌水。

（六）生长季的树体管理

1. 疏花序　每 20 cm 留 1 个花芽，抹去弱枝花芽、瘪花芽，每 667 m² 留花芽约 8 000 个。

2. 抹芽　为减少贮藏营养的消耗，花前抹去萌蘖。芽眼长到 0.5 cm 大小时，分 2～3 次及时进行。

3. 摘心与拉枝　4 月上中旬，一般在花后 20～25 d 对内膛强枝进行第一次轻摘心，留 12～15 叶。6 月上中旬进行第二次摘心，同时对侧生枝和延长枝进行拉枝。形成树体骨架和花芽。

4. 定产　落花后 15 d 进行，每 667 m² 产量控制在 1 200 kg 左右，留果数 5 000 个。

5. 套袋　可有效防止果实病、虫害及日灼和裂果等生理性病害，减少农药污染，增加果面光洁度，提高商品性。套袋在花后 25～35 d 进行。采收时可不撕袋，连袋采收装箱。

6. 剪梢　套袋后到采收前 20 d，对部分直立内膛枝进行疏剪，以改善通风透光。采收后也要对内膛枝进行管理。

（七）设施栽培的病虫害防治

设施栽培条件下，因薄膜覆盖隔绝雨水，真菌病害流行受到抑制，病害发生的时期和种类与露地栽培有较大差异，一般棚内黑斑病、黑星病、锈病、轮纹病几乎不发生。棚内虫害如介壳虫、红蜘蛛、梨木虱和鸟害比露地重。因此病虫害防治也应强调综合防治，秋冬彻底清园，生长期果实套袋，成熟期覆盖防鸟网。

表 4-3　全年喷药防治历

物候期	防治对象	药剂与浓度
2 月底至 3 月初	越冬病虫	45%晶体石硫合剂 30～50 倍液
3 月上旬（花序露白期）	梨木虱	阿维菌素 3 000 倍液＋氟硅唑 8 000 倍液

（续）

物候期	防治对象	药剂与浓度
3月中下旬（花后）	梨瘿蚊	科博 800 倍液＋啶虫脒 1 500 倍液
4月中旬	梨木虱	吡虫啉 1 500 倍液＋百菌清 1 000 倍液
5月上旬	梨瘿蚊	辛硫磷 1 000 倍液
6月上旬	红蜘蛛、介壳虫	氯氟氰菊酯 2 500 倍液＋甲基硫菌灵 1 000 倍液
7月上旬（采收期）	—	不打药
7月下旬（采后）	红蜘蛛、刺蛾	噻螨酮 2 000 倍液＋代森锰锌 800 倍液
8月下旬	刺蛾、黑星病等	敌百虫 800 倍液＋代森锰锌 600 倍液
9月下旬至10月初	红蜘蛛、刺蛾、黑星病等	视情况进行

第三节　病虫识别与防治

一、主要病害与防治

（一）梨黑星病

梨黑星病又称为疮痂病、雾病，是梨树主要病害之一，近年来在南方梨产区发病有逐渐加重的趋势。

1. 症状　梨黑星病危害果实、果梗、叶片、叶柄和新梢等梨树所有的绿色幼嫩组织，其中以叶片和果实受害最为常见（图 4-6）。

幼叶的感病性较强。多数先在叶背面的主脉和支脉之间出现黑绿色至黑色霉状物，尤以叶脉上最多，不久在霉状物对应的正面出现淡黄色病斑，严重时叶片枯黄、早期脱落。叶柄上的病斑多为长

图 4-6　梨黑星病危害状

条形中部凹陷的黑色霉斑，往往引起早期落叶。

果实从幼果期至梨果成熟期均可受害，发病初期产生淡黄色圆形斑点，其后逐渐扩大，病部稍凹陷、上长黑霉，后病斑木栓化、坚硬、凹陷并龟裂。刚落花的小幼果受害时，多数在果柄或果面形成黑色或墨绿色的近圆形霉斑，这类病果几乎全部早落。稍大幼果受害时，因病部生长受阻碍，变成畸形。果实成长期受害，则在果面产生大小不等的圆形黑色病斑，病斑硬化、表面木栓化、开裂，呈荞麦皮状，果实不畸形。近成熟期果实受害，形成淡黄绿色病斑，稍凹陷，有时病斑上产生稀疏的霉层。果梗受害时，出现黑色椭圆形的凹斑，上长黑霉。病果或带菌果实冷藏后，病斑扩展较慢，病斑上常见浓密的银灰色霉层。

2. 发病规律　一般年份进入多雨季节会大量发病，多在 7～8 月发病，前期降水较多时幼果期即可发病。

3. 防治方法

（1）清除病源　清理病枝、病叶、病果以减少越冬菌源。开花前后摘除病芽、病叶、病果，集中深埋或烧毁以减少再侵染病源。

（2）喷药防治　流行年份落花后即应开始喷波尔多液预防，雨季到来前再喷 1 次。雨季应抓晴天喷药，每年 5～7 次。不流行年份雨季到来前喷药 1 次，降水期再喷 1～2 次即可。药效好的药剂有：50%甲基硫菌灵可湿性粉剂 500～800 倍液、70%代森锰锌可湿性粉剂 700 倍液。套袋后也可用 40％氟硅唑乳剂 6 000～8 000 倍液。

（二）梨轮纹病

梨轮纹病又称为粗皮病，发生遍及中国各梨产区，尤对日本砂梨品种群危害严重，此病还危害苹果、海棠等果树。在南方果梨产区普遍发生，危害比较严重，可造成烂果和枝干枯死。

1. 症状 该病主要危害果实和枝干，有时也危害叶片。

枝干受害时以皮孔为中心产生褐色突起的小斑点，后逐渐扩大成为近圆形的暗褐色病斑。初期病斑隆起呈瘤状，后周缘逐渐下陷成为一个凹陷的圆圈。第二年病斑上产生许多黑色小粒点，即病菌的分生孢子器。以后，病部与健部交界处产生裂缝，周围逐渐翘起，有时病斑可脱落。连年扩展，形成不规则的轮纹状（图 4-7）。

图 4-7　梨轮纹病危害状

果实受害时以皮孔为中心发生水渍状浅褐色至红褐色圆形坏死斑，有时有明显的红褐色至黑褐色同心轮纹。病部组织软腐，但不凹陷，病斑迅速扩大，随后在中部皮层下产生黑褐色菌丝团，并逐渐产生散乱凸起的黑色小粒点，使病部呈灰黑色。

叶片上发病较少见。病斑近圆形或不规则形，有时有轮纹。初呈褐色，渐变为灰白色，也产生黑色小粒点。严重时病叶常常干枯早落。

2. 发病规律 此病的发生、流行与气候关系很大，和品种与树势关系密切，一般温暖多雨的气候发病严重。

3. 防治方法

（1）清除菌源 轮纹病的初侵染源主要来自枝干上的病组织，因此冬季和早春萌芽前，应仔细刮除病皮，而后喷 5 波美度石硫合剂。

（2）加强果园管理　增强树势，增施磷、钾肥，控制氮肥，提高抗病力。

（3）药剂防治　发芽前、生长期和采收前用药，先刮老树皮和病斑再喷药则效果更好。常用药剂有50%苯菌灵可湿性粉剂800～1 000倍液、50%硫菌灵可湿性粉剂500倍液、80%敌菌丹可湿性粉剂1 000倍液，1：2：（240～360）倍波尔多液。喷药次数要根据历年病情、药剂的残效期长短及降水情况而定。喷药时应注意有机杀菌剂与波尔多液交替使用，以延缓抗药性，提高防治效果。

（4）套袋防病　疏果后先喷1次有机杀菌剂，而后将果实套袋，可以基本控制轮纹病。

（三）梨炭疽病

炭疽病也称为苦腐病，发病后易引起果实腐烂和早落。

1. 症状　梨炭疽病主要危害果实，有时也危害枝条。

果实多在生长中、后期发病。发病初期，果面出现淡褐色水渍状的小圆斑，以后病斑逐渐扩大，色泽加深，并且软腐下陷。病斑表面颜色深浅交错，具明显的同心轮纹。在病斑处表皮下，形成无数小粒点，略隆起，初呈褐色，后变黑色。随着病斑的逐渐扩大，病部烂入果肉直到果心，使果肉变褐，有苦味。

梨炭疽病菌能在枝条上营腐生生活。该病多发生于枯枝或病虫危害、生长衰弱的枝条上，起初形成圆形深褐色小斑，以后发展成椭圆形或长条形，病斑中部干缩凹陷，病部皮层与木质部逐渐枯死而呈深褐色（图4-8）。

图4-8　梨炭疽病危害状

2. 发病规律　病害的发生和流行与降水有密切关系，4～5月多阴雨的年份，侵染早，若6～7月阴雨连绵，发病重。地势低洼、土壤黏重、排水不良的果园发病重。

3. 防治方法

（1）铲除病源　冬季结合修剪，把病菌的越冬场所如干枯枝、病虫危害的破伤枝及僵果等剪除并烧毁。

（2）加强栽培管理　多施有机肥，改良土壤，增强树势，雨季及时排水，合理修剪，及时中耕除草，加强病虫害防治。

（3）药剂防治　梨树发芽前喷二氯萘醌50倍液，或5％～10％重柴油乳剂，或五氯酚钠150倍液。5月下旬或6月初开始，每15 d左右喷1次药，直到采收前20 d止，连续喷4～5次，根据每年降水多少适当控制喷药间隔期与次数。药剂可用200倍石灰过量式波尔多液，或50％敌菌灵500～600倍液，或75％百菌清500倍液，或65％代森锌500倍液，或50％硫菌灵500倍液。

（4）果实套袋　在套袋之前喷一次50％退菌特可湿性粉剂600～800倍液。

（5）低温贮藏　采收后在0～15 ℃低温贮藏可抑制病害发生。

（四）梨黑斑病

1. 症状　主要危害果实、叶片及新梢。

叶部受害时，幼叶先发病。病斑中心灰白色，边缘黑褐色，有时有轮纹。天气潮湿时，病斑表面产生黑色霉层（图4-9）。

图4-9　梨黑斑病危害状

果实受害时，果面出现1个至数个黑色斑点，斑点渐扩大，颜色变浅，形成浅褐色至灰褐色圆形病斑，略凹陷。发病后期病果畸形、龟裂，裂缝可深达果心，果面和裂缝内产生黑霉，并常常引起落果。果实近成熟期染病，前期表现与幼果相似，但病斑较大、黑褐色，后期果肉软腐而脱落。

新梢发病，病斑圆形或椭圆形、纺锤形，淡褐色或黑褐色、略凹陷，易折断。

2. 发病规律　南方梨产区一般4月下旬开始发病，嫩叶极易受害。6～7月如遇多雨，更易流行。地势低洼、偏施化肥或肥料不足、修剪不合理，树势衰弱以及梨网蝽、蚜虫猖獗危害等不利因素均可加重该病的流行。日本梨品系的品种常感该病。

3. 防治方法

（1）做好清园工作　萌芽前剪除有病枝梢，清除果园内的落叶、落果并集中烧毁。

（2）加强栽培管理　合理施肥，增强树势，提高抗病能力。低洼果园雨季及时排水。重病树要重剪，以增进通风透光。选栽抗病力强的品种。

（3）套袋　套袋可以保护果实免受病菌侵害。

（4）喷药保护　梨树发芽前，喷1次0.3％五氯酚钠与5波美度石硫合剂混合液，以杀灭枝干上越冬的病菌。落花后至梅雨期结束前，即4月下旬至7月上旬，都要喷药保护。喷药间隔期为10 d左右，共喷药7～8次。为了保护果实，套袋前喷1次，喷后立即套袋。药剂可用1：2：（160～200）倍波尔多液，80％代森锰锌可湿性粉剂800倍液，10％苯醚甲环唑水分散粒剂2 000～3 000倍液等。

（5）低温贮藏　采用低温（0～5℃）贮藏，可以抑制黑斑病的发展。

（五）梨干腐病

1. 症状　苗木和幼树受害时，树皮出现深褐色或黑色长条形病斑，质地较硬，微湿润，多烂到木质部。病斑扩展到枝干半圈以上时，常造成病部以上叶片枯萎，枝条枯死。病斑后期失水、干缩、凹陷，边缘裂开，病斑上形成密布的黑色小点，为病原菌的分生孢子器，潮湿条件下病斑上溢出茶褐色汁液。病原菌也侵蚀果实，造成果实腐烂，症状同轮纹病。

2. 发病规律 枝干发病与树体生长情况有关，树势衰弱、持续干旱、土壤含水量不足等均可造成病斑的迅速扩展。一般在水利条件较差、土壤肥力低和管理粗放、施氮肥较多、枝条徒长的地区和园地发病较重，而且在同一梨园中，生长势弱的单株发病较重。

3. 防治方法

（1）加强栽培管理 苗木和幼树合理施肥，控制枝条徒长。干旱时及时灌水。

（2）药剂防治 发病初期可用锋利快刀削掉变色的病部或刮掉病斑，然后喷消毒剂。消毒剂可用 10 波美度石硫合剂，或 5 波美度石硫合剂加 1‰～3‰五氯酚钠盐，或 70％甲基硫菌灵可湿性粉剂 100 倍液等。

（六）梨白粉病

1. 症状 主要危害叶片，最初在叶片背面产生圆形或不规则形的白粉斑，并逐渐扩大，直至全叶背布满白色粉状物。随着气温的逐渐下降，在白粉斑上会形成很多黄褐色小粒点，后变为黑色（闭囊壳）。产生白色霉斑的叶片正面组织呈黄绿色至黄色不规则病斑，发病严重时，造成早期落叶。

2. 发病规律 病菌黏附在病落叶上及枝梢上越冬，4 月中旬前后分生孢子随风雨传播，侵入叶背，6 月上中旬辗转危害，秋季为发病盛期。密植梨园及通风不畅、排水不良或偏施氮肥的梨树容易发病。

3. 防治方法

（1）清除病源 秋季清扫落叶，消灭越冬菌源。结合冬季修剪，剪除病枝、病芽。早春果树发芽时，及时摘除病芽、病梢。

（2）加强栽培管理 多施有机肥，防止偏施氮肥。合理修剪，使树冠通风透光良好。

（3）药剂防治 发芽前喷 1 次 3～5 波美度石硫合剂，以杀死树上越冬病菌。从 7 月上中旬开始喷 1～2 次杀菌剂，如 50％硫菌灵可湿性粉剂 500～800 倍液、70％甲基硫菌灵可湿性粉剂 1 000～1 500 倍液、15％三唑酮 2 000 倍液等。

（七）梨褐斑病

梨褐斑病又称为斑枯病、白星病，在南方梨产区发生较普遍，病重时引起大量落叶，造成一定程度减产。

1. 症状 仅危害叶片，最初在叶片上发生圆形或近圆形的褐色病斑，以后逐渐扩大。发病严重的叶片，往往有病斑数十个之多，以后相互愈合呈不规则形的褐色大斑块。病斑初期为褐色，边缘明显；后期病斑中心呈灰白色，密生黑色小点，边缘褐色，最外层则为黑色（图 4 - 10）。

图 4 - 10 梨褐斑病危害状

2. 发病规律 在 5～7 月发病，多雨、潮湿时，发病重。树势衰弱、排水不良的果园，发病也重。

3. 防治方法

（1）清除病源 冬季扫除落叶，集中烧毁或深埋土中，以消灭病源。

（2）加强栽培管理 在梨树丰产后，应增施肥料，促使树势生长健壮，提高抗病力。降水后注意园内排水，降低果园湿度，限制病害发展蔓延。

（3）药剂防治 早春梨树发芽前，结合梨锈病防治，喷施 0.6％石灰倍量式波尔多液。落花后，当病害初发时，喷第二次药，药剂及浓度同上。在多雨、有利于病害盛发的年份，可于5月上中旬再喷0.6%波尔多液一次，亦可用50%甲基硫菌灵可湿性粉剂800倍液、25%多菌灵可湿性粉剂300倍液或70%代森锰锌可湿性粉剂600倍液。一般喷药2～3次即能达到良好的防治效果，其中喷药重点为落花后的一次。

（八）梨腐烂病

梨腐烂病俗称臭皮病，在我国大部分梨产区均有发生，常引起梨树大枝、整株甚至成片梨树死亡，对生产影响很大。

1. 症状　溃疡型：发生在树皮上，发病初期病部隆起呈湿腐状，红褐色至暗褐色，按压时病部下陷并流出褐色汁液，病组织松软、易撕离，有酒精味。病斑失水干缩后凹陷，周边开裂，其上散生小黑点（分生孢子器），树皮潮湿时，从中涌出黄色丝状孢子角（图4-11）。

枝枯型：病斑多发生于衰弱植株的小枝上，形状不规则，干腐状，无明显边缘。病斑扩大迅速，很快包围整个枝干，使树干枯死，并密生小黑点（分生孢子器），潮湿时从中涌出黄色孢子角。

梨腐烂病病菌偶尔也可通过伤口侵害果实，初期病斑呈圆形，褐色至红褐色软腐，后期中部散生黑色小粒点，并使全果腐烂。

图4-11　梨腐烂病危害状

2. 发病规律　病原菌以菌丝在树皮内越冬，翌年春暖时在病部重新活动，继续扩展，孢子随风雨传播，经伤口侵入。春季发病多，病部扩展快，夏季停止发展，秋季再次活动，但危害较春季轻。一般土质不好、树势衰弱时，该病发生严重，品种间病情差异较大。

3. 防治方法

（1）清除病源　彻底清除树上病枯枝及修剪下的树枝，带出园外烧毁。

（2）加强栽培管理　增强树势，提高树体抗病力，是预防腐烂病的根本措施。

（3）药剂防治　用40%福美胂可湿性粉剂100倍液，于3月下旬至4月上旬喷施大枝，6月下旬至7月上旬用此药涂刷主干、基部主枝及中心干等部位，可减少冬春季出现的新病斑。涂药前，最好刮除病斑及表面粗皮。对新栽幼树可涂刷843康复剂10倍液或5%菌毒清水剂100倍液。

（九）梨锈病

1. 症状　主要危害叶片和新梢，严重时也危害幼果。

叶片受害时，叶正面形成橙黄色圆形病斑，并密生橙黄色针头大的小点，即性孢子器。潮湿时，溢出淡黄色黏液，即性孢子，后期小粒点变为黑色。病斑对应的叶背面组织增厚，并长出一丛灰黄色毛状物，即锈子器。毛状物破裂后散出黄褐色粉末，即锈孢子（图4-12）。

果实、果梗、新梢、叶柄受害时，初期病斑与叶片上的相似，后期在同一病斑的表面产生毛状物。

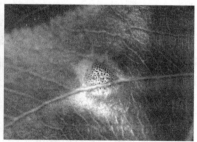

图4-12　梨锈病危害状

2. 发病规律　梨树自展叶开始到展叶后20 d内最易感病，展叶 25 d 以上，叶片一般不再感染。当梨园附近有圆柏等转主寄主且春季多雨潮湿时，梨锈病常发生严重。

3. 防治方法

（1）消灭侵染源 清除梨园周围 5 km 以内的圆柏、龙柏等转主寄主，是防治梨锈病最彻底有效的措施。另外要控制圆柏上的病菌，如梨园近风景区或绿化区，圆柏等转主寄主不能清除时，则应在圆柏树上喷药，铲除越冬病菌，减少侵染源。具体为在 3 月上中旬（梨树发芽前）对圆柏等转主寄主先剪除病枝，然后喷 1～2 波美度石硫合剂或 1∶（1～2）∶（160～200）倍波尔多液。

（2）药剂防治 在梨树上喷药，应掌握在梨树萌芽期至展叶后 25 d 即担孢子传播侵染的盛期进行。一般年份可在梨树发芽期喷 1 次药，隔 10～15 d 再喷 1 次即可；春季多雨的年份，应在花前喷 1 次，花后喷 1～2 次，每次间隔 10～15 d；春季干旱的年份可以少喷或不喷药。药剂有波尔多液 200～240 倍液、65%代森锌 500～700 倍液、40%福美胂 500 倍液、50%甲基硫菌灵 700 倍液或三唑酮 1 000～2 000 倍液。

（十）梨树缺素症

1. 缺氮

（1）症状 在生长期缺氮，叶呈黄绿色，老叶转变为橙红色或紫色，易早落，花芽、花及果实都少，果小但着色很好。

（2）发病规律 土壤贫瘠、管理粗放、缺肥和杂草多的果园，易表现缺氮症。叶片含氮量在 2.5%～2.6%时即表现缺氮。

（3）防治方法 一般正常施肥的果园均不表现缺氮，在雨季和秋梢迅速生长期，树体需要大量氮素，可在树冠喷 0.3%～0.5%尿素溶液。

2. 缺磷

（1）症状 当梨树磷供应不足时，光合作用产生的糖类物质不能及时运转而积累在叶片内转变为花青素，使叶片呈紫红色，尤其是春季或夏季生长较快的枝叶，几乎都呈紫红色。

（2）发病规律　在疏松的沙土或有机质多的土壤中栽植的梨树，常有缺磷现象。当土壤中含钙量多或碱性较大时，土壤中磷素被固定成磷酸钙或磷酸铁铝，不能被果树吸收，果树易表现缺磷症。叶片含磷量在 0.15％以下时，即表现缺磷。

（3）防治方法

① 叶面喷磷。对缺磷果树，可在展叶期叶面喷施磷酸二氢钾或过磷酸钙。

② 土壤施磷。因土壤呈碱性和钙质高造成的缺磷，需施入硫酸铵使土壤酸化，以提高土壤中磷的有效成分含量。

3. 缺铁

（1）症状　多从新梢顶部嫩叶开始发病，初期先是叶肉失绿变黄，叶脉两侧仍保持绿色，叶片呈绿网纹状，较正常叶小。随着病情加重，黄化程度愈加严重，致使全叶呈黄白色，叶片边缘开始产生褐色焦枯斑，严重者叶焦枯脱落，顶芽枯死。

（2）发病规律　土壤中铁的含量一般比较丰富，但在盐碱性重的土壤中，大量可溶性二价铁被转化为不溶性三价铁盐而沉淀，不能被利用。春季干旱时由于水分蒸发，表层土壤中含盐量增加，又正值梨树旺盛生长期，需铁量较多，所以黄叶病发生较多。当进入雨季，土壤中盐分下降，可溶性铁相对增多，黄叶病明显减轻，甚至消失。地势低洼、地下水位高、土壤黏重、排水不良及经常灌水等的果园，发病较重。

（3）防治方法

① 农业防治。春季灌水洗盐，及时排除盐水，控制盐分上升。增施有机肥和绿肥，改良土壤，增加有机质。提高植株对铁素的吸收利用率。

② 树体补铁。对发病严重的梨园，于落花后开始叶面喷施铁肥。7～10 d 喷施 1 次，连喷 2～3 次，效果较好。药剂有黄腐酸铁、柠檬酸铁等（商品名称有"益铁灵""速效铁""硝黄铁"等），常用浓度0.1％～0.2％。也可发芽后喷0.5％硫酸亚铁或叶面喷施400～600 倍三唑酮・多菌灵。还可用强力树干注射器按病情程度

注射 0.05％～0.1％的酸化硫酸亚铁溶液。注射之前应先做剂量试验，以防发生肥害。

4. 缺钾

（1）症状　当年生的枝条中下部叶片边缘先产生枯黄色，后呈枯焦状，叶片常发生皱缩或卷曲；严重缺钾时，整叶枯焦，挂在枝上，不易脱落；枝条生长不良，果实常呈不熟的状态。

（2）发病规律　细沙土、酸性土及有机质少的土壤中栽植的梨树，易表现缺钾症；沙质土施石灰过多，会降低钾的有效性；在轻度缺钾土壤中偏施氮肥，易表现缺钾症。

（3）防治方法　增施有机肥或绿肥压青；生长期每 667 m² 追施硫酸钾 20～25 kg 或氯化钾 15～20 kg；叶面喷施 0.2％～0.3％磷酸二氢钾 2～3 次。

5. 缺锰

（1）症状　叶脉间失绿，叶脉为绿色，即呈肋骨状失绿。这种失绿从基部到新梢都可发生（不包括新生叶），一般多从新梢中部叶开始失绿，向上、下两个方向扩展。叶片失绿后，沿中脉显示一条绿色带。

（2）发病规律　土壤中的锰是以多种形态存在的，在有腐殖质和水时，呈还原型为有效锰；土壤碱性时，锰呈不溶解状态，常可使梨树表现缺锰症；土壤为强酸性时，常由于锰含量过多而造成果树中毒；春季干旱，易发生缺锰症。

（3）防治方法　叶片生长期，可叶面喷 3 次 0.3％硫酸锰溶液；枝干涂抹硫酸锰溶液，可促进新梢和新叶生长；土壤施锰，应在土壤含锰量极少时进行。一般将硫酸锰混合在其他肥料中施用。

6. 缺硼

（1）症状　发病初期果肉出现水渍状病斑，渐变褐色，果肉呈海绵状木栓化，味淡、微苦，果面青色凹陷，可见豆粒大病斑，后期变褐，干枯硬化。

（2）发病规律　一般在土壤瘠薄的山坡地、沙壤土栽植的梨树易发生，干旱年份易发生。

（3）防治方法　增施有机肥，改良土壤；落花后喷硼砂 300 倍液 2～3 次；每株树下施硼砂 150～200 g；旱季灌水，涝季排水；开花前后大量施硼肥。

二、主要虫害与防治

（一）梨小食心虫

1. 危害症状　幼虫危害果实多从萼、梗洼处蛀入，早期被害果蛀孔外有虫粪排出，晚期被害多无虫粪。幼虫蛀入直达果心，高湿情况下蛀孔周围常变黑腐烂且渐扩大，俗称"黑膏药"。

2. 形态特征（图 4-13）

（1）成虫　成虫体长 5～7 mm，翅展 11～14 mm。雌、雄极少差异。全体灰褐色，无光泽。前翅灰黑色，前缘有 10 组白色短斜纹，翅上密布白色鳞片，除近顶脚下外缘处的白点外，排列很不规则。后缘有一些条纹，近外缘约有 10 个小黑斑。后翅浅茶褐色，两翅合拢时，外缘合成钝角。足灰褐色，各足跗节末灰白色。腹部灰褐色。

（2）幼虫　幼虫体长 10～13 mm，淡红色至桃红色，腹部橙黄，头黄褐色，前胸盾浅黄褐色，臀板浅褐色。胸、腹部淡红色或粉色。臀栉 4～7 刺。腹足趾钩单序环 30～40 个，臀足趾钩 20～30 个。前胸气门前片上有 3 根刚毛。

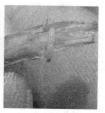

图 4-13　梨小食心虫

（3）卵　卵扁椭圆形，中央隆起，直径 0.5～0.8 mm，表面有皱褶，初乳白色，后淡黄色，孵化前变黑褐色。

3. 发生规律 1年发生代数因各地气候不同而异。各虫态历期为：卵期5～6 d，第一代卵期8～10 d，非越冬幼虫期25～30 d，蛹期一般7～10 d，成虫寿命4～15 d，除最后一代幼虫越冬外，完成1代需40～50 d。有转主危害习性。一般1～2代主要危害桃、李、杏的新梢，3～4代危害桃、梨、苹果的果实。在梨、苹果和桃树混栽或邻栽的果园，梨小食心虫发生重，果树种类单一的果园发生轻，山地管理粗放的果园发生重。一般雨水多、湿度大的年份，发生比较重。

4. 防治方法

(1) 消灭越冬幼虫 早春发芽前，有幼虫越冬的果树，如桃、梨、苹果树等，刮除老树皮并集中烧毁。处理果筐、果箱及填料，可以消灭一部分越冬幼虫。

(2) 剪除被害枝梢 5～6月新梢被害时及时经常进行修剪，剪下的虫梢集中处理。

(3) 药剂防治 在成虫高峰期后5 d内喷洒药剂。可用药剂有2.5%溴氰菊酯乳油2 500倍液、10%氯氰菊酯2 000倍液、40%水胺硫磷1 000倍液及1.8%阿维菌素3 000～4 000倍液等。

(二) 梨瘿蚊

1. 危害症状 在中国主要梨产区均有发生，以幼虫危害梨芽和嫩叶。芽、叶被害后出现黄色斑点，不久后叶面出现凹凸不平的疙瘩，受害严重的叶片纵卷，提早脱落。

2. 形态特征 雄虫体长1.2～1.4 mm，翅展约3.5 mm，体暗红色。头小，黑色，无单眼。下颚须4节，触角念珠状，各鞭节形如球杆，球部散生放射状刚毛。前翅具蓝紫色闪光，翅面生微毛。后翅退化成平衡棒，淡黄色。足细长，淡黄色，跗节5节，第二节几乎与胫节等长，足端具黑色爪2个。雌虫体长1.4～1.8 mm，翅展3.3～4.3 mm。触角丝状，长约0.7 mm，各鞭节为圆筒形，两端各轮生1圈较短刚毛。足较雄虫短，腹有管状伪产卵器。幼虫长纺锤形，13节。一至二龄幼虫无色透明，三龄幼虫半透明，四龄幼虫乳白色，渐变为橘红色。老熟幼虫体长 1.8～2.4 mm。前胸腹面具丫字形黄色剑骨片。卵长椭圆形，初产时淡橘黄色，孵化前变为橘红色。离蛹，橘红色，蛹外有白色胶质茧（图 4 - 14）。

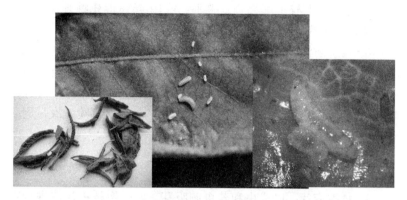

图 4 - 14　梨瘿蚊

3. 发生规律　1 年发生 2～3 代，以老熟幼虫在树干翘皮裂缝或树冠下表土层中越冬。翌年 3 月化蛹出土，成虫产卵于嫩叶上。成虫寿命短，只有几十个小时。卵孵化后，幼虫吸取梨叶汁液，将梨叶从叶外缘纵卷成紧筒，使叶片变脆。幼虫经 13 d 左右老熟，入土化蛹，出土产卵。但老熟幼虫要有降水才能脱叶入土或爬到树皮裂缝中，所以降水能影响梨瘿蚊危害的程度。无降水时，老熟幼虫既不脱叶，也不在叶内化蛹。入土后化蛹，也要求有 15％～30％的土壤含水量，过低不能化蛹，超过 35％化蛹率低，即使化蛹，成虫羽化率也很低，羽化的成虫生命力也弱。

4. 防治方法

（1）人工防治　在越冬幼虫出土前，将距树干 1 m 的范围、深14 cm 的土壤挖出，更换无冬茧的新土；或用宽幅地膜覆盖在树盘地面上，防止越冬代成虫飞出产卵，以减少越冬虫源基数。在幼虫出土和脱果前，清除树盘内的杂草及其他覆盖物，整平地面，堆放石块诱集幼虫，然后随时捕捉。在第一代幼虫脱果前，及时摘除虫果，并带出果园集中处理。

（2）药剂防治

① 地面防治。用 15％毒死蜱颗粒剂 2 kg 或 50％辛硫磷乳油 500 g 与细土 15～25 kg 充分混合，均匀地撒在 667 m² 的树干下地面，用耙将药土与土壤混合、整平。或用 48％毒死蜱乳油 300～500 倍液，在越冬幼虫出土前喷湿地面，耙松地表即可。

② 树上防治。防治适期为幼虫初孵期，喷施 48％毒死蜱乳油 1 000～1 500 倍液，对卵和初孵幼虫有强烈的触杀作用；也可喷施 20％氰戊菊酯乳油 2 000 倍液，或 10％氯氰菊酯乳油 1 500 倍液，或 2.5％溴氰菊酯乳油 2 000～3 000 倍液。一周后再喷 1 次，可取得良好的防治效果。

（三）中国梨木虱

1. 危害症状　以成虫和若虫刺吸芽、叶、嫩枝梢汁液进行直接侵害，春季成虫和幼虫多集中于新梢、叶柄侵害，夏秋季则多在叶面吸食侵害。受害叶片叶脉扭曲，叶面皱缩，产生枯斑并逐渐变黑，提早脱落。若虫分泌大量黏液，常使叶片粘在一起或粘在果实上，招致杂菌，污染叶和果面，使果实发育不良，被害枝条停止生长，易受冻害。

图 4-15　中国梨木虱

2. 形态特征　成虫分冬型和夏型，冬型体长 2.8～3.2 mm，褐色至暗褐色，具黑褐色斑纹。夏型成虫体略小，长 2.3～ 2.9 mm，黄绿色，翅上无斑纹，复眼黑色，胸背有 4 条红黄色或黄色纵条纹。卵长圆形，一端尖细。若虫扁椭圆形，浅绿色，复眼红色，翅芽淡黄色，突出在身体两侧（图 4-15）。

3. 发生规律　各代成虫发生期大致为：第一代出现在 5 月上旬，第二代在 6 月上旬，第三代在 7 月上旬，第四代在 8 月中旬。第四代成虫即发生越冬型，但发生较早时仍可产卵，并于 9 月中旬出现第五代。一般干旱年份或季节发生较重。

4. 防治方法

（1）人工防治　彻底清除树的枯枝落叶和园内杂草，刮老树皮，严冬浇冻水，消灭越冬成虫。

（2）药剂防治　在 3 月中旬越冬成虫出蛰盛期喷施菊酯类药剂 1 500～2 000 倍液，控制出蛰成虫基数。在梨落花 95％左右是梨木虱防治的最关键时期。选用 20％吡虫啉 6 000～8 000 倍液、2.5％溴氰菊酯 3 000 倍液、0.9％阿维菌素 2 500 倍液、20％氰戊菊酯乳油 3 000 倍液等喷施，发生严重的梨园，可加入助杀或消解灵 1 000 倍液、有机硅等展着剂，以提高药效。

（四）梨果象甲

1. 危害症状　成虫食害嫩枝、叶、花和果皮、果肉，幼果受害时果面粗糙，俗称"麻脸梨"，严重者常干枯脱落。成虫产卵前咬伤产卵果的果柄，造成落果。幼虫于果内蛀食，使被害果皱缩或成凹凸不平的畸形果。

2. 形态特征　成虫体长 12～14 mm，暗紫铜色，前胸略呈球形，密布刻点和短毛，背面中部有"小"字形凹纹。足发达，中足稍短于前后足，鞘翅上刻点较粗大，略呈 9 纵行。卵椭圆形，长 1.5 mm，表面光滑，初乳白色渐变乳黄色。幼虫体长 12 mm 左右，乳白色，12 节，体表多横皱略弯曲。头小，大部缩入前胸内，前半部和口器暗褐色，后半部黄褐色。各节中部有 1 个横沟，沟后部有 1 横列黄褐色刚毛，胸足退化消失。蛹体长 9 mm 左右，初乳白色渐变黄褐色至暗褐色，被细毛。

3. 发生规律 一年发生1代，以成虫于6 cm左右深土层中越冬。少数2年发生1代，第一年以幼虫于土中越冬，翌年夏秋季羽化不出土即越冬，第三年春出土。出土后飞到树上取食危害，白天活动，晴朗无风、高温时最活跃。有假死性，早晚低温时遇惊扰假死落地，高温时常落至半空即飞走。成虫出土数量与当时的降水情况有关，当落花后如有透雨可促其大量集中出土；如遇春旱，出土数量少，时间也推迟。

4. 防治方法

（1）药剂防治 在常年虫害发生严重的果园，越冬成虫出土后，尤其是雨后，树冠下喷施50％辛硫磷乳油300～400倍液，树上用10％氯氰菊酯乳油2 000倍液，隔10～15 d再喷1次。

（2）人工防治 利用成虫假死习性，清晨在树下铺布单或塑料薄膜，捕杀震落的成虫。此法应着重在成虫交尾、产卵之前和雨后成虫出土时集中进行。

（五）梨网蝽

1. 危害症状 被害叶正面形成苍白色斑点，叶片背面因此虫排出的褐色粪便和产卵时留下的蝇粪状黑点，使整个叶背面呈现出锈黄色，极易识别。受害严重的时候，叶片早期脱落，影响树势和产量（图4-16）。

2. 形态特征 成虫体长3.5 mm左右，扁平，暗褐色。前胸背板中央纵向隆起，

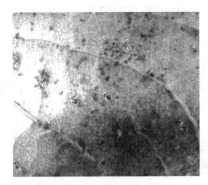

图4-16 梨网蝽侵害状

向后延伸如扁板状，盖住小盾片，前胸两侧向外突出成羽片状。前翅略呈长方形，静止时，两翅叠起暗黑色斑纹呈X形。前胸背板

与前翅均半透明，具褐色细网纹。卵长椭圆形，一端弯曲，长约0.6 mm，初产时淡绿色，半透明，后变淡黄色。若虫共 5 龄，初孵时乳白色，后渐变暗褐色。三龄后翅芽明显，腹部两侧及后缘有1 环黄褐色刺状突起。

3. 发生规律　一年发生代数在长江流域为 4～5 代，华北地区为 3～4 代，各地均以成虫在枯枝、落叶、杂草、树皮裂缝以及土、石缝隙中越冬。4 月上中旬越冬成虫开始活动，集中到叶背取食和产卵。卵产在叶组织内，上面附有黄褐色胶状物，卵期半个月左右。初孵若虫多数群集在主脉两侧危害。若虫蜕皮 5 次，经半个月左右变为成虫。第一代成虫 6 月初发生，以后各代成虫分别发生在 7 月、8 月初、8 月底、9 月初，因成虫期长，所以产卵期长，世代重叠，各虫态常同时存在。成虫喜在中午活动，每头雌成虫的产卵量因寄主不同而异，可由数十粒至上百粒，卵分次产，常数粒至数十粒相邻，产卵处外面都有 1 个中央稍为凹陷的小黑点。

4. 防治方法

（1）人工防治　成虫春季出蛰活动前，彻底清除果园内及附近杂草、枯枝落叶，集中烧毁或深埋，以消灭越冬成虫。9 月在树干上束草，诱集越冬成虫，清理果园时一并处理。

（2）药剂防治　对茎干较粗并较粗糙的植株，涂白处理。喷药关键时期有两个：一是越冬成虫出蛰到第一代若虫发生期，最好在梨树落花后、成虫产卵前，以压低春季虫口数量；二是夏季大发生前，以控制 7～8 月危害。使用药剂有 10％氯氰菊酯 2 000 倍液、10％吡虫啉 3 000 倍液等，连喷 2 次，效果很好。

（六）茶翅蝽

1. 危害症状　成虫和若虫吸食叶片、嫩梢和果实的汁液（图4-17），正在生长的果实被害后，呈凹凸不平的畸形果，俗称"疙瘩梨"，受害处变硬味苦；近成熟的果实被害后，受害处果肉变空，木栓化。幼果受害严重时常脱落，对产量和品质影响较大。

2. 形态特征 成虫体长 12～16 mm，宽 6.5～9.0 mm，扁椭圆形，灰褐色略带紫红色。触角 5 节，褐色，第四节两端及第五节基部黄色。复眼球形，黑色。前胸背板、小盾片和前翅革质部有密集的黑褐色刻点。前胸背板前缘有 4 个黄褐色小点。小盾片基部有 5 个小黄点横列。卵常 20～30 粒并排在一

图 4-17 茶翅蝽侵害状

起，卵粒短圆筒状，形似茶杯，灰白色，近孵化时呈黑褐色。若虫与成虫相似，前胸背板两侧有刺突，腹部各节背面中部有黑斑，黑斑中央两侧各有 1 个黄褐色小点，各腹节两侧间处均有 1 个黑斑。

3. 发生规律 1 年发生 1 代，以成虫在空房、屋角、檐下、草堆、树洞、石缝等处越冬。翌年 4 月下旬至 5 月上旬成虫陆续出蛰。在造成危害的越冬代成虫中，大多数为在果园中越冬的个体，少数为由果园外迁移到果园中的个体。越冬代成虫可一直危害至 6 月，然后多数成虫迁出果园，到其他植物上产卵，并发生第一代若虫。在 6 月上旬以前所产的卵，可于 8 月以前羽化为第一代成虫。第一代成虫可很快产卵，并发生第二代若虫。而在 6 月上旬以后产的卵，只能发生一代。在 8 月中旬以后羽化的成虫均为越冬代成虫。越冬代成虫平均寿命为 301 d，最长可达 349 d。在果园内发生或由外面迁入果园的成虫，于 8 月中旬后出现在园中，危害后期的果实。10 月后成虫陆续潜藏越冬。

4. 防治方法 此虫寄主多，越冬场所分散，给防治带来一定困难，目前应以药剂为主并结合其他措施进行防治。在成虫越冬前和出蛰期在墙面上爬行停留时，进行人工捕杀。在成虫越冬期，将果园附近空屋密封，用"741"烟雾剂进行熏杀。成虫产卵期，查找卵块摘除。

（七）梨二叉蚜

1. 危害症状 成蚜和若蚜群集于芽、叶、嫩梢和茎上吸食汁液。梨叶受害严重时由两侧向正面纵卷成筒状，早期脱落，影响产量与花芽分化，削弱树势。

2. 形态特征（图 4 - 18） 无翅胎生雌蚜体长 2 mm 左右，宽 1.1 mm 左右，体绿色或暗绿色或黄褐色，被有白色蜡粉。头部额瘤不明显，口器黑色，基半部色略淡，端部伸达中足基节，复眼红褐色，触角丝状 6 节，端部黑色，第五节末端具感觉孔 1 个。各足腿节、胫节的端部和跗节黑色。腹管长、大，黑色，圆柱状，末端收缩。尾片圆锥形，侧毛 3 对。

有翅胎生雌蚜体长 1.5 mm 左右，翅展 5.0 mm 左右。头胸部黑色，额瘤微突出，口器黑色，端部伸达后足基节。触角丝状 6 节，淡黑色，第三至第五节依次有感觉孔 18～27 个、7～11 个、2～6 个。复眼暗红色，前翅中脉分 2 叉，足、腹管和尾片同无翅胎生雌蚜。卵椭圆形，长径 0.7 mm 左右，初产暗绿色，后变黑色且有光泽。

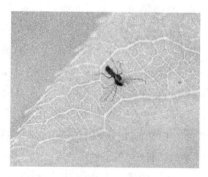

图 4 - 18 梨二叉蚜形态特征

3. 发生规律 1 年发生 20 代左右，生活周期为乔迁式。以卵在梨树芽、果台、枝杈的缝隙内越冬，于梨芽萌动时开始孵化。若虫群集于露绿的芽上危害，待梨芽开绽时钻入芽内，展叶期又集中到嫩梢叶面危害，致使叶片向上纵卷成筒状。落花后大量出现卷叶，半个月左右开始出现有翅蚜，5～6月大量迁飞到越夏寄主狗尾草和茅草上，6月中下旬在梨树上基本绝迹。9～10月，在越夏寄主上产生大量有翅蚜迁回梨树上繁殖危害，并产生性蚜。雌蚜交尾后产卵，以卵越冬。

4. 防治方法

（1）人工防治　在发生数量不太大时，早期摘除被害叶，集中处理。

（2）药剂防治　越冬卵全部孵化而又未造成卷叶时应喷药，药剂种类及浓度：10％吡虫啉 3 000～5 000 倍液，或 50％抗蚜威 2 500 倍液，或 3％啶虫脒 2 500 倍液等。

（3）生物防治　保护利用天敌。

（八）梨黄粉蚜

1. 危害症状　成虫和若虫群集在果实萼洼处侵害繁殖，虫口密度大时，可布满整个果面。受害果萼洼处凹陷，以后变黑腐烂。后期形成龟裂的大黑疤，甚至落果。

2. 形态特征　多型性蚜虫，有干母、普通型、性母、有性型 4 种。干母、普通型、性母均为雌性，孤雌卵生，形态相似。体椭圆形，长约 0.8 mm，全体鲜黄色，有光泽，腹部无腹管及尾片，无翅。有性型体长椭圆形，体型略小，雌蚜 0.47 mm 左右，雄蚜 0.35 mm 左右，体色鲜黄，口器退化。卵椭圆形，孵化为干母的卵长 0.33 mm，淡黄色；孵化为普通型和性母的卵长 0.26～0.30 mm，黄绿色；孵化为有性型的卵，雌卵长 0.4 mm，雄卵长 0.36 mm，黄绿色。若虫淡黄色，形似成虫，仅虫体较小。

3. 发生规律　1 年发生 10 余代，以卵在树皮裂缝或枝干上残附物内越冬。翌年梨树开花时卵孵化，若虫先在翘皮或嫩皮处取食危害，以后转移至果实萼洼处危害，并继续产卵繁殖。梨黄粉蚜喜阴忌光，多在背阴处栖息危害，套袋处理的梨果更易遭受侵害。成虫活动力差，传播途径主要为梨苗输送、转移等方式。高温低湿或低温高湿都对梨黄粉蚜活动不利。不同梨品种受害程度也有差异，无萼片的梨果受害轻于有萼片的梨果。老树受害重于幼树，地势高处的梨果较地势低处的梨果受害轻。

4. 防治方法

（1）人工防治　冬春季彻底刮除老翘树皮及树体残附物，清除越冬卵。

（2）药剂防治　在7～8月危害梨果期，喷施50%抗蚜威2 500倍液，或1.8%阿维菌素3 000～4 000倍液等。

（九）梨星毛虫

1. 危害症状　越冬幼虫出蛰后，蛀食花芽和叶芽，危害叶片时把叶片用丝粘在一起，包成饺子形，幼虫于其中蛀食叶肉。夏季刚孵出的幼虫不包叶，在叶背面食叶肉并呈现许多虫斑。

2. 形态特征　成虫体长9～12 mm，全身灰黑色，翅半透明，翅缘颜色较深。雄蛾触角短羽毛状，雌蛾触角锯齿状。卵扁椭圆形，长0.7 mm，初产乳白色，近孵化时黄褐色。老熟幼虫体长约20 mm，白色，纺锤形，体背两侧各节有黑色斑点两个和白色丛毛。蛹体长约12 mm，纺锤形，初淡黄色，后期黑褐色。

3. 发生规律　幼虫在树干裂缝和粗皮间结白色薄茧越冬，翌年早春萌芽时开始出蛰活动，危害芽、花蕾和嫩叶。展叶后，幼虫吐丝缀叶呈饺子状，潜伏叶苞危害。幼虫一生危害7～8张叶片，老熟后在叶苞内化蛹，蛹期约10 d。成虫白天静伏，晚上交配产卵，卵多产于叶背面，呈不规则块状，卵经7～8 d后孵化为幼虫，长至二至三龄时开始越冬。

4. 防治方法

（1）人工防治　在早春越冬幼虫出蛰前，对老树进行刮树皮，对幼树进行树干周围压土，消灭越冬幼虫。刮下的树皮要集中烧毁。在发生不严重的果园，及时摘除受害叶片及虫苞，或清晨摇动树枝，震落消灭成虫。

（2）药剂防治　梨树花芽膨大期是施药防治梨星毛虫越冬后出

蛰幼虫的适期。可选择喷施 20％虫酰肼悬浮剂 1 500 倍液，或 25％灭幼脲悬浮剂 2 000 倍液，或 20％氰戊菊酯 3 000 倍液，或 2.5％溴氰菊酯 4 000 倍液。防治第一代卵及初孵幼虫，可改用 95％杀螟丹 3 000 倍液。

（十）梨实蜂

1. 危害症状　在梨梢长至 6～7 cm 时，成虫产卵时用锯状产卵器锯伤嫩梢，新梢被锯后萎缩下垂，后干枯脱落。幼虫在残留小枝内蛀食。梨实蜂只危害梨。成虫在花萼上产卵，被害花萼出现 1 个稍鼓起的小黑点，很像蝇粪，剖开后可见 1 个长椭圆形的白色卵。幼虫在花萼基部内环向串食，萼筒脱落之前转害新幼果。

2. 形态特征　成虫体长约 5 mm，为黑褐色小蜂。翅淡黄色，透明。雌虫为褐色，雄虫为黄色。足为黑色，先端为黄色。卵白色，长椭圆形，将孵化时为灰白色，长 0.8～1 mm。幼虫体长 7.5～8.5 mm，老熟时头部橙黄色，尾端背面有 1 块褐色斑纹。蛹为离蛹，长约 4.5 mm，初为白色，以后渐变为黑色。茧黄褐色，形似绿豆。

3. 发生规律　1 年发生 1 代，以老熟幼虫在土中做茧过冬，杏花开时羽化为成虫。羽化后先在杏、李、樱桃上取食花蜜，梨花开时，飞回梨树上危害。幼虫长成后（大约在 5 月）即离开果实落地，钻入土中做茧过夏和过冬。各品种受害程度不同，开花早的品种受害较重。

4. 防治方法

（1）人工防治

① 利用成虫假死性，组织力量清晨在树冠下铺布单，然后震动枝干，使成虫落在布单上并将其集中消灭。在成虫栖息杏、李、樱桃上时，即开始捕捉；等转移到梨花丛间时，仍要在早花品种上继续进行捕捉。

② 若成虫已经产卵，如果卵花率较低，可摘除卵花。如果卵

花多，可实行摘除花萼（或称为摘花帽），但不可行之过晚，若幼虫已钻入果内再用此法则无效。

（2）药剂防治

① 梨实蜂成虫出土前期，即梨树开花前 10~15 d，用 50%辛硫磷乳剂 1 000 倍液，着重喷洒在树冠下范围内。

② 根据成虫发生期短且集中产卵危害的特点，掌握梨花尚未开时（含苞欲放时）梨实蜂成虫由杏花转到梨花上危害的时期，喷施 2.5%联苯菊酯乳剂 3 000 倍液。如果梨实蜂发生很多，应在刚落花后再喷 1 次。为了提高防治效果，要按各品种物候期，分别于初花期用药。

（十一）梨茎蜂

1. 危害症状 梨茎蜂俗称折梢虫、剪枝虫、剪头虫等。分布在中国各梨产区，是梨树主要害虫之一。新梢生长至 6~7 cm 时，成虫产卵，用锯状产卵器将嫩梢 4~5 片叶锯伤，再将伤口下方 3~4 片叶切去，仅留叶柄。新梢被锯后萎缩下垂，干枯脱落。幼虫在残留小枝内蛀食。

2. 形态特征 成虫体长 7~10 mm，体黑色，有光泽。触角丝状，黑色。口器、前胸背板后缘两侧、翅基、后胸两侧、后胸背板后端和足均为黄色。翅透明，翅脉黑褐色。雌虫腹部内有锯状产卵器。幼虫共 8 龄。体长 8~11 mm，头黄褐色。体稍扁平，头胸下弯，尾部上翘，胸足极小，无腹足。蛹全体白色，离蛹，羽化前变黑色，复眼红色。卵长椭圆形，白色、半透明，稍弯曲。

3. 发生规律 管理粗放的梨园发生较重，南方地区 1 年发生 1 代，以老熟幼虫在被害枝内越冬。3 月底到 4 月初成虫开始由被害枝飞出，在晴朗天气 10—13 时活跃，飞翔、交尾和产卵。低温阴雨天和早晚在叶背静伏不动。4 月上旬产卵，卵于 5 月上旬开始孵化，6 月中旬孵化结束。幼虫 6 月下旬全部蛀入老枝，8 月上旬全部在老枝内休眠，翌年 1 月上旬开始化蛹，3 月下旬结束。

4. 防治方法

（1）人工防治　成虫产卵结束后，及时剪除被害新梢，只要在断口下 3～4 cm 处剪除，就能将卵全部消除。此法对幼树效果很好。梨树落花期，成虫喜聚集，易于发现，可在早晚或阴天成虫不活动时震落捕杀。

（2）药剂防治　在成虫发生高峰期新梢长至 5～6 cm 时，喷 90％敌百虫 1 000 倍液等。喷药时间以中午前后最好，在 2 d 内喷完。

（十二）刺蛾

1. 危害症状　幼虫食叶。低龄啃食叶肉，稍大食成缺刻和孔洞，严重时食成光杆。

2. 形态特征　成虫体长 13～18 mm，翅展 28～39 mm，体暗灰褐色，腹面及足色深；触角雌蛾丝状，基部 10 多节呈栉齿状，雄蛾羽状。前翅灰褐稍带紫色，中室外侧有 1 道明显的暗褐色斜纹，自前缘近顶角处向后缘中部倾斜；中室上角有 1 个黑点，雄蛾较明显。后翅暗灰褐色。卵扁椭圆形，长 1.1 mm，初淡黄绿色，后呈灰褐色。幼虫体长 21～26 mm，体扁椭圆形，背稍隆似龟背，绿色或黄绿色，背线白色、边缘蓝色；体边缘每侧有 10 个瘤状突起，上生刺毛，各节背面有 2 小丛刺毛，第四节背面两侧各有 1 个红点。蛹体长 10～15 mm，前端较肥大，近椭圆形，初乳白色，近羽化时变为黄褐色。茧长 12～16 mm，椭圆形，暗褐色。

3. 发生规律　长江下游地区每年发生 2 代，少数发生 3 代。4月中旬开始化蛹，5 月中旬至 6 月上旬羽化。第一代幼虫发生期为 5 月下旬至 7 月中旬。第二代幼虫发生期为 7 月下旬至 9 月中旬。第三代幼虫发生期为 9 月上旬至 10 月。以末代老熟幼虫在树下 3～6 cm 土层内结茧越冬。成虫多在黄昏羽化出土，昼伏夜出，羽化后即可交配，2 d 后产卵，多散产于叶面上。卵期 7 d 左右。幼虫共 8 龄，六龄起可食全叶，老熟后多夜间下树入土结茧。

4. 防治方法

（1）人工防治　挖除树基四周土壤中的虫茧，减少虫源。

（2）药剂防治　幼虫盛发期喷洒 50％辛硫磷乳油 1 000 倍液，或 50％马拉硫磷乳油 1 000 倍液，或 25％亚胺硫磷乳油 1 000 倍液，或 25％喹硫磷乳油 1 500 倍液，或 5％ S-氰戊菊酯乳油 3 000 倍液。

第四节　主要品种介绍

梨树是上海地区的主要果树，栽培历史悠久，据记载，1750 年上海地区就有梨树栽培。上海市 1951 年引进日本砂梨，1958 年开始大规模商业化栽培，栽培品种有八云、菊水、太白、今村秋、晚三吉、明月、江岛等。20 世纪 60 年代初这些品种得到广泛栽培，上海蜜梨和上海晚梨畅销港澳市场。1965—1968 年上海市梨树面积超过 800 hm²，其中二十世纪梨面积占 20％，它是当时最受欢迎的品种，成为上海蜜梨的代表。良好的销路也促成了品种引进热潮，当时从各地引进 100 多个品种，包括河北鸭梨、黄县长把梨、京白梨，以及巴梨、茄梨等洋梨品种。1967 年引进"三水梨"，其中幸水、丰水在生产中表现较好。在生产上，大多数品种因不适应上海地区的气候而被淘汰，仅被上海市农业科学院等少数科研单位保留。

20 世纪 70 年代初，二十世纪、太白、博多青普遍感染黑斑病，日益严重，到 1973 年全部进行高接换种。以晚熟褐皮梨今村秋、晚三吉代替。上海市科研单位积极从国内外引进新世纪、早酥等抗病品种并进行推广。这次病害也促使上海市的科研单位开始开展品种选育研究。此时，上海蜜梨的代表品种以新世纪替代了二十世纪。明月、江岛等品种开始被淘汰。1979—1982 年，上海地区梨栽培面积发展到 1 300 hm² 以上，产量超过 20 000 t，梨跃居上海市生产果品的第一位。此后随国内梨发展迅速，上海市梨果市场价格低迷，同其他果树品种比较，梨栽培效益较差，栽培面积持续下滑。到 1997 年，梨树总面积超过 770 hm^2，占整个上海市果树总面积的 6.22%，梨树种植面积处于历史的最低谷。20 世纪 90 年代的品种有新世纪、长寿、黄花、秋蜜、秋水、早生新水、翠冠和八云等，松江、奉贤、浦东成为重点梨产区。到 21 世纪初，翠冠、早生新水等优质梨成为上海市主要品种，梨树发展逐步回暖，2012 年总面积超过 1 933 hm^2，总产量 3.7 万 t，单产 19.2 t/hm^2（2012 年，上海市统计数据），高于世界平均（13～14 t/hm^2）的生产水平。

现将适宜上海地区栽种的品种介绍如下。

1. 翠冠　浙江省农业科学院育成品种，翠冠梨是由幸水×（杭青×新世纪）杂交选育而成。果实近圆形（图 4 - 19），平均单果重 230 g，可溶性固形物含量 12%，树势强健，结果早，果肉细嫩松脆，品质上等，坐果率高，产量高且稳产，是一个优良的早熟砂梨品种。

1995 年引入上海市，成熟早，树势强，抗病性好，丰产。绿皮，大果型，果实重 200～250 g，肉质松脆，味甜，品质好，盛花期在 4 月上中旬，上海地区成熟期 7 月底至 8 月初，比新世纪（8 月 5 日到 10 日采收）早采 5～7 d。小树光照好，产量低，采收期较早，为 7 月下旬。

图 4 - 19　翠冠果实

2. 早生新水　上海市农业科学院育成，为新水的实生后代。果实扁圆形，圆整（图 4 - 20），果皮浅黄褐色，平均单果重为 140～217 g，优质栽培的条件下，平均单果重可达到 230 g，最大果重 400 g 以上。上海地区盛花期在 4 月初，开始采收期为 7 月 15～30 日。落叶在 11 月底至 12 月初，为早熟梨。果肉质地细嫩而脆，几乎无石细胞，汁液极其丰富，甜度适宜，可溶性固形物含量 12%～14%，品质极优。与其母本新水相比较，叶厚、颜色深，树体健壮，抗病力强，成熟更早，每 667 m² 产量可以达到 1 000～1 500 kg。由于该品种成熟早、品质优，深受上海市民的欢迎。

图 4 - 20 早生新水果实

3. 圆黄 该品种树势较强，树姿半开张，易形成短果枝和腋花芽，每个花序 7～9 朵花。叶片宽椭圆形、浅绿色且有明亮的光泽，叶面向叶背反卷。一年生枝条黄褐色，皮孔大而密集；枝条粗壮，果点小而密集。果实圆形（图 4 - 21），平均单果重 560 g，最大单果重可达 1 000 g。可溶性固形物含量 16%～17%。果皮薄，果皮底色深褐色，套袋之后变为浅褐色；果肉乳白色，石细胞少，果汁多，品质上。上海地区果实成熟期为 8 月中旬。丰产、果实品质极佳，树势较弱。

图 4 - 21 圆黄果实

4. 丰水 亲本为（菊水×八云）×八云，1972 年日本农林水产省果树试验场育成。果实近圆形（图 4 - 22），平均单果重 250 g，果皮黄褐色，果肉细，多汁，品质上，果实含糖量 13%～15%。树势强健，抗黑斑病。果实 8 月底到 9 月上旬成熟，生育期 145～150 d。

5. 新世纪 日本品种（二十世纪×长十郎）。在浙江、上海、湖南、湖北、河南等地有栽培且表现良好。树势中等，树姿半开张，早果丰产。果实近圆形（图4-23），中大，平均单果重150 g左右。表皮绿色，贮后变为黄色。果肉乳白色，肉质细脆，多汁，果心中大，味微香，可溶性固形物含量12.1%，品质上。上海地区8月上中旬成熟。

图4-22　丰水果实

图4-23　新世纪果实

6. 雪青梨　亲本为雪花×新世纪，1990年浙江农业大学园艺系培育的品种。该品种生长势较强，萌芽率和成枝率高。腋花芽多，以短果枝结果为主。果实圆形（图4-24），平均单果重230 g，果皮黄绿色，果点大、分布均匀，肉质细脆，汁多味甜，品质上等，可溶性固形物含量12%，为晚熟优质梨品种。在上海地区盛

图4-24　雪青梨果实

花期3月下旬至4月初，果实成熟期为8月下旬。其授粉品种主要为黄花、脆绿。

7. 翠玉（518） 翠玉梨原代号为518梨，是浙江省农业科学院园艺科学研究所育成的早熟梨品种，亲本为西子绿×翠冠，该品种树势强健，花芽极易形成，以中、短果枝结果为主，结果性能好。果实圆形，果形端正（图4-25），平均单果重200 g左右。果皮浅绿色，果锈少，果点极小，

图4-25 翠玉（518）果实

果肉白色，肉质细嫩，汁多，口感脆甜，石细胞少，果心极小，可溶性固形物含量11.5%左右。

8. 清香 亲本为新世纪×三花，该品种树势较弱，树姿开张。萌芽率和成枝力中等。以短果枝结果为主，易形成腋花芽，丰产、稳产。果实长圆形（图4-26），平均单果重400 g，果皮褐色，果心特小，肉质白色、紧密，汁多、味甜，可溶性固形物含量13%左右，为中熟梨，果实成熟期为8月中下旬。

图4-26 清香果实

9. 黄花 亲本为黄蜜×三花，是浙江农业大学园艺系选育的品种。树势较强，发枝力强，萌芽率高，早果。果实近圆形（图4-27），平均单果重216 g。果皮黄褐色，果面平滑。果肉白色，肉质细嫩，汁液多，味甜，可溶性固形物含量11.7%，最高可达13.5%。果实成熟期为8月中旬。

图 4-27　黄花果实

图 4-28　新高果实

10. 新高　亲本为天之川×今村秋，是日本神奈川农业试验场菊池秋雄 1915 年育成的品种。树势较强，枝条粗壮，较直立，萌芽力高，成枝力稍弱，易形成短果枝。以短果枝结果为主。坐果率中等，较丰产。花粉少，需配置授粉树。果实近圆形（图 4-28），果个大，平均单果重 450～500 g，最大果重 1 000 g。果皮褐色，果面较光滑。果肉乳白色，肉质中粗、脆，石细胞较少，多汁，无残渣，味甜，可溶性固形物含量 13.0%～14.5%。果实成熟期为 8 月底至 9 月初。

11. 黄金　该品种树势较强，树姿半开张，易形成短果枝和腋花芽，每个花序 7～9 朵花。叶片宽椭圆形、深绿色，叶缘锯齿较大，叶脉清晰。一年生枝条红褐色，皮孔大而密集。枝条粗壮，一年生枝条粗度可达 1～2 cm。果点小而密集。果实圆形（图 4-29），平均单果重 240 g；可溶性固形物含量 13%～14%，果皮底

图 4-29　黄金果实

色黄绿色；果肉乳白色，质地致密、较硬，石细胞少，品质上。上海地区果实成熟期为 8 月中旬。此品种无花粉，不能作为其他品种

的授粉树。

12. 菊水　亲本为太白×二十世纪，原产日本。我国南方各省（自治区、直辖市）都有栽培。树势中等，丰产。果不正，扁圆形（图4-30），中等大小，平均单果重150～200 g，果面黄绿色。果肉白色，肉质细脆，味甜汁多，含可溶性固形物12％左右，品质上等。在上海8月上中旬成熟，不耐贮藏。本品种要求肥

图4-30　菊水果实

水条件高，不耐瘠，不抗寒。在上海地区有冻花芽现象。有一定的自花授粉能力。

13. 幸水　亲本为菊水×早生幸藏，1959年日本农林水产省果树试验场育成，果实扁圆形（图4-31），平均单果重200 g。果皮黄褐色，肉质细，多汁，品质上，果实含糖量12％～13％，抗黑斑病能力较强。在上海地区果实8月中旬成熟，生育期122～129 d。

图4-31　幸水果实

14. 爱甘水　日本引进，为长寿和多摩的杂交后代，果实扁圆形（图4-32），果皮褐色，平均单果重200 g左右，同长寿相比，成熟同期，品质较好，生长势较弱。

15. 秋荣　日本品种，丰水和澳嘎二十世纪杂交育成的中熟品种，果实近圆形（图4-33），平均单果重305 g，果面赤褐色，果点多，套袋后果实淡黄色，果点变小。果肉黄白色，果心中大，肉

质细嫩，石细胞少，果汁酸甜爽口，风味浓，可溶性固形物含量14.2%～15.2%。在上海地区果实成熟期为8月中下旬。

图4-32 爱甘水果实

图4-33 秋荣果实

第五章

柑 橘

20 世纪 60 年代初至 2014 年，全球柑橘总产量从 2 505.52 万 t 增加到 12 369.45 万 t，从占世界水果总产量的 14.31% 增加至 20.30%。无论从发展速度还是总产量上看，柑橘已经位居各类水果的首位。在我国，柑橘具有较为悠久的栽培历史，而且资源丰富、良种繁多，是南方栽培面积最广、经济地位最为重要的果树。随着近几十年来的发展，中国柑橘无论是种植面积还是总产量都得到了快速发展，是五大水果（苹果、柑橘、梨、葡萄和香蕉）中仅次于苹果的水果，也是人们日常生活中不可缺少的水果。据《中国统计年鉴》的数据，自 1978 年起，柑橘在水果中的比重逐步加大，1978 年中国柑橘的产量为 38.27 万 t，低于苹果产量的 2 227.52 万 t 和梨的 151.70 万 t，居水果第三位，仅占水果总产量的 5.83%；随着柑橘产业的快速发展，到 1990 年柑橘产量达到 485.49 万 t，超越苹果成为第一大水果，占水果总产量的 25.90%；1991 年，柑橘产量达到最高，占水果总产量的 29.10%；此后，柑橘产量再次被苹果超越，并一直处于第二位。

据统计，2013 年上海市柑橘生产面积为 6 536.6 hm^2，主要集中分布在崇明县。崇明县柑橘栽培面积为 5 669.5 hm^2，占柑橘总面积的 86.7%，浦东新区柑橘面积为 607.0 hm^2，占总面积的 9.3%，其余区（县）柑橘面积最大的为奉贤区，仅为 98.2 hm^2。上海地区处于柑橘种植的最北缘地带，柑橘品种结构单一，90% 以上为早熟温州蜜柑，主栽品种是宫川，面积为 5 402.7 hm^2，占柑橘总面积的 82.7%，成熟期和上市期非常集中，销售压力大，常出现销售难的问题，整个产业水平较低。

第一节　基础知识

一、柑橘的主要种类

柑橘属芸香科植物，种类繁多，目前生产上应用的主要涉及 3 个属，即柑橘属（*Citrus*）、金柑属（*Fortunella*）和枳属（*Poncirus*）。大部分柑橘栽培种类和品种都属于柑橘属；金柑属的果实最小，果皮光滑透亮，成熟后呈金黄色或橙红色；枳属主要用作砧木，其果小、味酸苦，不宜食用，干制后可供药用。

长期以来，柑橘属内种的划分比较混乱，目前，普遍认为柑橘属包括 3 个基本种，即枸橼、柚以及橘。橙是柚和橘的天然杂交种，从起源上看，橙和橘杂交产生了柑，柚和橙杂交产生了葡萄柚，而柠檬可能来源于枸橼和橙的杂交。

在我国，人们一般将俗称的柑橘分为 6 种类型，主要包括橘、柑、橙、柚、柠檬/莱檬和金柑。橘和柑均易剥皮，比较难区分，因此，国际上将它们统称为宽皮柑橘。此外，不同柑橘类型，其特性也不尽相同。我国民间将柑橘分为"上火"和"不上火"两大类型，巧合的是，容易剥皮的种类即宽皮柑橘全是"上火"的，而紧皮柑橘则是"不上火"的。

具有经济栽培价值的柑橘主要包括枳、金柑和柑橘这三个属的一些品种，其中尤以柑橘属中的甜橙、宽皮柑橘、柚以及柠檬等最具经济重要性。柑橘的主要栽培品种包括以下几种。

1. 甜橙类　甜橙按品种特性可分为普通甜橙类、脐橙类和血橙类。普通甜橙类主要有锦橙、柳橙、改良橙、大红甜橙、雪柑、冰糖橙、哈姆林甜橙、伏令夏橙等品种；脐橙类主要有纽荷尔脐橙、罗伯逊脐橙、福本脐橙等品种；血橙类主要有塔罗科血橙等品种。

2. 宽皮柑橘类　宽皮柑橘是世界上最古老的食用栽培柑橘品种类群。宽皮柑橘品种繁杂，栽培品种很多，主要类型有温州蜜柑、椪柑、砂糖橘、南丰蜜橘、本地早等。温州蜜柑类按成熟期又可以分为特早熟、早熟、中熟品种系列，特早熟品系主要包括宫本、日南一号、国庆一号、大分 4 号等品种；早熟品系主要包括宫川、兴津等品种；中熟品系主要包括尾张等品种。椪柑类主产福建、广东、台湾等地，主要包括太田椪柑、岩溪晚柑等品种。而南丰蜜橘、砂糖橘、本地早、贡柑等均属地方优良柑橘品种。

3. 其他　除了以上几大种类，还有一种宽皮柑橘种内杂交或橘、橙类杂交的柑橘新品种，我们称其为杂柑类，包括不知火、清见、默科特、天草、爱媛 38 号等。

二、柑橘的植物学形态

上海地区主栽的几个柑橘品种为常绿小乔木，高 2～4 m。小枝较细弱，无毛。叶长卵状披针形，长 4～8 cm。花黄白色，单生或簇生叶腋。果扁球形，横径 5～8 cm，橙黄色或橙红色，果皮薄、易剥离。春季开花，10～12 月成熟。

栽培柑橘大多采用实生苗作砧木，根系由主根、侧根、须根及须根端着生的极短的根毛构成。柑橘芽为裸芽，无鳞片，只有苞片。因枝梢生长有"自剪"的习性，故无顶芽，只有侧芽。柑橘芽是复芽，着生在叶腋中的芽称为腋芽，一个叶腋内可着生 2～4 个芽。柑橘一年能发多次芽，芽分叶芽和花芽。柑橘的花是混合花，萌发后具有枝、叶和花等器官，花有单花和花序两种：红橘、温州蜜柑等的花为单花，甜橙、柠檬、葡萄柚等除单花外还有花序，柚的花以花序为主。柑橘通常需受粉和受精后才结果，但温州蜜柑、脐橙等不受精也能结果，此为单性结果，也称为单性结实。

柑橘树从谢花后子房膨大起到果实充分长大止，称为果实生长发育期。这一时期有两次生理落果：带果梗脱落的称为第一次生理落果；从蜜盘处脱落的称为第二次生理落果。第二次生理落果停止到采前的落果均称为采前落果。

三、柑橘的年生长周期

柑橘在一年中随着四季的变化相应地进行根系生长、萌芽、枝梢生长、开花坐果、果实发育、花芽分化和落叶休眠等生命活动，这些生命活动所处的各个时期称为物候期。以上海主栽的柑橘品种为例，主要有以下物候期。

1. 根系生长期 根系在一年中主要有 3 次生长高峰，通常的情况为：发春梢前根系开始萌动，春梢转绿后根群生长开始活跃，至夏梢发生前达到第一次生长高峰；随着夏梢大量萌发，在夏梢转绿并停止生长后，根系出现第二次生长高峰；第三次生长高峰则在秋梢转绿、老熟后发生，发根量较多。

2. 枝梢生长期 叶芽萌发以后，顶端分生组织的细胞分裂，雏梢开始伸长，自基部向上，各节叶片逐步展开，新梢逐渐形成，而后增粗。枝梢生长通常分为春梢、夏梢和秋梢。春梢生长期一般在 4 月上旬至 5 月下旬；夏梢生长期一般在 6 月下旬至 7 月下旬；秋梢生长期一般在 7 月下旬至 9 月中下旬。

3. 抽蕾开花期 柑橘的花期较长，可分为现蕾期、开花期。开花期是指植株从有极少数的花开放至全株所有的花完全凋落为止。一般分为初花期（5%~25%的花开放）、盛花期（25%~75%的花已开放）、末花期（75%以上的花已开放）和终花期（花冠全部凋谢）。上海地区柑橘一般在 5 月初开花。从能辨认出花芽起，花蕾由淡绿色至开花前称为现蕾期；从花瓣开放、能见雌蕊和雄蕊起至谢花称为开花期。上海地区花期多数集中在 5 月初至 5 月中下旬。开花需要大量营养，如果树体贮藏养分充足，花器发育健全，树势壮旺，则开花整齐，花期长，坐果率高；反之，则花的质量差，花期短，坐果率低。

4. 生理落果期 柑橘第一次生理落花、落果一般在 5 月下旬至 6 月上旬；第二次生理落果发生在 6 月中旬后期至 6 月下旬。

5. 果实生长发育期　从谢花后果实子房开始膨大到果实成熟称为果实生长发育期。根据细胞的变化，果实发育过程可分为细胞分裂期、细胞增大前期、细胞增大后期及成熟期。细胞分裂期实际上是细胞数量的增加，主要是果皮和砂囊的细胞不断反复分裂，使果体增大。果实膨大期从 6 月上中旬生理落果完毕开始。7 月下旬至 8 月上旬进入第二次膨大高峰，随着砂囊迅速增大，进入第三次膨大高峰后果实基本定型，果实质量增加。进入果实成熟期，果实组织发育基本完善，糖、氨基酸、蛋白质等固形物含量迅速增加，酸含量下降，果皮叶绿素逐渐分解，胡萝卜素合成增多，果皮逐渐着色；果汁增加，果肉、果汁着色；种子硬化。

四、柑橘生产适宜的生态条件

柑橘生长的生态条件主要包括温度、光照和水分等。适宜柑橘生长的年平均温度在 16～22 ℃，绝对最低气温≥−7 ℃，1 月平均气温≥4 ℃，≥10 ℃的积温 5 000 ℃以上；年日照 1 200～2 200 h，光补偿点为 35 000～40 000 lx；年均降水量 1 000～2 000 mm，空气相对湿度 75％～82％，土壤相对湿度 60％～80％。

第二节　实用栽培技术

一、建园与定植

(一)园地选择

由于上海市范围内各区（县）的气候、空气、地形等条件都基本一致，因此在上海地区柑橘园选择和规划时，主要考虑土壤、水源和水质、交通、风力和风向、当地的产业规划等因素。

1. 土壤　上海地区土壤虽总体能满足柑橘生长需求，但为使柑橘品质更为优良，柑橘园选址时应选择土壤质地良好、疏松肥沃、土层深厚（≥60 cm）、地下水位小于 0.8 m、有机质含量 1.5 g/kg 以上、pH 5.5～7.0 的成片土地，并避开被砷、铅、汞、铬、镉等重金属污染的土地。

2. 水源和水质 上海地区年降水、土壤湿度都适宜柑橘的生长，因此在柑橘园选址时，主要考虑灌溉水的盐分以及受污染情况。柑橘属于不耐盐植物，对灌溉水的盐分比较敏感，因此，最好避免在近海区规划柑橘园。柑橘对硼、锂、氯等离子敏感，一般要求灌溉水中的硼离子含量不超过 0.5 mg/kg，锂离子含量不超过 0.1 mg/kg，氯离子含量不超过 150 mg/kg。

3. 交通 果园选址时，应尽量选在交通方便、道路质量较好的地方。

4. 风力和风向 微风和小风有利于柑橘园内的空气流动，既可减少冬季和早春的霜冻，也可以减少夏秋季高温对柑橘的伤害，增强蒸腾作用，促进根系的吸收和输导，降低园区湿度，减少病虫害的发生。但大风会加剧土壤水分蒸发，加重夏季干旱和冬季冻害，并擦伤果实和枝叶，增加病虫害，甚至吹断枝干，吹落果实。因此，柑橘园不适宜建在风口地带。

5. 当地的产业规划 柑橘从种植到投产至少需要 3 年，进入盛产期一般需要 7～8 年，因此，新建柑橘园的选址应确保 15 年内不改作其他用途。

（二）果园规划

根据所处生态、交通条件与社会需求做出规划，修筑必要的道路、排灌和蓄水设施、附属建筑等，营造防风林。防风林应选择与柑橘没有共性病虫害的速生植物。上海地区栽植行向建议采用南北向，按东西长、南北窄规划设计小区，开深沟排盐。

（三）品种选择

上海地区柑橘园建园时，应选择优质高效生产的优良品种和抗病性、抗逆性较强的品种，如抗溃疡病的温州蜜柑，适宜发展具有一定栽培价值的椪柑、本地早、满头红等品种。

在选择砧木时，适宜于以上几个品种的砧木有：枳、枳橙、香橙、枸头橙、红橘、朱橘、酸柚、酸橘等。由于上海地区盐碱土居多，宜选用枸头橙、香橙等，已感染裂皮病和碎叶病的品种（系）不能用枳和枳橙作砧木。

接穗母树必须为品种纯正的优质高产树，且无病虫害，从外地引进接穗除必须品种纯正外，还必须经植物检疫部门检验，取得"植物检疫证书"后方能引进。所采接穗应在树冠外围中上部选取充分成熟、健壮的一年生营养枝，每个接穗应具备 3 个以上有效的饱满芽。

（四）育苗

柑橘的繁殖方法可以分实生繁殖、嫁接繁殖和组织培养繁殖等。实生繁殖周期较长、投产晚，较少用于商品化品种生产，主要用于砧木的繁殖；嫁接繁殖可以利用最新、最优、无病毒柑橘良种接穗，配套亲和力强、根系发达、抗性强的砧木，嫁接后使之发育成优良的苗木，有利于实现良种商品化大规模生产；组织培养繁殖是新兴的微繁殖技术，操作程序复杂、成本较高，是繁殖无病毒苗木接穗最有效的技术之一，后期可通过微芽嫁接进入常规苗木繁殖的程序之中。

1. 砧木 柑橘常用的砧木有枳、红橘、枸头橙、酸橘、香橙、酸柚、枳橙等。砧木的选择对接穗的生长至关重要，好的砧木，可以调控营养生长、调节开花结果时间、影响果实的产量和品质、提高柑橘树的栽培适应性。以温州蜜柑来说，用枳作砧木，可以矮化树冠、提前结果、增大果型、提早成熟、增糖降酸、提高抗性，因此，枳砧在温州蜜柑的生产中使用最为常见。

2. 接穗 柑橘芽变较多，在挑选时应选优、保纯、去劣，从无检疫病虫、生长正常的成年果园中，选连续多年丰产优质的单株作优良母树。在树冠外围中上部剪取生长充实健壮、芽眼饱满、梢面平整、叶片完整浓绿且有光泽、无病虫害的优良结果母枝作接穗，也可在经选种繁育的嫁接苗或幼树上剪取。接穗需在枝条充分成熟、新梢未萌发时剪取。一般随接随采，在晴天上午露水干后剪取，遇降水应在晴后 2～3 d 再采，如必须在雨天采取，应先晾干再包装贮藏。接穗剪下后应立即除去叶片（芽接要留叶柄），50～100 条为一束，用湿布包好并标明品种名，以备嫁接。

3. 嫁接　柑橘生产上，嫁接主要集中在春季和秋季进行，春季以枝接（切接）为主，秋季以芽接为主。

常用切接的方法为单芽切接（图 5-1），用柑橘的一段仅带一芽的枝作接穗，在芽一侧宽大的平面切削至形成层，与砧木切口相对应大小，若二者结合后接触面大，则成活率高，发芽快，苗木生长健壮。

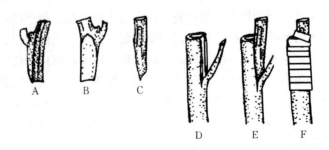

图 5-1　柑橘切接示意图
A. 接穗正面　B. 接穗切削面　C. 接穗侧面
D. 砧木切口　E. 砧木＋接穗　F. 绑缚

芽接常用芽片腹接法（图 5-2）。芽接操作简单，只要平均温度在 10 ℃以上，有接穗时即可进行。此法对砧木损伤小，因此可多次补接，可用于在大树主枝、侧枝上高接换种。芽接时，砧木宜粗壮，接穗从幼树或嫁接苗中选上一季成熟的充实、具有一定粗度的新梢，削芽与丁字芽相似，但芽片上尖、下平，为倒 T 形，带较多木质部。接后砧木上部继续存留，至确定接芽成活（新芽转绿）后解除薄膜时，方可剪去。

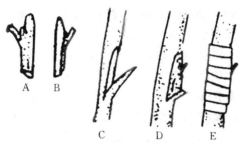

图 5 - 2 柑橘嵌芽接示意图

A. 芽片正面 B. 芽片切削面 C. 砧木开口 D. 芽片镶嵌于砧木上 E. 绑缚

（五）柑橘的定植

1. 土壤改良 上海地区土壤偏碱性，因此在定植时，应开深沟排盐，以利于柑橘后续生长。按东西长、南北窄划分小区，每个小区 1.5～2.0 hm²，小区围沟深 1.3 m、宽 1.5 m，每两行树开深沟排盐，深 0.5～0.8 m、宽 0.3～0.5 m，间距 7～8 m，两行树间开沟 0.3～0.4 m，做到沟沟相通。

2. 栽植时间 一般在 9～10 月秋梢老熟或 2～3 月春梢萌芽前栽植。冬季有冻害的地方宜在春季栽植。容器苗或带土移栽一般不受季节限制。

定植密度：以每 667 m² 栽植的永久植株数计，常规种植模式下，宽皮柑橘一般以 63 株为宜，株行距 3 m×3.5 m。考虑到以后的机械化操作，株行距应采用 3 m×5 m 或 4 m×5 m，以利于机械化操作。

3. 栽植技术 在栽植前，要对苗木进行一次全面的检查。检查内容包括品种的纯度、砧木种类、生长状况、病虫害、伤害等情况。剔除弯根苗、杂苗、劣苗、病苗、弱苗和伤苗，裸根苗要剪除或抹除还没有老熟的嫩梢。有病虫害的苗木要用药剂处理。如果发现苗木有溃疡病、黄龙病等危险性病虫害，应停止栽植并立即报告当地植物检疫部门，等候处理。

栽植裸根苗时，栽植方法对苗木成活率有很大的影响，特别是经过长途运输和根系损伤多的裸根苗，栽植方法至关重要。为了提高裸根苗的栽植成活率，栽植前要对苗木进行剪枝、修根和打泥浆。剪枝是剪除病虫枝和多余的弱枝、小枝和嫩枝，对太长的健壮枝也要适度短截，去掉一部分叶子，减少栽植后的水分蒸腾。修根是短截过长的主根和大根，剪掉伤病根，保留健康根系。视苗木大小，主根一般只留 20～30 cm，过长部分可以剪掉，这样有利于侧根的生长。挖苗时弄伤的根要剪平伤口，以促进新根的生长。打泥浆是用黏性强的黄壤土、红壤土等配成泥浆，必要时可在泥浆中加入杀菌剂和生根粉，将苗木根系在泥浆中蘸一下，使根周围沾上泥浆。泥浆的黏稠度以根能粘上泥浆但不形成泥壳为宜。

栽植时，先在栽植点挖栽植穴，栽植穴的深度和宽度要超过柑橘根系长度和宽度，弄碎栽植穴周围泥土并填入部分细碎肥土，将柑橘苗放入栽植穴中扶正（采用方格网栽植的要用定植板归位），根系均匀地伸向四方，避免弯根、打结，填入干湿适度的肥沃细土。填土到 1/2～2/3 时，用手抓住主干轻轻向上提动几次，使根系伸展，然后踩实，再填土和踩实，直到全填满。填完土后根颈要露出地面，在苗周围筑直径 0.7～1 m 的树盘，灌足定根水，水渗干后再覆一层松土。在多风地区，苗木栽植后应在旁边插一根支柱，用绳或稻草等将苗木扶正并固定在支柱上。

容器苗栽植时，因容器苗（包括裸根苗用营养袋或竹篓假植一段时间后的带土移栽苗）带有土团，所以成活率高，并且缓苗期短或没有缓苗期。在栽植前，要从容器中取出柑橘苗，去掉与营养袋接触的营养土，使靠近容器的弯曲根系末端伸展开来。栽植方法与裸根苗基本相同，但填土时不需要提苗，注意填土后使回填土与容器苗所带的营养土结合紧密，踏实，不留空隙。然后筑树盘，灌足定根水，立支柱扶正和固定树苗。

4. 栽后保苗 苗木栽植后要及时灌水，保证根部湿润。天气干燥时要增加灌水次数，避免干旱死苗。如果在高温强日照时栽植，还要在树苗旁边插树枝遮阳或用遮阳网等遮阳，以减少高温和强日照伤害。在温度 25 ℃以上时，10～15 d 后可检查成活率，发现死树要及时补栽。成活后可逐渐减少浇水次数，但在成活初期，因新根还没有长出来或生长量比较小，根系还不发达，对干旱比较敏感，仍需要注意防旱保苗。如果有条件，最好在栽苗后，在树苗周围的地面铺上一层 10 cm 左右的稻草等覆盖物，以减少土壤水分蒸发和减少土壤温度波动。

苗木成活后开始浇施稀薄液肥，最好是腐熟的稀人畜粪水肥、饼肥液，也可浇施 0.3%～0.5% 尿素、复合肥或磷酸二氢钾等化肥，每月浇施 1～3 次。3～6 个月后可在根系周围挖穴埋入腐熟的人畜粪肥、饼肥等农家肥料。

二、整形修剪

（一）整形

以上海地区主栽的几个柑橘品种来说，成年柑橘树高 2～4 m，自然生长状态下树冠形态主要有主干形、变则主干形、纺锤形、开心形和自然开心形等，经人为修剪后，一般树冠呈自然开心形，如图 5-3 所示。

对自然开心形模式树形的解读，可以概括为以下几点：

橘树树体高度控制在 3 m 以下；橘树有一定高度的主干，或叶片绿色层离地面有一定的高度，一般不低于 30 cm，以 50～60 cm 为宜；树体中上部没有直立的中央干，呈相对开张姿势，构成树干骨架的主枝一般 3～4

图 5-3 自然开心形

个，俯视应分布均匀，平分 360°，主枝以 40°～60° 的平视角度（相对于中轴线）向上延伸，其上着生的侧枝与中轴直线的夹角要大于主枝；每个主枝上有侧枝 2～4 个，分布于主枝的两侧，各侧枝间应保持合理的距离，第一侧枝与主干的距离 50～60 cm，第一侧枝与第二侧枝的距离 40～60 cm。

　要想得到理想的树形，一般需经过 5～6 年或更长时间的整形过程。以目前市场上苗木的质量，定干和分枝的高度大都难以一次性达到要求，其绿色枝叶应尽可能保留。对幼苗（树）的整形任务是迅速扩大树冠，将下部的枝叶作为临时性的辅养枝看待，辅养枝太强旺时可弯枝削弱或疏除，待植株长到 1～1.5 m 后，再在合适的高度选择角度、方位和长势较好的枝梢作为主枝培养，在枝梢的 1/3～1/2 处短截促其分枝，对其他与之类似的妨碍其生长的枝梢进行弯枝削弱长势，也可直接疏除，依此逐年在主枝上选择培养侧枝。随着树冠的扩大长高，主枝以下的辅养枝逐年疏除。

　在柑橘树树体整形的几年中，会有相当数量的枝梢陆续结果，其结果部位应主要在辅养枝和其他非主枝的枝梢上，作为主枝、侧枝培养的延长枝的中上部位应不结果，让其引领树冠扩大。幼树的徒长强旺枝不应轻易疏除，将其缓放或弯枝可使其转化为主侧枝或结果枝组。

（二）修剪

　修剪是柑橘栽培中的一项重要管理措施，随着研究的深入，修剪模式不断发展，并逐步朝着省力化修剪的方向进行改进。

　在修剪时，要根据生物学特性，依品种、砧木、树龄、树势和结果量的不同采取不同的修剪方法；要有利于光源的充分利用，形成立体结果的树形。整形后的树体力求主枝少、枝组和小枝多，即大枝清爽，小枝满膛，嫁接树修剪上重下轻、外重内轻，以利通风透光；要根据产量调节修剪的轻重，大年树适当重剪，小年树宜轻剪，稳产树中剪，弱树重剪，强树轻剪。在修剪中还要根据树形的特点灵活运用疏删、回缩和短截，幼树期结合摘心和抹芽放梢。从修剪时间上来说，修剪分春季修剪和夏季修剪，上海地区主栽的柑橘品种的修剪应以早春修剪为主。

　1. 初生树的修剪　初结果树肩负结果和扩冠双重任务，修剪中应以三大主枝的伸展为主线，在各主枝上选留两边的副主枝着生，剪掉不合适的枝梢，在副主枝上选留 1～2 个侧枝，培养不同的枝组，维持树冠的扩展。由于早熟温州蜜柑芽的萌发性和丛生性强，主枝上常有内侧枝和背上枝抽生，影响主枝的正常生长，应剪除；同时疏剪横向枝、交叉枝和徒长枝；密生枝梢疏密留稀，短截长梢，疏剪丛状结果母枝，防止枝条因挂果量过大而形成下垂弯枝。初生树修剪中应尽量利用中下部的枝梢和裙枝结果，使顶部和外围枝条的营养生长得以持续，扩大树冠。

初生树应在花蕾期复剪一次，花蕾多的剪掉无叶花枝以减少花量，花量少的适当疏剪春梢，并对长梢摘心以提高坐果率。

2. 成年稳产树的修剪　有关资料表明，柑橘树叶片的修剪量应以 20% 左右为宜，大年树为防止挂果量过大，修剪量可提高到 30%，而小年树要轻剪，修剪量以 10%～15% 为宜。另外，修剪中还必须注意以下几点：

（1）看树修剪　修剪时先剪去阻挡树体内部光路的粗枝，减少重复修剪，然后在不同部位打开小天窗，解决通风透光问题，使阳光穿透树冠照射到下部平卧的叶片，最后在树下地面上形成星星点点的散射光，使地表土壤缝隙中不利于植株生长的气体如氨气等能通过气体交换排到外面，改善环境。

（2）层次分明，各自伸展　疏剪密集枝，使各枝组上的小枝呈等距离分布；修剪枯枝、衰弱枝、病虫枝、交叉枝；疏剪丛生枝，同时注意衰弱枝组的更新以及下部下垂枝条的回缩，减少下部枝条的挂果量以防果实因过于接近地面而增加田间管理难度。修剪后，树冠层次分明，各层次保持一定的距离（一般上下空间保持 40～50 cm 距离，左右相隔 20～30 cm 为宜），各枝组独立生长。

（3）叶幕层厚度和叶面积指数　一般成年投产大树要求叶幕层厚度达到 1.7～2 m，叶片总量多，叶面积指数也相应提高。据资料介绍，叶面积指数达到 7，树体可保持连年丰产、稳产。在 2005 年进行的春季调查中发现，柑橘树叶面积指数一般在 3～3.45，最高的一株达到 4.22，当年结果量大于 100 kg。同时要求保持结果母枝和新梢发生量的比例 1∶1.3 左右，若春梢发生过多则导致坐果率降低。

（4）保持独立树冠　修剪中防止枝条交叉封行，过去大多利用晚夏梢和早秋梢作为结果母枝，近几年演变成以春梢结果为主，实现连年稳产。在修剪夏秋梢并促发春梢时，对弱秋梢和斜生秋梢，可剪除上部秋梢至秋梢节点以下；对中等粗度秋梢，在秋梢节点以上剪截，使节点部位及其下方多发春梢；对丛生秋梢的粗壮直立枝条，可去强留弱，利用留下弱枝的结果消耗养分，以防形成徒长枝。

（5）控制树冠高度　一般树冠高度控制在 2.8 m 以下，树冠过高易引起田间操作不方便。树龄高的柑橘树下部容易空虚，引起产量降低、果实品质差等诸多问题，因此修剪中必须进行压顶，然而如操作不当，不但达不到预期效果，还可能引起树冠进一步增高。注意在高枝锯截时，选择下段有分生小枝处锯截，防止萌发徒长枝，锯后及时涂抹保护剂，做好伤口保护工作。

3. 封行后的柑橘树修剪　此类树树冠高，枝条交叉重叠，枝梢软，中下部空虚，枝叶少，结果部位以阳光充足处为主，达不到立体结果的效果，且果实果型小、品质差，产量逐年下降。因此要根据柑橘园密度情况进行修剪，如株行距为 3.5 m×3 m 的柑橘园，可对每株回缩高大枝组，疏剪密生枝，短截长梢，使树冠周围枝条交叉情况得以减轻；株行距为 3.5 m×2.5 m 的柑橘园，应隔株锯截大枝，留下端小枝（每行不对称处理）；3.5 m×2 m 的柑橘园，采用梅花型隔株、隔行重回缩，解决周边柑橘树的光照问题，其留下的枝梢不行修剪，任其结果，然后逐年间伐抽稀，彻底解决密度过大问题。

三、花果管理

现代果品生产的目的是获得优质、高产的商品果实，因此加强果树的花期和果实管理，对提高果品的商品形状和价值、增加经济效益有重要意义。花果管理主要指直接用于花和果实上的各项技术措施，主要包括花量调节，保花、保果和疏花、疏果等。

(一) 花量调节

柑橘生产中，在定植后的 1～3 年以扩大树冠为主要管理目标，要减少开花或不开花，进入结果期但树势衰弱的柑橘树也要减少开花。减少开花的措施有：9～12 月使土壤处于适度的湿润状态；秋季和初冬增施 1～2 次速效氮肥；9～12 月对树冠喷施 2～3 次浓度为 70～100 mg/L 的赤霉素；抹除晚秋梢以及春季萌芽初期短截部分花枝。

进入结果期但生长势太旺、开花少的橘树则要促花，促花措施有：10～12 月保持土壤适度干旱，在晴天的中午使叶片萎蔫卷曲，保持 3 周以上；增施磷肥，减少氮肥使用量；18～11 月将生长旺盛或生长直立的枝条拉平或斜向地面，或秋梢叶片完全展开后对其扭枝。

(二) 保花、保果

在优质柑橘栽培过程中，保花、保果的方法主要有控梢保果和根外追肥。

1. 控梢保果　春梢和夏梢的过于强旺会导致柑橘幼果发育受到影响，因此，应控制春梢和夏梢生长，防止或减少梢果矛盾。小年树往往春梢抽生较多，会加重落花落果，应全部抹除在第二次生理落果结束前抽发的夏梢，或仅留基部两片新叶进行摘心。

2. 根外追肥　从花蕾期开始，每隔 10～15 d，用 0.2%～0.3%尿素和 0.2%～0.3%磷酸二氢钾的混合液，或 2%草木灰和 1%过磷酸钙浸出液等叶面连喷 2～3 次，以满足果实发育所需养分，起到保花保果的作用。上海市作为滨海城市，土壤盐碱性较重，容易缺锌、锰，可在叶面喷肥时添加 0.2%硫酸锌或 0.2%硫酸锰。

（三）疏花、疏果

由于目前药剂疏花、疏果技术尚不成熟，所以人工疏花、疏果是主要措施。疏花、疏果技术主要应用于需要连年丰产、稳产的柑橘园。疏花时，对大年树在春季修剪时疏去部分带花的过密枝梢，也可疏去部分有叶的结果枝。

疏果前，则先应对柑橘园做大致判断，从坐果多的柑橘树先疏。疏果分两次按叶果比进行：第一次是枝组疏果，时间一般是 6 月底至 7 月上旬，以超多果树、衰弱树、黄化树和近年定植树为主要疏果对象，目的是减少树体营养消耗，促发夏秋梢；对超多果树疏果时，选择需要放梢的部位，将该部位上全部幼果摘除；对黄化树、弱树和近年定植树疏果时，摘除树冠外围及顶部全部幼果。第二次疏果在 8 月下旬，按温州蜜柑（30～35）：1 的叶果比，继续疏掉病虫果、畸形果、风斑果、日灼果、粗皮大果及多余的果。

四、土肥水管理

柑橘园土肥水管理的好坏不仅直接影响到柑橘的产量，还影响到柑橘果品的质量。

（一）柑橘园土壤管理

柑橘根系在土壤中吸收水分和养分，土层深厚、土质肥沃、土壤理化性质良好，则根系强大、在土层内分布广，地上部生长健壮；反之，土层浅薄、土壤结构差、土质瘠薄，则根系分布浅、生长不良，影响地上部的生长发育。柑橘根系与地上部之间互相依存、互为条件，没有良好的土壤条件，就没有发达的根系，也就没有柑橘的优质丰产。

柑橘果树的生长发育要求适宜的土壤环境，但并不是所有种植柑橘的土壤环境均能满足柑橘生长的最适要求。一般来说，柑橘对土壤适应性较广，即使在理化性状较差的土壤如红黄壤和冲积土上也能生长，但要获得高产、稳产，良好的土壤条件是必需的。

柑橘是多年生常绿果树，对土壤的要求较高，一般土层深度应在 1 m 以上，有效土层在 0.6 m 以上。

柑橘对土壤酸碱度适应范围很广，在 pH 4.5～8.5 范围内均可生长，但喜微酸性，以 pH 5.5～6.5 最为适宜。

土壤有机质含量的高低是土壤肥力的重要指标之一。柑橘施用有机肥料和种植绿肥是提高土壤有机质含量最根本的措施。有机质与土壤颗粒相结合形成的团粒结构，可使土壤的理化性状得到改良，改善柑橘根系生长所需的水、肥、气、热条件；有机质具缓冲和吸附特性，可吸附一部分无机盐养分，防止养分的流失，提高养分的利用率，还可以降低肥料过多和有毒物质对柑橘的毒害。

我国柑橘园土壤有机质含量一般偏低，在 2％以下，而丰产柑橘园要求土壤有机质含量至少在 2％以上，最好为 3％～5％，全氮（N）0.1％～0.2％、全磷（P_2O_5）0.15％～0.20％、全钾（K_2O）2％以上，才有利于柑橘的生长、结果。

柑橘园地下水位应在柑橘根系活动范围（即距地表 1.0 m）以下。地下水位过高，则应深沟排水，过低则不利于柑橘抗旱。最好能做到干旱能灌水、大雨不积水，保持土壤相对含水量在 80％左右。

柑橘园土壤管理就是要针对柑橘园的特点，进行土壤的熟化和改良，提高土壤肥力，创造有利于柑橘树生长发育的水、肥、气、热条件。熟化、改良土壤最有效的办法是增加土壤有机质含量和合理的耕作，主要的措施有深翻改土、中耕除草、生草栽培、覆盖等。

1. 深翻改土　深翻改土是果园土壤管理的主要内容，是增产措施的中心环节，是柑橘果树形成强大根系，获取高产、稳产的最根本的措施。

（1）深翻改土的作用　深翻改土的主要作用是疏松土壤，改善土壤结构、性能和土壤的水、肥、气、热条件。深翻结合压埋有机肥，不仅可提高土壤有机质含量和土壤孔隙度，还能增加土壤水分和养分的含量。

（2）深翻改土的时期　深翻改土的时期和效果密切相关，各地深翻改土应根据当地的具体情况如土质、根系生长活动、地形等进行。一般来说，浅耕每年均可进行，深耕则几年一次；以每年9～10月和采果后进行较好。

（3）深翻改土的原则　既不影响柑橘的正常生长，又要能促使断根、伤根的伤口愈合。

2. 中耕除草　我国柑橘产区大多分布在热带与亚热带的温暖、湿润、降水多的地区，果园易生杂草，不但消耗土壤的养分和水分，同时，杂草又是病虫害潜伏滋生的场所。因而柑橘园凡是没有覆盖、间作的，每年一般都要进行3～4次的中耕除草。中耕除草是保持柑橘园土壤表面裸露的一种土壤管理方法。及时中耕除草，既可以避免杂草与柑橘争夺养分和水分，又可消除病虫害潜伏滋生的场所。通过中耕除草，可疏松土壤，破坏土壤毛细管作用，切断水分上升的渠道，还可减少水分的蒸发，增加土壤保肥、保水的能力，同时改善土壤通气状况，促进土壤微生物的活动，加速土壤有机质和无机营养的分解、转化，提高土壤养分的有效性。但是，由于土壤表面裸露，表土易流失，土壤养分流失多，团粒结构易受破坏，久而久之，会引起各种缺素症，造成树势减退以及生理障碍。

3. 生草栽培　柑橘园实行生草栽培，既可以使柑橘园地表受到覆盖，又可减少用工，保持表土免遭大雨的冲刷，防止土壤流失。青草枯萎后，翻压入土壤，可增加土壤有机质的含量，改善土壤的营养状况和物理性状，促进柑橘的生长。

4. 覆盖　利用刈割的秸秆、干草、厩肥等材料在果树周围进行覆盖，已被世界许多国家广泛采用。我国南方的柑橘园由于多处在丘陵山地，土层浅薄，保肥、保水能力差，特别是夏秋季节，气温较高，蒸发量大，常常导致柑橘缺水，如果连续几天甚至几十天不下雨，则情况更为严重，而夏秋季节又恰恰是柑橘果实膨大期，对水分的要求很迫切，如不及时进行覆盖和抗旱保墒，则会影响柑橘的产量和品质。

覆盖由于阻止了太阳光直射地面和具有保墒作用，对土壤温度的日变化和季节性变化都有显著的影响。覆盖可以降低在干热季节中午的最高地表温度，但对其最低温度则影响不大；在冬季，覆盖则有增温效果，可降低霜冻对果树的危害。据研究，覆盖在夏季可降低地表温度 6～15 ℃，冬季提高地温 1～3 ℃，从而缩小了土壤的季节和昼夜温差、上下土层温差。

将覆盖物翻压入土壤，可培肥土壤、增进地力、改善土壤结构，这与压埋绿肥有相似的作用。通常在翻压含纤维较多的覆盖物（如作物秸秆、青草等）时，要补施氮肥，以降低碳氮比。

（二）柑橘园施肥

1. 柑橘的营养特性

（1）柑橘周年抽梢次数多、结果多、挂果期长，对肥料需求量大 一般来说，柑橘一年要抽 3～4 次梢，结果多，落果也多，挂果期长，一般在 5 个月左右，要消耗大量的营养物质。对这些消耗掉的营养物质如不及时进行施肥补充，就会造成土壤肥力的下降。

（2）柑橘根系吸收养分需要一定的地温条件 柑橘生长在亚热带条件下，有相对的休眠期，根系吸收养分需要一定的地温条件。

（3）柑橘对缺素和营养失调较为敏感 柑橘是深根作物，在同一土壤范围内生长长达几十年，根系从土壤中长期有选择地吸收某些营养元素，容易造成这些元素的亏缺。

（4）树体贮存大量营养 柑橘是多年生木本植物，树体中存有大量的营养。据在温州蜜柑上进行的同位素 ^{15}N 示踪观察表明，春梢新叶中所含的全氮量约有 28％来自上一年秋肥的残存养分；供给形成春梢的氮素中，约有 30％来自上一年叶片中贮存的养分。

（5）根系靠共生的菌根真菌吸收养分 柑橘树根一般没有根毛，靠共生的菌根真菌吸收水分、无机养料，同时还吸收菌根真菌分泌的生长素和维生素。

（6）营养不平衡易发生大小年 柑橘营养要求平衡，营养不平衡，容易产生大小年。

（7）柑橘对营养的要求因品种、生育期、树龄、砧木等的不同而有差异　以品种为例，一般来说柑橘需肥量脐橙＞椪柑＞蕉柑＞锦橙＞温州蜜柑。

柑橘在不同的生物学年龄具有不同的生长发育特点，对养分的需求各不相同。随着树龄的增大和果实产量的提高，柑橘对肥料的需求量逐年增多，施用时期亦有别于幼年期。因此，要根据不同的柑橘品种和树龄，确定合理的施用时期与施用量。

通常，一年中柑橘对养分的需求和吸收是随着生长季节的改变而变化的，春季萌芽时期对养分的吸收较少，吸收强度也较弱；随着根系的生长、梢的抽生和开花结果，柑橘对养分的吸收逐渐增多并达到高峰；果实成熟阶段对养分的吸收量又逐渐减少。

2. 施肥的原则　柑橘施肥总的原则是：有机肥与无机肥施用相结合；缓效肥与速效肥施用相结合；氮肥与磷、钾肥及微量元素肥料施用相结合；深施与浅施及根外喷施相结合。其中以有机肥、缓效肥施用为主，无机肥、速效肥为辅；有机肥、缓效肥以深施为主，无机肥、速效肥以浅施和根外喷施为主。

（1）看树施肥　根据柑橘不同的品种特性、砧木特性、物候期、树龄、树势及结果状况等采取适当的施肥措施。

（2）看土施肥　根据土壤的性状，如土壤结构、质地、地下水位的高低、有机质含量、酸碱度、土壤熟化程度、养分水平以及地形、地貌等确定正确的施肥措施。如沙质土壤保水、保肥能力差，施肥时可采取勤施、薄施、浅施和根外追肥等办法；黏土则可以适当重施、深施、深浅结合等。

（3）看气候施肥　温度、湿度、降水等直接影响到柑橘根系的呼吸作用和对养分吸收的能力，也影响到土壤养分的分解、转化和微生物的活动。因此，必须看气候施肥，雨后初晴抢施肥，雨季干施，旱季液施，旱、涝灾后多用速效肥或根外追肥。

（4）经济施肥　经济施肥是以最低的肥料投入取得最大的经济效益的一种施肥方法。对果园进行经济施肥必须首先找出施肥增产的主要障碍因子，并采取必要的措施。例如，缺铁柑橘园出现严重的缺素症状，其他施肥措施对果实的产量和品质的提高没有多大作用，必须对缺铁症状加以矫治，其他肥料的效应才能显示出来，此时铁素是主要的障碍因子。找出施肥的障碍因子，同时合理搭配其他肥料品种，对缺素及时进行补充，往往能收到事半功倍的效果。

（5）与其他增产措施配合 柑橘的优质丰产是建立在综合的农业技术措施基础之上的，因而，合理的施肥必须与其他的措施如耕作、灌溉、修剪、病虫害的防治等综合措施相结合，才能取得较好的效果。

3. 柑橘施肥时期和施肥量 盛果树全年每 667 m² 总施肥量（有效成分）70～80 kg，其中有机肥施用量占 40％以上。N∶P∶K＝1∶0.6∶0.8。

（1）催芽肥 2月下旬至3月上旬，施肥量占全年的40％。结合施用有机肥料。

（2）保果肥 4月中旬至5月下旬，施肥量占全年的15％。对多花树、衰弱树在花蕾露白或第一次生理落果时施。

（3）定果肥 7月上旬，施肥量占全年的15％。

（4）壮果肥 8月上旬至9月下旬，施肥量占全年的10％。

（5）采果肥 采前7～10 d内，施肥量占全年的20％。

4. 柑橘园施肥的方法 柑橘园施肥的方法与肥效密切相关，施肥方法不当，不仅浪费肥料，严重时甚至伤害果树，造成果实品质变劣和产量下降，因此，必须予以重视。

柑橘园施肥方法可分为两类：一类是土壤施肥，植物根系直接从土壤中吸收施入的肥料，包括穴施、长方形沟施、撒施等方式；另一类是根外追肥，有叶面喷施、枝干注射等多种方式。生产上最常用的是土壤施肥和叶面喷施。

（1）土壤施肥

① 施肥的深度和位置。柑橘从土壤溶液中吸取肥料主要是靠强大的细根和须根群以离子交换的形式进行的。因此，土壤施肥要与根系的分布特点相适应。柑橘的根群分布一般比树冠广，但分布较稠密的地方是在树冠投影的内外一带，即大体上和树冠相对称，

与向下生长的根系形成广圆锥形的根系。因此，施肥的深度应根据根系密集层分布的深度而定，施肥位置应在树冠外围垂直的土层部位。随着土壤的深翻熟化，应逐渐加深施肥的深度；随着树冠的逐年扩大，应逐渐向外移动施肥位置。施肥穴不要每次都打在同一方向和位置，要逐次轮换方向和位置。

由于根系具有趋肥性，因此，施肥的深度和广度能诱导根系的生长方向。通常柑橘施肥位置应比根系集中分布的位置略深或略远一些，以诱导根系向深、广发展，扩大营养的吸收范围，增强树体的抗逆性。

② 施肥方式。

a. 穴施。为避免过多地伤害柑橘根系，在树冠滴水线周围挖直径 0.6 m 左右、深 0.5 m 左右的施肥穴 4～6 个，将肥料施在穴内。每年开穴位置要轮换错开，以利于柑橘生长。肥料施入土壤后，应与土壤混合均匀。

b. 长方形沟施。齐树冠滴水线，开长 1.0～1.5 m、宽 0.6 m、深 0.5 m 的 4 条对称长方形沟，把肥料施入沟内。这种方式由于沟底平，肥料与土壤接触面大，肥料容易被根系所吸收。每年开沟的位置应轮换。

c. 撒施。雨季时，可根据具体情况（如柑橘需要补施氮、钾肥），将肥料撒施在树冠下。肥料应尽量撒均匀，并用耙翻入土内。

（2）根外追肥　根外追肥又称为叶面喷肥，是利用叶片的气孔、角质层、新梢表皮的皮孔和幼果能够直接吸收养分的特性所采用的一种液体追肥方法。根外追肥具有见效快、针对性强、节省肥料、在某些情况下能解决土壤施肥所不能解决的问题等优点，在使叶片迅速地吸收各种养分、保果壮果、调节树势、改善果实品质、矫治缺素症状、提高树体越冬抗寒性等方面具有很大的作用。根外追施的营养元素主要是通过叶片的气孔和角质层进入叶片，然后被运送到树体内各器官，一般喷后 15 min 到 2 h 即可被叶片吸收。但吸收的强度和速度则与叶龄、养分成分、溶液浓度等有关。幼叶生理机能旺盛，气孔所占面积较老叶大，因此吸收较快，吸收率也较高。叶背较叶面气孔多，且叶背表皮下具有较松散的海绵组织，细胞间隙大而多，有利于养分的渗透和吸收。因此，叶背较叶面吸收快，吸收率也较高，在喷叶面肥时一定要把叶背喷匀，以利于营养元素的吸收。

（3）灌溉施肥　灌溉施肥是将肥料溶解于灌溉水中，然后通过灌溉系统进行施肥的一种方法。近年来，国内外对此进行了广泛的研究，也有一些实际应用的报道。其主要优点是：节约水分、肥料和劳动力；肥料的利用率很高；灌溉施肥的养分分布均匀，不伤根、叶，有利于土壤结构的保持。这种方法在水分缺乏的地区应用较多，适宜于树冠交接的成年果园和密植园采用。据研究，与地面灌溉相比，滴灌施肥可节省氮肥 $44\%\sim57\%$，喷灌施肥可节省 $11\%\sim29\%$。尽管灌溉施肥有很多优点，但在实际应用中极易出现管道、滴头堵塞的问题，要达到实际应用阶段，还有待于进一步研究。

（三）柑橘园水分管理

1. 水分对柑橘生长发育的影响

（1）对抽梢的影响　柑橘能否抽生一定数量的健壮枝梢，与水分供应是否充足关系极大。水分缺乏时，抽梢的时间大大推迟，抽出的枝梢纤弱短小，叶片狭小，叶数较少，枝梢的抽发参差不齐；水分过多又会导致枝梢生长过旺，影响生殖生长。

（2）对开花和果实生长的影响　柑橘花期缺水时，花枝质量差，开花不整齐，花期延长，甚至造成大量的落花、落蕾，如遇异常高温，会造成更加严重的损失。果实生长与水分的关系更为密切，当水分严重不足时，造成叶果争水现象，使果实内的水分倒流向生长势更强的叶片，阻碍果实的生长发育，小果增多，产量下降，品质变劣。如果久旱后遇过多的秋雨，则会产生裂果，温州蜜柑、红橘等还会产生浮皮果。许多地方在夏季和初秋，由于气温高、日照强烈，缺水往往导致果实日灼、硬脐等现象，以幼树最为严重。柑橘开花期水分过多，则影响受粉和受精，易落花、落果。

（3）对根系生长的影响　柑橘根系喜湿忌涝，保持土壤湿润是培养健壮根的重要条件。影响柑橘根系吸水的外部因素主要有：土壤含水量、土壤温度、土壤透气性和土壤溶液浓度。

土壤含水少，可供柑橘根系吸收的水分自然减少，但柑橘枝、叶此时仍然会进门蒸腾作用，若时间较长，就会使植株缺水产生暂时性萎蔫，此时如不及时补充水分，则有可能造成植株永久性的萎蔫，严重时使植株死亡。若土壤水分含量充足，由于气温高、空气湿度小、蒸发强烈，根系吸收水分的速度跟不上叶片蒸腾水分的速度，从而导致植株萎蔫，但到傍晚，气温下降，空气湿度增大，植株蒸腾作用减弱，柑橘不经灌水即可恢复原状。

土温影响根系对水分的吸收，一般来说，在 $10\sim30\ ℃$ 的范围内，根系吸水能力随土温的升高逐渐加强，土温高于 $30\ ℃$ 或低于 $10\ ℃$，根系吸水能力明显降低。

土壤透气性的好坏，与氧气和二氧化碳的含量相关。二氧化碳含量高、氧气不足，根系呼吸受阻，影响柑橘吸水。

土壤溶液浓度过高，超过根细胞液的浓度时，会严重影响根系吸水，甚至会出现根系细胞水分的反渗透，造成植株生理性缺水。

2. 合理灌溉　柑橘园的合理灌溉就是根据柑橘的需水特点进行科学用水，既要满足柑橘不同的物候期对水分的要求，又要用最少的供水获得最高的经济效益。

（1）灌水时间和灌水量

① 灌水时间。柑橘是否需要灌溉，不能单纯从表面现象来判断。如果仅从叶片卷缩、发黄等萎蔫现象来确定灌溉，往往为时已晚。因为当植株发生萎蔫症状时，土壤已过度干燥，对柑橘的生长发育已经产生严重的影响，而且这种影响往往是不可逆转的。目前，确定柑橘灌水时间主要有以下几种方法：

a. 测定叶片的蒸腾作用：用塑料布包裹一定数量的柑橘叶片，测定叶片的蒸腾量。每隔 $1\sim2\ d$ 测定 1 次，当叶片蒸腾量减少为充分供水条件下蒸腾量的 2/3 时，则表明需要灌水。用此法时由于植株个体间存在差异，必须在同一果园内设多点观察。

　　b. 测定土壤含水量：土壤含水量的测定一般采用烘箱烘干法。即在柑橘园中选择有代表性的土壤进行取样，可分层取土（0～20 cm，21～40 cm，41～60 cm），然后按层次分别将土样迅速装入加盖的铝盒内，做好标记，连同铝盒称重后放入烘箱，在 105 ℃下烘干 4～8 h，取出冷却后称重，再放入烘箱中烘 2～3 h，烘到前后两次恒重即可。然后按下式计算土壤含水量。

　　土壤含水量＝（湿土称重－烘干后称重）×100％

　　测出土壤含水量后，可按表 5-1 确定是否需要灌水。

表 5-1　土壤需要灌排的含水标准（％）

土壤质地	需要灌溉	需要排水
沙质土	＜5	＞40
壤质土	＜15	＞42
黏质土	＜25	＞45

　　② 灌水量。适宜的灌水量，应在一次灌溉中使柑橘根系分布层的土壤湿度达到最有利于柑橘生长发育的程度，即相当于土壤田间最大持水量的 60％～80％。如果仅仅浸润表层或上层根系分布的土壤，不仅达不到灌水目的，而且因多次补充灌溉，容易引起土壤的板结，破坏土壤结构。因此，必须一次灌透。但在防旱灌溉时，特别是久旱后灌水，切不可一次猛灌，否则会造成大量裂果，或抽生大量晚秋梢，造成不应有的损失。

　　（2）灌水方法　灌水方法与灌水时间、灌水量是 3 个不可分割的因素，若方法不当，也不能获得良好的灌溉效果，甚至产生危害。因此，灌水方法是提高灌溉效率的一个重要环节。随着科学技术的进步，灌水方法不断改进，以节水、增效、省工为主要内容的现代化灌水技术已成为果园灌溉的重要标志。

　　① 沟灌。又称为浸灌，即在柑橘园行间开沟并与输水渠道相连，灌溉水经沟底、沟壁渗入土中。此法浸润比较均匀，适用于平坝或丘陵水源较为充足的果园。

沟灌的开沟方式有两种。一种是在树冠滴水线下开环状沟，在果树行间开大沟，水从大沟流入环状沟，逐株浸灌；台地也可以利用背沟输水。另一种方法是在株行间开沟，并在果园四周开大沟输水，引水入沟中，逐渐浸没底土。灌后及时覆土和松土。

② 浇灌。在水源不足或幼龄柑橘园、零星分布种植的地区，可采用人力挑水或动力引水浇灌的办法。一般在树冠以下地面开环状沟、穴沟或盘沟进行浇水。这种方法费工、费时，最好结合施肥进行。

3. 节水灌溉　随着柑橘生产的发展和灌溉技术的改进，我国柑橘产区正在试行并逐步推广喷灌、滴灌、渗灌技术，这是实现现代化果园管理的重要措施。

（1）喷灌　喷灌就是喷水灌溉，是利用水泵、管道系统及喷头等机械设备，在一定压力下，把水喷到空中分散成细小水滴，像降水一样灌溉果园。早在20世纪20年代以前，德国和意大利已开始大量采用喷灌，美国也在加利福尼亚的山坡果园中开始应用喷灌。随着高效喷头、薄壁铝管、轻质塑料管和快速接头技术的发展和改进，喷灌已广泛应用于果园和大田作物中。我国柑橘园近年来已逐步试行和推广喷灌技术，并已取得很好的效果。

（2）滴灌　滴灌又称为滴水灌溉，是近年发展起来的一种比较先进的灌溉技术。滴灌是将有一定压力的水，通过一系列管道和特制毛管滴头，把水一滴一滴地渗入果树根系范围的土层，使土壤保持最适柑橘生长的湿润状态。

由于滴灌是缓慢、匀速、低流量进行的，所以不破坏土壤结构，可以保持土壤有良好的通风和透气条件；通过滴灌施肥，可以为植物提供充足的养分，并且使土壤水分始终稳定处于低张力状态，便于肥水的吸收利用；滴灌避免浸湿枝叶，土壤表面的湿润度也最小，可以减少许多病虫害的发生，同时通过滴灌系统，还可以提高施用农药的效果。在干旱地区的果园采用滴灌，可以减少杂草的滋生；在沿海滩涂柑橘园采用滴灌，可以防止土壤返盐等。

滴灌与喷灌相比具有几个明显的优点：一是不受风速的限制，

可以一天 24 h 供水；二是大多数滴灌系统具备持久性；三是果园灌溉间距宽，滴灌系统的成本比常设喷灌系统的成本低；四是滴灌系统的工作压力比喷灌低得多，运行成本也较低；五是滴灌系统不妨碍任何其他的农事活动，灌水的同时，可以进行喷药除虫、收获、剪枝等活动；六是滴灌施肥用量少，效率高。

（3）渗灌 渗灌是近年来发展起来的一种新型旱地灌溉工程技术，是把多孔管道埋于柑橘根系，在管道内利用低压水流，通过小孔向土壤渗入水分进行灌溉。渗灌比喷灌节约用水 15%，比沟灌节约用水 35%。

五、果实的采收、包装

（一）采收原则

（1）以市场为中心，分批采摘 大果园果实采收量大，应折算成本提前分批采摘，以避免大批量成熟后出现销果难问题。

（2）根据干旱情况采收 干旱地区无充足灌溉，应提早采收，以利于恢复树势、萌发秋梢和稳定明年产量。

（3）根据果实成熟期采收 上海地区柑橘采收适期为：早熟温州蜜柑（如宫川、兴津等）10 月中下旬，中熟温州蜜柑（尾张等）11 月下旬。

（二）采前准备

（1）预测产量 采前对当年的产量进行科学的预测并制订可行的采果计划，合理安排劳动力。

（2）准备采收用具

① 采果梯（或高凳）：依树冠结果部位的高低，酌情使用采果梯或高凳。采果梯应用双面梯，既可调节高度，又不致靠在树上损伤枝叶。

② 采果剪：用圆头剪最适宜，应刀口锋利、合缝，以利于剪短果柄且不刺伤果皮。

③ 采果器具：大小适中，可装 7.5～10 kg 果实的水桶、竹篓等，内用布进行衬垫，以减少果实受伤。

④ 装果器具：用箩筐或塑料周转箱，箩筐装果量以果面与筐口相平为宜。塑料周转箱内部应光滑、洁净，装果量宜低于箱口，以便堆码运输。

(三) 采收技术

采收注意事项：

① 选择适宜的天气：大风天气不采，雨天不采，果面露水未干不采。若在晴天太阳下进行，则果温高，促进呼吸作用，降低贮运品质；若在雨露天进行，则果面水分过多，容易使病虫滋生。

② 采果人员忌采前喝酒。

③ 采果人员应将指甲剪平，最好戴手套，以免刺伤果实。

④ 采果时实行"两剪下树"，剪口应平滑，以免果实相互刺伤，严禁强拉硬扯果实，拉脱果蒂的果实或拉松果蒂的果实容易发生腐烂。采果时要按照由下而上、由外到内的顺序采果。采摘时做到轻摘、轻放、轻装、轻卸，以降低采收时发生的机械损伤。

(四) 初选

从植株采下果实后，在采果现场（果园）对果实做一次初选。初选的目的主要是剔除畸形果、病虫危害果和新伤果等。通过初选还可使柑橘种植者了解所管理的柑橘园果品的质量、果园内的病虫害动态及每天的采果质量，对果实的等级做到心中有数。同时，可减少精选分级的工作量，剔除的各种等外果也便于及时处理，减少库房的工作压力。

(五) 预贮

1. 预贮的作用 经园内初选后的柑橘果实，在包装场进行分级前需做短暂时间的存放，称为柑橘果实的预贮。预贮具有使果实预冷、愈合新伤、催汗（蒸发果表部分水分，使果实软化且具有弹性）的作用，并能降低果实贮藏过程中的枯水、粒化程度。刚从果园采下的果实，因带有田间热，果实温度较高，呼吸作用和水分蒸发都较强，若不及时散去热量，会因果实呼吸作用旺盛而使营养物质大量消耗，且还会因果实"发烧"而在果面结水珠，使果实出现腐烂。预贮使果实降温，有利于贮藏、运输。经预贮的果实，后期枯水率大大下降，所以，对贮藏期间易发生枯水的宽皮柑橘，预贮特别重要。

2. 预贮方法

① 将采下的果实放置在干燥、凉爽、通风良好、不受阳光直射、经药物消毒的地面即可。

② 果实可直接放于铺有稻草的地面，高度以 4～5 个果高为宜。

③ 如用果箱进行预贮，果箱宜采用"品"字形堆码法，箱间留缝隙约 0.2 m，堆高 6～10 层，各堆之间留宽约 0.7 m 的过道，以方便搬运和检查。如用箩筐装果贮藏，一般以 8～9 层为宜，以免压伤果实。

④ 各果箱堆上要挂填有果实进库日期的卡片，以便按预贮时间先后出库。果实预贮期间，应经常开启门、窗通风换气，但切忌日晒、雨淋和露雾的侵袭。当库外气温太高时应暂时关闭门、窗，以免库内温度上升。预贮期，每天检查 1～2 次，发现有腐烂果实及时挑出处理。

3. 预贮的程度　由于柑橘品种不同和果实采收前的天气状况不同，所以预贮时间的长短也有异。预贮程度（也称为预贮度）一般采用以下 3 种方法掌握。

① 手捏法。预贮 2～3 d 后，用手轻捏果实，当手感果实微有变软且有弹性时即要结束预贮。

② 测定果实失重。一般预贮第一天失重 1%，第二天失重 0.7%，第三天失重 0.3% 左右，总失重为 2%。果皮微具弹性，预贮即止。

③ 根据果实品种确定。通常橘类预贮不少于 2 d，甜橙预贮不

少于 3 d，柚类预贮不少于 4 d。

（六）分级

根据出口、外销、内销或其他利用方式对柑橘果实的要求，将果实按大小及质量分成若干等级。果实分级是包装贮运或销售前的重要环节，通过分级，不仅可将腐烂果、伤残果、畸形果、病虫危害严重的不合格果剔除，保证果品的商品质量，而且使同一级别果实大小整齐，外形美观，便于包装、贮运、称重和销售。

表 5-2　上海地区主要柑橘品种果实横径分级标准（mm）

品种	1 级	2 级	3 级
脐橙	65～85	60 以上	50 以上
温州蜜柑	60～80	55 以上	50 以上
椪柑	65 以上	60 以上	55 以上
红橘	60 以上	55 以上	45 以上
本地早	50 以上	45 以上	40 以上

表 5-3　果实外观质量分级标准

项目	1 级	2 级	3 级
果形	正常，具有该品种特征	正常	尚正常，无严重影响外观畸形
色泽	着色良好，初期着色部分橙类不得少于果面总面积的 2/3，宽皮柑橘类不得少于 3/5	着色较好，初期允许微带绿色，但其转黄部分橙类不得少于果面总面积的 1/2，宽皮柑橘类不得少于 2/5	着色尚好，初期允许带绿色，但其转黄部分甜橙类不得少于果面总面积的 1/3，宽皮柑橘类不得少于 1/5

（续）

项目	1级	2级	3级
果面	果面光洁，除不能有深疤、硬疤、日灼斑、裂口、锈壁虱危害斑外，其他斑疤及药迹等附着物，甜橙类不超过果皮总面积的1/3，宽皮柑橘类不超过1/4，黑星病、疮痂病、油斑病等不超过5处（点），虱斑不超过30点（大型虱不超过10点）	果面较光洁，伤疤、病斑、虱及药迹等附着物，甜橙类不超过果面总面积的1/2，宽皮柑橘类和柠檬类不超过1/3	果面尚洁净，各种病斑、伤疤及药剂等附着物，甜橙类不超过果面总面积的2/3，宽皮柑橘类和柠檬类不超过3/5
机械损伤及病虫害	不能有未愈合的机械损伤和虫伤，不得有压伤、擦伤、病变伤、腐烂和引起腐烂的病害。网纹型油斑病，甜橙类、柠檬类允许 2 cm²，宽皮柑橘允许 1 cm²	允许有轻微的表皮损伤，不能有明显的压擦伤，不得有腐烂和呈腐烂特征的病果	不能有重伤果、腐烂果和呈腐烂特征的病果，不能有扯伤果和落地果

（七）处理后果实的商品性

经清洗、打蜡、分选的果实，光洁度提高，色泽光亮，果实大小整齐，明显地提高了果实的商品价值。经生产线清洗、分选而未打蜡的果实，仅光洁度差于打蜡果，其他与打蜡果相同，其商品价值仍然比未经处理的对照果高。

（八）包装

1. 包装的目的和作用 柑橘果实包装的目的是在运输过程中使果实不受机械损伤、保持新鲜、避免散落和损失。包装可减弱果实的呼吸强度，减少果实的水分蒸发，降低自然失重损耗；减少果实之间病菌传播机会和果实与果实间、果实与果箱间摩擦而造成的腐损。果实包装后,特别是装饰性包装(礼品包装)还可增加对消费者的吸引力而扩大柑橘的销路。

2. 包装器材

(1)包果纸 要求质地细、清洁柔软、薄而半透明,具有适度的韧性、防潮和透气性能,干燥无异味。尺寸大小应以包裹全果不致松散脱出为度。

(2)垫箱纸 果箱内部衬垫用,质量、规格与包果纸基本相同,其大小应以将整果箱内部衬搭整齐为度。

(3)包装箱 要求原料轻,容量标准统一,不易破碎变形,外观整齐,无毒、无异味,能通风透气。目前多用轻便美观、便于起卸和空箱处理的纸箱。

3. 包装技术

(1)包纸或包薄膜 每个果实包一张纸,交头裹紧,甜橙、宽皮柑橘的包装交头处在果蒂部或果顶部,柠檬包装的交头处在腰部,装箱时包果纸交头应全部向下。

(2)装箱 果实包好后,应装入果箱,一个果箱内只能装同一个品种、同一个级别的果实,外销果必须按规定的个数装箱。装箱时应按规定排列,底层果蒂一律向上,上层果蒂一律向下;果形长的品种如柠檬、锦橙、纽荷尔脐橙等可横放;底层应摆均匀,以上各层注意大小、高矮搭配。出口果装箱前,先要垫好垫箱纸,左右两端各留半截纸作为盖纸,装果后折盖在果实上面。果实装毕,应分组堆放,并注意保护果箱,防止受潮、虫蛀和鼠咬。

第三节　病虫识别与防治

一、主要病害与防治

(一)柑橘树脂病(柑橘黑点病)

1. 危害症状 此病是上海地区柑橘的最主要病害,能危害枝干、叶片和果实。因发生部位不同又被称为流胶病、黑点病、砂皮病或褐色蒂腐病。发生在枝干上时有流胶和干枯的症状，病斑呈褐色，常流出褐色有异味的胶质黏液，高温干燥的情况下，病部逐渐干枯、下陷，皮层开裂剥落，疤痕四周隆起；发生在幼果、新梢和嫩叶上时表现出黑点或砂皮的症状，在病部表面产生无数的褐色、黑褐色散生或密集成片的硬胶质小粒点，表面粗糙，略为隆起，像黏附着许多细沙；发生在果实贮藏期间常自蒂部开始发病，初呈水渍状、黄褐色的圆形病斑，后期病斑边缘呈波纹状，深褐色，最后全果穿心烂。

2. 防治措施

（1）农业防治

① 对郁闭度过高的柑橘园进行间伐疏密，合理修剪，增强园内通风透光性，挖除死树、重病树，剪除病枯枝，剪后大伤口及时涂抹波尔多液（硫酸铜 0.5 kg、石灰 1.5 kg、水 7.5 kg）或防锈漆，剪下的枝条及时清理出园集中烧毁。

② 调整施肥技术，不宜偏施氮肥，应控制肥水，使梢抽发整齐，缩短幼嫩期，增强抵抗力。

③ 清理排水系统，清除杂草，降低柑橘园湿度。

④ 主干涂白，夏天防日灼，冬天防冻，涂白剂可用石灰 1 kg、食盐 50～100 g、水 4～5 kg 配成。

（2）化学防治　对树脂病的药剂防治一般采取 5 次常规用药的方法，用药时间分别是：30％春芽萌发达 0.3 cm 左右时、花落2/3时、幼果直径 1.5～2.0 cm 时、梅雨季节过后和 8 月天气闷热潮湿时。果实自幼果期至膨大期应重点进行该病的防控，若遇上梅雨期超长或者梅雨季节过后持续降水应增加防病次数，具体防治指标为在 4～9 月中若遇持续 5 d 以上降水即应抢降水间隙用药防治。

（二）柑橘疮痂病

1. 危害症状　此病主要危害柑橘叶片、新梢和幼嫩果实组织。在叶片上发病初期为油渍状的黄色小点，接着病斑逐渐增大，颜色变为蜡黄色。后期病斑木栓化，多数向叶背面突出，叶面则凹陷，形似漏斗。严重时叶片畸形或脱落。果实上发病开始为褐色小点，以后逐渐变为黄褐色木栓化突起，幼果发病严重时多脱落，不脱落者也果型小，皮厚，味酸。

2. 防治措施

（1）农业防治　合理修剪、整枝，增强通透性，降低柑橘园湿度；控制肥水，促使新梢抽发整齐，加快成熟，减少侵染机会；冬季和早春结合修剪，剪除病枝、病叶；春梢发病后及时剪除病梢，集中烧毁。

（2）化学防治　因该病主要侵染幼嫩组织，故防治时应以保护幼嫩春梢和幼果为重点，一般喷药 2 次。第一次在 4 月上中旬，春芽长度达 0.3 cm 时；第二次在 5 月中下旬，花谢 2/3 时。

（三）柑橘炭疽病

1. 危害症状　该病在柑橘整个生长季节均可以发生，危害叶片、枝梢、果实。叶片、枝梢在连续阴雨潮湿天气发病，表现为急性型症状：叶尖现淡青色带暗褐色斑块，如沸水烫状，边缘不明显；嫩梢则呈沸水烫状急性凋萎。叶片、枝梢在短暂潮湿而很快转晴的天气发病，表现为慢性型症状：叶斑圆形或不定形，边缘深褐色，稍隆起，中部灰褐色至灰白色，斑面常现轮纹；枝梢病斑多始自叶腋处，由褐色小斑发展为长梭形下陷病斑，当病斑绕茎扩展一周时，常导致枝梢变黄褐色至灰白色枯死。幼果发病，腐烂后干缩成僵果，悬挂树上或脱落。成熟果实发病，在干燥条件下呈干疤型斑，黄褐色、稍凹陷，革质，圆形至不定形，边缘明显；湿度大时则呈泪痕型斑，果面上现流泪状的红褐色斑块；贮运期间呈现果腐型斑，多自蒂部或其附近处现茶褐色稍下陷斑块，终至皮层及内部变褐腐烂。

2. 防治措施

（1）农业防治　加强栽培管理，增强树势，提高树体抗逆性；合理修剪，改善果园枝冠通风透光条件，剪除病梢、病叶和病果梗，集中烧毁；秋冬旱季灌水 1～2 次，做好防旱保湿工作。

（2）化学防治　可根据园内发病情况在每次抽梢期喷药 1～2 次。若发病较轻或只有零星发病可不采取药剂防治，人工摘除受害叶果烧毁或深埋即可。

二、主要虫害与防治

（一）柑橘红蜘蛛

1. 危害症状　该虫主要以口针刺破柑橘叶片、嫩枝及果实表皮，吸取汁液。叶片被害后，轻则产生许多灰白色小点，影响光合作用，严重时整片叶子均呈灰白色甚至落叶。

2. 防治措施

（1）生物防治　红蜘蛛天敌种类很多，已发现的有近百种，捕食螨类、草蛉、蓟马以及食螨瓢虫类等都对红蜘蛛有很显著的控制作用。天敌丰富的果园，红蜘蛛可以得到自然控制，特别是生长季节的中后期。天敌稀少的果园也可通过人工释放捕食螨达到控制红蜘蛛的效果。在 4 月下旬释放捕食螨，释放前 15～20 d 对柑橘园进行 1～2 次全面彻底的病虫害防治。每株释放一袋（约 1 000 头），倒置固定于主干分杈处，此后不再喷施杀螨剂，定期调查园内红蜘蛛和捕食螨基数，当红蜘蛛基数大量上升至捕食螨无法控制时即用药防治。

（2）化学防治　红蜘蛛的防治时间主要在 5～6 月和 9～10 月。春季在日平均温度超过 8.2 ℃时应经常采叶调查，当每叶有虫卵合计达 2～3 头时即应进行药剂防治。在用药方法上可改普治为挑治，春季时若少数虫株达到防治指标，应首先单独防治。参考指标为：温度 10 ℃以上，平均每叶 2～3 头或者目测有虫叶率 10% 左右；15 ℃左右平均每叶 4～5 头或者有虫叶率 20% 左右；20 ℃左右平均每叶 5～8 头或者有虫叶率 30% 左右。15～20 d 再调查中心株虫口基数一次，进行第二次防治，若全园中心虫株率达 30% 以上，则可全园防治。红蜘蛛的防治应重视冬季和初春清园工作，虫量较多时应加入专用杀螨剂，从源头上控制虫口基数。

（二）柑橘锈壁虱

1. 危害症状 该虫以若螨、成螨危害果实、叶片和嫩梢。果实被害初期呈灰绿色，之后变成红褐色或黑褐色，严重时形成木栓状组织，出现网状裂纹。

2. 防治措施

（1）农业防治 加强柑橘园肥水管理，适度修剪，增强树势，提高树体自身抗虫能力；保护并利用天敌，锈壁虱的主要天敌有多毛菌、具瘤长须螨、钝绥螨和食蝇蚊等，在防治其他病虫时，尽量少用或不用铜制剂、溴氰菊酯与含硫的药剂，以保护天敌。

（2）化学防治 一般红蜘蛛防控较好的柑橘园锈壁虱发生量亦较低，可以不专门进行药剂防治，局部发生时挑治中心虫株。7～8月是锈壁虱的盛发期，应每隔5 d左右检查一次，当10倍放大镜下每个视野有两头虫以上或个别果实表面有灰状物覆盖则应每天检查，如锈壁虱虫口还在迅速增加则应喷药防治。

（三）柑橘粉虱

1. 危害症状 该虫以成虫和若虫群集于嫩叶背面，以口针刺吸汁液，导致被害叶片褪绿、变黄、萎蔫，直接影响植物的生长发育，同时能够分泌蜜露，诱发煤烟病，阻碍植物光合作用。

2. 防治措施

（1）物理防治 柑橘粉虱成虫具有飞行能力，故药剂防治仅适用于若虫，对成虫效果较差，经过试验发现黄板（规格为20 cm×24 cm）对粉虱成虫有很好的引诱作用。黄板应在5月初、7月初和9月初分别挂放一次，挂于通风透光处，离地1.5～2 m，挂放密度以每4～5株树一块黄板为宜。因黄板为塑料制成，故使用结束后应回收处理，不可废弃田间造成污染。

（2）化学防治 园间粉虱越冬代成虫初现一般在4月下旬，在初见粉虱后的20～25 d进行药剂防治，而后10 d再喷药一次巩固防效，即5月中旬和5月底分别用药一次。由于该虫后期发生不整齐，应狠抓越冬代的防治，以后各代根据虫情重点防治或挑治。由于粉虱若虫多分布在叶背，因此喷药时要求全面、周到。

（四）蚜虫

1. 危害症状 危害柑橘的蚜虫有很多种，主要有橘蚜、棉蚜、橘二叉蚜等。该类害虫以成虫和若虫群集于柑橘嫩梢、嫩叶和花蕾上吸食汁液，常造成新梢、叶片卷曲和花蕾脱落，并诱发煤烟病，影响光合作用。

2. 防治措施

（1）物理防治 蚜虫具有很强的趋黄性，可用黄板进行控制（具体方法参照柑橘粉虱的物理防治），在引诱柑橘粉虱的同时，也可诱杀有翅蚜。

（2）化学防治 分别在5月上中旬和8月中下旬两次用药即可控制，田间有蚜梢率达到20％时首次用药，发生严重的柑橘园在7～10 d后应再次用药巩固药效。蚜虫天敌种类多、数量大，若捕食性天敌（食蚜蝇、瓢虫、草蛉）与蚜虫之比大于1：300，可以不用药防治。

（五）柑橘红蜡蚧

1. 危害症状 该虫多聚集于柑橘枝条上吸食树液，发生量多时叶上也有寄生。柑橘树受红蜡蚧侵害后抽梢量减少，枝条枯死，同时诱发煤烟病，影响柑橘树光合作用，使果实品质下降，严重发生时树势衰弱甚至枯死。

2. 防治措施

（1）物理防治 虫量较少的柑橘园可采取人工剥除成蚧的方法，结合春季修剪，剪除有虫枝梢带出柑橘园烧毁，可有效降低虫口基数。

（2）化学防治 红蜡蚧产卵量大，孵化期长，幼虫发生期恰逢长江中下游梅雨季节，常因降水错过防治适期或施药后遇降水降低药效。防治红蜡蚧应掌握其幼蚧发生盛期，在 6 月中旬和 6 月下旬两次用药，对发生严重区域在 6 月上旬末、6 月中旬和 6 月下旬末 3 次用药，还应结合春季修剪和夏季复剪剪除虫枝，带出柑橘园销毁，以减少虫口基数。

（六）褐圆蚧

1. 危害症状 该虫可危害树干、枝、叶和果实。枝干受害，表现为表皮粗糙，树势减弱；嫩枝受害后生长不良；叶片受害后叶绿素含量减少，出现淡黄色斑点；果实受害后，表皮有凹凸不平的斑点，品质降低。

2. 防治措施

（1）生物防治 褐圆蚧的主要天敌为瓢虫类。若园内天敌数量较大，褐圆蚧能得到自然控制，可不使用药剂防治；若暂时不能得到控制，则应选择对天敌无害农药，采取挑治的方法，以保护天敌。

（2）化学防治 根据观察，在田间若虫大量孵化期每隔 10～15 d 喷一次药，连续喷药 2～3 次即可控制该虫危害。

（七）蟪蛄

1. 危害症状 该虫主要以雌虫产卵致枝条枯死和若虫刺吸树根汁液两种方式危害柑橘，受害后的枝条外表有连续的锯齿状伤痕，内部输导组织受损，引起受害处以上枝梢枯死和其上果实的脱落。

2. 防治措施 蟪蛄主要采用物理方法进行防治，在成虫盛发期在园内挂放黑光灯或频振式杀虫灯（挂放方法参考卷叶蛾的物理防治），可有效控制蟪蛄危害；成虫羽化前，于树干基部绑缚宽10 cm 左右的塑料薄膜带，阻止若虫上树，傍晚或清晨人工捕捉；受蟪蛄产卵危害的枝条在 8 月中旬后陆续枯死，9 月结合处理晚秋梢将枯死枝条剪除并带出柑橘园销毁，可压低虫口基数减轻危害。

（八）柿广翅蜡蝉

1. 危害症状　该虫不但以成虫和若虫群集于荫蔽处的叶背面及枝梢上刺吸汁液，同时雌成虫还刺破枝叶产卵于内，使枝叶的水分和营养物质输送被截断，植株表现枝叶枯萎等。

2. 防治措施

（1）农业防治　柑橘园内尽量不要栽种香樟、女贞、海棠、桂花、桃、葡萄等植物，以减少蜡蝉中间寄主。通过合理修剪和施肥，使新梢抽发整齐，减少蜡蝉产卵场所。

（2）化学防治　在8月下旬至9月上旬低龄若虫盛发期连续喷药2~3次防治，可有效控制该虫危害。

（九）卷叶蛾类

1. 危害症状　上海地区危害柑橘树的卷叶蛾主要有两种，分别是褐带长卷叶蛾和拟小黄卷叶蛾。该类害虫第一代幼虫主要危害柑橘幼果，一龄主要在果实表皮上取食，二龄后钻入果内危害。被害果实常脱落，幼虫则转移到旁边的叶片上继续危害或随幼果一同落地。其余各代幼虫主要危害嫩芽或嫩叶，常吐丝将2~3片叶牵结成包，藏匿其中取食。

2. 防治措施

（1）物理防治　成虫盛发期在柑橘园中安装黑光灯（每0.3 hm² 可安装40 W黑光灯一盏）或频振式杀虫灯（每1.3~2.0 hm² 安装杀虫灯一个）诱杀。也可用2份红糖、1份黄酒、1份醋和4份水配制成糖醋液诱杀。

（2）化学防治　在7月上旬第一代幼虫盛发期用药防治，而后7~10 d再次用药防治，以巩固药效。

（十）棉大造桥虫

1. 危害症状　该虫以幼虫啃食嫩叶及幼果表皮，主要危害夏梢和早秋梢，春梢和晚秋梢少有受害。

2. 防治措施

（1）物理防治　参考卷叶蛾类的物理防治。

（2）化学防治　该虫主要危害嫩梢，且春、秋季发生量较小，故防治采取重点保护夏梢的方法，抽梢期嫩梢危害率达到30%时即喷药防治，若危害较严重，则过7 d再次喷药保护。

（十一）柑橘潜叶蛾

1. 危害症状　该虫以成虫将卵产于0.5～2.5 cm长的嫩叶背面的叶脉两旁，幼虫孵出后即钻入表皮下危害，老熟后常将叶片边缘卷起，裹在里面化蛹。

2. 防治措施

（1）农业防治　抹除夏梢，摘除零星早发秋梢，8月中旬统一发秋梢。发生量较少时可不进行药剂防治，采取人工摘除受害叶片的方法即可。

（2）化学防治　在秋梢抽发期（8月上中旬至9月上旬），发现有虫害叶时进行防治，放梢后查嫩梢虫（卵）率达到30%时开始喷第一次药，隔5 d喷第二次，即可控制危害。若潜叶蛾发生量较大，则再隔7 d喷第三次药。

（十二）柑橘花蕾蛆

1. 危害症状　该虫最喜在花蕾开始现白、直径2～3 mm的花蕾内产卵，孵化的幼虫在花蕾内活动取食，并产生大量黏液，受害花蕾膨大变形如灯笼，花瓣带绿色或有绿色小点，不能正常开放。

2. 防治措施

（1）物理防治　结合柑橘园中耕除草以及结合防治其他害虫，于冬季和早春翻耕园土，杀灭越冬幼虫。花蕾蛆发生量较小的柑橘园可采取人工摘除受害花蕾的方法，及早摘除被害花蕾，集中深埋或烧毁。

（2）化学防治　花蕾蛆的防治应掌握以花蕾露白期为农药防治的物候指标。上海地区温州蜜柑的早熟宫川系花蕾露白期一般在4

月下旬，尾张系在 5 月上旬。花蕾露白期是指花蕾顶部开始露出白色，此时花蕾萼片稍开裂，顶端组织有小缝隙，最适宜花蕾蛆产卵。一般采取 4 月下旬及 5 月初连续两次树冠喷药，可将平均受害率保持在较低水平。但防治时应注意喷足液量，可兼杀上树和新出土成虫。

（十三）橘小实蝇

1. 危害症状　该虫以幼虫在果实内危害，取食果肉，使果实腐烂，引起落果。

2. 防治措施

（1）物理防治　及时摘除被害果，收集落果，将被害果集中深埋、烧毁或沤肥，都可杀死幼虫，减少虫源。购买橘小实蝇诱捕器和引诱剂，自 5 月起在园内悬挂诱捕器，离地高度 1～1.5 m，每隔 20 m 悬挂一个，每隔 20 d 补充一次引诱剂。

（2）化学防治　橘小实蝇发生严重的柑橘园，从 6 月上旬即成虫活动产卵期开始，喷洒农药防治，每隔 5～6 d 喷一次，连续喷洒 3～4 次，可以消灭成虫 90% 以上。

（十四）其他害虫

1. 天牛　该类害虫以幼虫在多年生粗壮枝条内蛀食危害，形成虫洞，外面常有黄白色木屑状排泄物，致使枝干枯死。在 5～6 月成虫活动盛期，巡视田间，人工捕捉成虫；凡有新鲜虫粪处，若蛀道较浅可用钢丝钩杀幼虫；蛀道较深不易钩杀时，可在清除虫粪后用脱脂棉蘸杀虫剂后塞入虫孔，然后再用湿泥封堵孔口，即可杀死蛀道内幼虫。

2. 软体动物　该类害虫主要有蜗牛和蛞蝓，在多雨潮湿天气上树危害，取食果实和叶片。该类害虫喜潮湿环境，正常或干旱天气不予防治；园内散放鸡、鸭、鹅等家禽可有效消灭该类害虫；清除种植场所内的杂草及杂物，营造通风、干燥的环境；在多雨潮湿天气发生量大时可喷施药剂防治。

表 5-4 柑橘无公害生产常用农药

防治对象	常用药剂	每季最多使用次数（次）	安全间隔期（d）
柑橘红蜘蛛、柑橘锈壁虱	螺螨酯（螨危）	2	7
	哒螨灵	1	10
	三唑锡	2	30
	阿维菌素	2	14
	唑螨酯	2	15
	噻螨酮	2	30
	藜芦碱	3	7
柑橘红蜡蚧、褐圆蚧	噻嗪酮	1	15
	喹硫磷	3	28
	苦参碱＋烟碱	1	30
	松脂酸钠	2	15
	矿物油微乳剂	2	15
柑橘粉虱、蚜虫	啶虫脒	1	14
	噻嗪酮	1	15
	吡虫啉	3	15
	矿物油微乳剂	2	15
柿广翅蜡蝉	高效氯氰菊酯	1	10
	氰戊菊酯	1	7
卷叶蛾、棉大造桥虫、柑橘潜叶蛾	敌百虫	1	21
	除虫脲	3	21
	高效氯氰菊酯	1	21
	氰戊菊酯	1	7
	氯氟氰菊酯	1	7
花蕾蛆、橘小实蝇、星天牛幼虫	敌百虫	1	21
	高效氯氰菊酯	1	21
	氰戊菊酯	1	7

（续）

防治对象	常用药剂	每季最多使用次数（次）	安全间隔期（d）
蜗牛、蛞蝓	四聚乙醛	2	7
柑橘树脂病	波尔多液	2	15
	代森锰锌	1	21
	丙森锌	3	7
	烯唑醇	3	21
	苯醚甲环唑	2	20
柑橘疮痂病、柑橘炭疽病	波尔多液	2	15
	代森锰锌	1	21
	苯醚甲环唑	2	20
	甲基硫菌灵	3	30
	多菌灵	2	20
	百菌清	4	20
	波尔多液	2	15

第四节　主要品种介绍

上海地区柑橘主栽品种为温州蜜柑品系的宫川、兴津和尾张。近年来，随着栽培手段的丰富，同时也为顺应市场变化，满头红、南香、青浦红柚（马家柚）等在上海地区的栽培面积逐年增加。

1. 宫川　宫川是从温州蜜柑的芽变中选出的品种。果实高扁圆形，果面光滑，橙黄至橙色，果蒂部略凸，有 4～5 条放射沟。上海地区成熟期 10 月下旬，果实可溶性固形物含量 10%～13%。宫川由于其具有早结丰产、果形整齐美观、品质优良等特性而成为上海市栽植面积最大的柑橘品种。

2. 兴津　兴津是从宫川和枳的杂交后代中选出的品种。果实扁圆形，橙红色，果顶平圆。上海地区成熟期 10 月下旬，果实可溶性固形物含量 10%～12%。兴津早结丰产，适应性广，品质优良，不易裂果，树势强健。

3. 尾张 尾张是从温州蜜柑伊木力系的变异中选出的品种，果实扁圆形，橙黄色，果顶印圈明显，果皮较宫川粗糙。上海地区成熟期 11 月下旬，果实味酸甜，可溶性固形物含量 10%～13%，含酸度略高于宫川。该品种丰产性好，不易裂果，是上海地区中熟温州蜜柑的主栽品种。

4. 满头红 满头红原产浙江，是朱红的实生变异品种，保持了朱红红色的果实颜色，但性状较朱红优良，满头红树势较强，树冠圆头形；果实扁圆形，果面光滑，朱红色，皮薄易剥；果肉细嫩化渣，风味较浓；品质中上，上海地区 11 月下旬成熟，果实可溶性固形物含量 11%～14%，每果种子 6～8 粒，耐贮藏。耐寒性较强，产量、品质较好。

5. 南香 南香是日本农林水产省于 1970 年用三保早生温州蜜柑与克里迈丁红橘杂交育成的品种。南香树势中等，树姿直立，结果后开张。枝叶密集，枝梢短而硬。果实扁球形，橙红色，平均单果重 150 g 左右，果顶凸起有小脐，果蒂部纵凸起有放射沟。果皮较薄，比温州蜜柑稍难剥离。上海地区成熟期 11 月下旬，果实可溶性固形物含量 12%～14%。该品种丰产性好，果实品质优良，在上海地区冬季略有冻害，可配合设施栽培或避冻栽培技术进行栽植。

6. 青浦红柚（马家柚） 青浦红柚原产江西省广丰县，上海青浦地区自 2010 年立项试种以来，表现良好，可以作为上海市郊柑橘的补充品种。该品种树势强健，树姿开张，树冠圆头形，叶片椭圆形，上海地区果实成熟期 11 月下旬至 12 月上旬，平均单果重 1 500 g 左右，果实梨形，果皮黄绿色，油胞饱满，果肉浅红色，肉脆细嫩，酸甜适中。

第六章
特色小水果

第一节 猕 猴 桃

一、主要种类和品种

（一）主要种类

猕猴桃隶属猕猴桃科（Actinidiaceae）猕猴桃属（*Actinidia Lindl*），在我国俗称羊桃、奇异果等。猕猴桃属有 54 个种、21 个变种，共计 75 个分类单元，其中我国就有 52 个种、73 个分类单元，仅有尼泊尔的尼泊尔猕猴桃和日本的白背叶猕猴桃这两个种为周边国家所特有分布。除青海、新疆、内蒙古外，我国其他各地均有猕猴桃的分布（北纬 18°～34°）。其集中分布区在秦岭以南和横断山脉以东的地带（北纬 25°～30°）以及我国南部温暖、湿润的山地林中。

生产上利用价值较高的有美味猕猴桃、中华猕猴桃、毛花猕猴桃、软枣猕猴桃等种类。目前以鲜食为目的而广泛栽培利用的商业种类为美味猕猴桃和中华猕猴桃，软枣猕猴桃和毛花猕猴桃有少量人工栽培。

1. 中华猕猴桃　中华猕猴桃为原中华猕猴桃软毛变种，一般为二倍体，其果实和枝蔓被有柔软短茸毛，茸毛易脱落，芽基较小，芽体外露，皮孔明显、较大、稀疏、圆形或长圆形，黄褐色。叶片较厚，纸质，近圆形、扁圆形，基部心形，两侧对称，主脉和次脉白绿色，无毛或密被白色极短柔毛（图 6-1），叶背灰绿色、密被白毛，叶柄浅水红绿色。雌花多为单花，花瓣 5～7 枚；子房扁圆球形，密被白色茸毛。雄花多为伞状花序，每个花序具花 2～3 朵，花瓣多为 4～6 枚，子房退化，密被褐色茸毛。果实多为椭圆形或卵形，具突起果喙，果皮褐色、绿褐色、黄褐色等，被褐色短茸毛或极短茸毛。成熟后茸毛易脱落，果皮光滑，平均单果重为20～120 g。果肉黄色或绿色，种子多。上海地区花期在 4 月下旬左右，果实成熟期通常在 9 月左右。

图 6-1　中华猕猴桃茎、花蕾、花

2. 美味猕猴桃　美味猕猴桃为原中华猕猴桃硬毛变种，一般为六倍体，生长势强，其果实和枝蔓被有长糙毛，不易脱落；芽基较大而突出，芽体大部分隐藏，只有很少部分露出，芽鳞被毛；皮孔稀，点状或椭圆形，白色。叶片纸质，常为阔卵形，基部浅心形或近截形，两侧对称，叶片深绿色、无毛，主侧脉黄绿色，该种小枝、叶柄、叶背均具有黄褐色或红褐色硬毛。雌花多为单花，花瓣5～7 枚，多为 6 枚，白色；子房短圆柱形，被白色至浅褐色茸毛，柱头稍膨大。花甚香，多着生于一年生枝的 2～4 节。雄花多为伞状花序，花朵较大，每个花序 2～3 朵花，花瓣多为 6 枚，倒卵圆形，花梗绿色，被浅褐色茸毛（图 6-2）。果实椭圆形至圆柱形，被长而密的黄褐色硬毛，硬毛不易脱落，果皮褐绿色，果点单、褐绿色。果肉大部分为绿色，少量为黄色，果心较大，种子多而较大，平均单果重 30～200 g。上海地区花期在 5 月 1 日前后，果实成熟期在 9 月下旬至 10 月上中旬。

图 6-2 美味猕猴桃茎、花蕾、花

（二）主要品种

1. 中华猕猴桃

（1）红阳 由四川省苍溪县农业局从河南省西陕县采集的野生中华猕猴桃种子实生播种后选育而成，于 1997 年通过省级品种审定。

红阳猕猴桃为早熟品种，其突出的性状是果实子房为鲜红色，沿果心呈放射状鲜红色条纹。果实平均单果重 92.5 g，最大果重为 150 g，可溶性固形物含量 16%～20%，每 100 g 果肉中维生素 C 含量为 250 mg，总糖含量 9%～14%。果实具香味，多汁，肉质细嫩，口感鲜美，品质上等。早产性好，果实 9 月中旬左右成熟，采后 10～15 d 后熟，果实较耐贮藏，大面积栽培时应配备冷藏设备。

该品种抗逆性强，对褐斑病、叶斑病、溃疡病的抗性较强，但抗旱能力较弱，生产中要注意灌溉，并采取果园生草的措施。

在上海地区栽培评价显示，红阳猕猴桃植株树势中等，成枝力较弱，结果母枝以短果枝为主，由于上海地区夏季温度较高，果实生长容易受阻，降水少的年份易发生日灼伤害。

（2）金桃　由中国科学院武汉植物园于1981年在江西省武宁县野生中华猕猴桃优良单株武植81-1中选出的变异单系。该品种为四倍体，2004年10月通过湖北省林木品种审定委员会审定，定名为"金桃"并在世界猕猴桃主要生产国或区域申请了植物新品种权保护。该品种通过多年来在国内外的栽培，表现良好。2005年10月通过国家林木品种审定委员会审定。

金桃果实长圆柱形，大小均匀，纵径7 cm左右、横径4 cm左右，果皮黄褐色，成熟后果面光洁无毛，果喙端稍突，平均单果重82 g，最大果重120 g。果肉金黄色，果心小而软，肉质细嫩，汁液多，有清香味，风味甜酸适中。果实中可溶性固形物含量可达18%～21.5%，总糖含量7%～10%，有机酸含量1.2%～1.7%，维生素C含量121～197 mg/kg。该品种丰产性能好，结果早，每667 m^{2}产量2～3 t。果实9月中下旬成熟，后熟期较长，常温下可贮藏到春节前后，耐贮性强。

该品种树势中庸，枝条萌发率高，成枝力强，结果母枝占总枝条的比例及结果枝平均果数均较高，以短果枝和中果枝结果为主，坐果率高达95%。同时，该品种在我国南方地区表现出耐热的特点，抗逆性强。

（3）武植3号　由中国科学院武汉植物研究所于1981—2006年从江西省武宁县野生中华猕猴桃优良单株后代中选出的四倍体品种。1987年通过湖北省品种认定，2006年通过国家品种审定。

该品种果实为近椭圆形，果实大，平均单果重118 g，最大果重156 g。果皮薄，暗绿色，果点为黄褐色，果面有稀少的茸毛。果肉为翠绿色，肉质细嫩多汁，果心小，味浓而清香，品质上等。果实中可溶性固形物含量15.2%，总糖含量6.4%，有机酸含量

0.9％，每100 g果肉中维生素C含量高达275～300 mg。该品种耐热性强，抗逆性强，适应性广，很少发生病虫害。抗旱性较强，适宜种植范围广。该品种树势强壮，结果节位在1～8节，是一个综合性状较为优良的品种。

（4）翠玉　由湖南省园艺研究所于1982年从当地野生中华猕猴桃资源中选育出的优良品种。2001年9月该品种通过湖南省农作物品种审定委员会审定。

该品种果实为圆锥形，果较大，平均单果重85～95 g，最大果重129 g，果喙突起，果皮绿褐色，成熟时果面光滑无毛。果肉绿色，肉质细嫩多汁，味甜浓。可溶性固形物含量14.5％～17.3％，最高可达19.5％，每100 g果肉中维生素C含量为73～143 mg，同时该品种果实耐贮藏，冷藏条件下可贮藏5个月以上。此外，翠玉猕猴桃果实无需完全软熟便可食用，而且风味浓甜，无涩味，品质优良，而现有猕猴桃品种果实大多只能在完全软化后才能食用。该品种生长势较强，年新梢生长量可达3～8 m，花芽容易形成，萌芽率为80％，成枝力极高，结果枝以中、短果枝结果为主。该品种开始结果早，苗木定植第二年开花结果。

2. 美味猕猴桃

（1）徐香　由江苏省徐州市果园于1975年从北京植物园引入的美味猕猴桃实生苗中选出的品种。1990年通过江苏省省级鉴定，1992年10月在全国猕猴桃基地品种鉴定会上获优良品种奖。

该品种果实为圆柱形，果皮黄绿色，被黄褐色茸毛，果形整齐一致，果皮薄、易剥离，果肉绿色，果心为黄色，汁液多，肉质细腻，味酸甜可口，有浓香，果实风味佳。果较大，平均单果重70～110 g，最大果重137 g。可溶性固形物含量为13.8％～19.8％，有机酸含量为1.42％，糖酸比6.3，每100 g果肉中维生素C含量为100～123 mg。该品种耐贮性较强，果实后熟期15～20 d，货架期15～25 d，采后室温下可存放30 d左右，冷库中可存放5个月。该品种树体生长势强，枝条粗壮充实，二年生枝萌芽率65％～75％，成枝率59.5％。结果初期以中、长果枝结果为主，盛果期以短果枝结果为主。徒长性果枝着生的果实大、品质好，短果枝着生的果实小。

（2）金魁　由湖北省农业科学院果树茶叶研究所经实生苗驯化选育而成，1993 年通过了湖北省农作物品种审定委员会审定。

该品种果实为圆柱形，果顶部稍宽，果皮较粗糙，果面具棕褐色茸毛，平均单果重 103 g，最大单果重 203 g。果肉翠绿色，可溶性固形物含量 20%～25%，总酸含量 1.6%～1.8%，每 100 g 果肉中维生素 C 含量为 100～242 mg。果实风味浓郁，品质佳，该品种耐贮性较强，是我国目前选出的最耐贮品种，其常温下贮藏可达 2 个月。该品种树势旺盛，叶片浓绿而且肥厚，早果性强，在肥水条件管理精细的情况下，第二年可有 20% 的树开花。坐果均匀，每个结果母枝平均坐果 3.3 个，省去了疏果的麻烦，果实大小整齐一致。

（3）米良 1 号　由吉首大学生物学猕猴桃课题组于 1983 年在米良乡调查发现并选育出的优良品种，1989 年通过品系鉴定。

该品种果实长圆柱形，果实较大，最大单果重为 135 g，平均单果重 87 g。果皮为棕褐色，密被硬而长的褐色茸毛，果实横断面椭圆形，中轴胎座小、呈扁圆形。种子较多，棕黄色。果肉黄绿色，汁液多，酸甜适度，具有清香味，同时该果实具有良好的耐贮性。植株长势旺盛，一年生枝灰褐色，被浅褐色茸毛，皮孔较稀、大。叶片近圆形，颜色浓绿有光泽。嫩叶黄绿或浅红色，叶缘有芒状针刺，主侧脉明显凸起。米良 1 号抗病虫能力强，无论在野生状态下还是在人工栽培条件下，均很少发现病虫的侵害。上海地区栽培发现，在生产管理不当的情况下，米良 1 号果实易发生熟腐病。该品种抗旱能力强，在连续干旱并缺少灌溉的条件下，落果现象较少。

（4）海沃德　又名巨果，由新西兰选育而成，为新西兰、意大利等国主栽品种。

该品种果实宽椭圆形，果皮绿褐色或淡绿色，密被褐色硬毛。果肉绿色或翠绿色，肉质细腻，酸甜适中，香气浓郁，可溶性固形物含量在15%左右，每100 g果肉中含有维生素C 105 mg。最大果重120 g左右，平均单果重约为90 g。果实成熟期在11月上中旬，其后熟期长，耐贮藏，货架期较长。该品种树势较弱，结果较晚，早期产量较低，后期产量稳增。该品种适合生长于气候温暖、相对较湿润的地区，生长发育较好。不耐干旱也不耐积水，适宜栽培在土层深厚、疏松、肥沃的腐殖质土，要求土壤偏酸性至中性；抗病虫能力较强。

（5）金硕　金硕猕猴桃是湖北省农业科学院从湖北省神农架贺林区美味猕猴桃野生资源种子实生后代中选出的大果雌性品系，原野生资源平均单果重80 g。该品种果实为长椭圆形，平均单果重为120 g，最大单果重159 g，果个比对照品种金魁和海沃德大，整齐度好。果皮为黄褐色，果面密被黄褐色茸毛，果肩圆，果顶凸，果柄短粗。后熟果实的果皮易剥离，果心浅黄色、长椭圆形，果肉绿色，肉质细腻，风味浓郁。可溶性固形物含量为17.4%，总糖含量9.22%，可滴定酸含量1.8%，每100 g果肉中维生素C含量为104 mg。果实成熟期在10月上中旬，果实耐贮性较强，常温条件可贮藏20～30 d。该品种生长势旺盛，在生产栽培中需要注意控制其营养生长和疏除多余的果实，在低海拔地区要求有较好的排灌条件，才能保持该品系的优质高效生产。

3. 雄性品种

（1）磨山雄3号　由中国科学院武汉植物园从收集的美味猕猴桃实生后代中选育的优良授粉品系，该品种树势强，花量大，花期长达12～13 d，始花2 d后进入盛花期，花粉萌发率为73%～82%，能与晚花品种金魁、海沃德、徐香等花期相遇。

（2）汤姆利（Tomuri）　又译为陶木里、唐木里、图马里，是美味猕猴桃授粉品种，1950年由新西兰哈洛德·麦特和费莱契从提普克果园选育。花期晚，花量大，每个开花母枝有40多朵花，花梗极短，每个花序3～5朵花，一般5月中下旬开花，花期集中，达5～10 d，花粉发芽率62%，树势强，主要用作海沃德、秦美等晚花性品种的授粉树。

（3）马图阿（Matua） 是美味猕猴桃雄性品种，是1950年由哈罗德和图马里同时选育，始花早，定植第二年即可开花，花粉量大，花期长，约20 d，与大多数雌性品种花期相遇，可作早中花期品种的授粉树，如作徐香、武植3号、华美1号等品种的授粉树，但树势稍弱。

（4）磨山4号 是中华猕猴桃雄性授粉品种，是中国科学院武汉植物研究所从1984年开始，历经10年从野生猕猴桃群体中筛选的优良品系，于2006年通过国家林木品种审定委员会审定，并正式定名"磨山4号"。该品种为四倍体，长势中等，花为多聚伞状花序，每个花序上常有5朵花，最多达8朵，花期长，可达13～21 d，比其他雄性品种花期长7～10 d，花期可以涵盖园内所有中华猕猴桃四倍体雌性品种的花期，花粉萌发率高。有研究表明，该品种花粉能提高果实品质及维生素C含量。

二、猕猴桃的植物学形态

1. 根系 猕猴桃与其他果树的根系有着很大的不同，其主要特点是：猕猴桃根为肉质根，根皮层厚，根皮率可达30％～50％，含水量高，一年生根含水量可达80％以上；猕猴桃根系为须状根，主根不发达，侧根和细根繁多、发达；根系导管发达，根压强大，切断一个骨干根后，其上枝、叶片就会萎蔫，春季伤流严重；根系分布浅，猕猴桃原产于森林中，为浅根系植物，不耐干旱。一年生幼苗其根系深入土壤50～60 cm，水平分布为40～50 cm；猕猴桃老化了的根系再生能力强，易产生不定芽和不定根，因此可用根、枝来进行扦插繁殖或压条繁殖。

2. 枝 猕猴桃是一种落叶性藤本果树，其枝条属蔓性，在生长的后期，枝条顶端具有逆时针旋转的缠绕性。枝条髓部大，新梢髓部白色，呈水渍状，老枝髓部片状，浅褐色或褐色，根颈部及粗大主干部充实。木质部组织疏松，在老枝横断面有许多可看得见的小孔。从枝条的外部形态看，不同品种枝条颜色不同，有黄绿色、褐色、棕褐色等。枝条上有皮孔，呈椭圆形唇状凸起。一年生枝多密生软毛、硬毛、刺状毛等茸毛，多年生枝茸毛大多脱落，部分有残留。

根据枝条性质，猕猴桃枝条可分为营养枝和结果枝，营养枝可分为 3 类。一是普通营养枝：生长势中等或很强，长 1.5 m，最长可长到 2 m，枝条的每个叶腋间均有芽，茸毛短、少而光滑。多见于幼年树及多年生枝条上萌发的枝条，这种枝条为翌年优良结果母枝。二是徒长枝：长势极旺，直立向上生长，节间长，茸毛多而长，组织疏松不充实；多从老枝基部隐芽萌发，生长速度极快，年生长量可达 3～4 m。三是衰弱枝：生长势较弱，枝条短小细弱，长为 10～20 cm，多为从负载过高的树上发育的枝或从树冠内部或下部的短枝上抽生的枝。此类枝一般在生长几年后便会枯死。

猕猴桃的结果枝根据其长度，可分为 5 类。一是徒长性结果枝：长度在 1.5 m 以上，多着生在结果母枝中部，由上位芽萌发而来，这种枝条生长势旺，枝条不充实，结果能力差；二是长果枝：长度一般在 0.5～1 m，充实的枝条可生长到 1.5 m，但很少。通常由结果母枝上的斜生芽或平生芽萌发生长而来，枝条组织充实，腋芽饱满，所结的果实大，结果性能好，可连续结果；三是中果枝：长度为 30～50 cm，多为平生芽和斜生芽萌发，或由生长势较弱的结果母枝上抽生。长势中庸，结果性能好，能连续结果；四是短果枝：长 10～30 cm，多从结果母枝下位芽和顶部下位芽萌发而成，或从生长势较弱的结果母枝上抽生，节间较短，生长势较弱，所结果实较小，连续结果能力差；五是丛生果枝：长度 10 cm 以下，节间短，常呈球状结果，果实较小，易衰老枯死。

3. 叶片 猕猴桃叶片为单叶互生，叶片大而厚，多为纸质或版纸质、半革质，叶片形状各异，有圆形、扁圆形、椭圆形、倒卵圆形等，一般长 5～20 cm，宽 6～18 cm。嫩叶黄绿色或带赤绿色，成熟叶片浓绿色，叶背淡绿色，密生白色或灰棕色星状茸毛，叶片顶端突出，叶基圆形或心脏形，叶片边缘具刺毛状锯齿。叶柄黄褐色，阳面微带紫红色，密生棕色茸毛，同一枝条上，枝条基部和顶端叶小，中部叶最大。

4. 花　猕猴桃为雌雄异株，雌花雄蕊退化，雄花雌蕊退化。近些年，发现猕猴桃有雌雄同株花，结的果偏小，目前无实用价值。猕猴桃花芽为混合芽，在春季萌发抽生新梢。

雄花多为聚伞花序，通常有 3 朵花，从花枝基部无叶节着生，花蕾小，扁圆。雄蕊多为 31～49 个，花丝长于子房，花药为黄色。花粉粒大，发育正常，具有发芽能力。子房小，有心室、无胚珠，不能正常发育。

雌花有单花和聚伞花序两种，聚伞花序通常有 2～3 朵花。幼年树的雌花多为单生花，成年树花序增多，但是仍以单生花为主。花序顶花发育，侧花退化，多呈单生状态。花蕾大，倒卵形，子房发达而大，扁球形或圆球形，密生白色茸毛。花柱基部联合，柱头白色，多数为 21～41 个，呈放射状，胚珠多而发育正常。雄蕊退化，花丝白色，短于子房，向下弯曲，花药微黄，花粉粒小，仅有空瘪的花粉囊，无发芽能力。

5. 果实及种子　猕猴桃果实属于浆果，是由心皮发育而成，子房上部可食部分是由中果皮和胎座组成，果实由 34～35 个心皮组成，呈放射状排列，每个心皮内有 11～45 个胚珠，胚珠着生在中胎座上，一般形成 2 排，每果种子数一般为 200～1 200 粒。猕猴桃果实因品种、树龄、栽培管理不同而形态而异，有圆形、近圆形、扁圆形、椭圆形等。种子极小，状若芝麻，呈黄褐色、棕褐色或黑褐色，椭圆形、扁圆形等。种子千粒重为 1.1～1.5 g，每克种子有 800～900 粒。

三、结果特性

在管理正常的果园，猕猴桃坐果一般不成问题。正常授粉下，坐果率可达 90% 以上，且没有明显的生理落果。果实一般着生在结果枝蔓的 5～12 节位，以 7～9 节位为主。中华猕猴桃和美味猕猴桃的果实在树上的发育需 140～180 d，大约有 3 个明显的阶段。

（1）迅速生长期　自5月上中旬坐果后至6月中旬，45～50 d。此期果实的体积和鲜重可增至成熟时的70%～80%，种子白色。

（2）慢速生长期　自6月中下旬至8月上中旬，约50 d。此期果实的增长速度放慢，甚至停止（遇逆境时）。种子由白色变浅褐色。

（3）微弱生长期　自8月中下旬至采收，此期果实的体积增长很小，但营养物质的浓度提高很快，种子颜色更深，更加饱满。

四、主要栽培技术

（一）育苗

猕猴桃的育苗方法可分为有性繁殖和无性繁殖两大类。无性繁殖有嫁接、扦插、压条、分蘖和组织培养5种繁殖方法，有性繁殖是指实生繁殖。目前生产上应用广泛的育苗方法是嫁接育苗与扦插育苗。

1. 嫁接育苗

（1）砧木种子的采集和处理　用种子培育成的苗可作为嫁接用的砧木。取种用的果实应充分成熟，待果肉完全软化后将果肉和种子一起挤出，放入纱袋或尼龙袋中反复淘洗以去除果肉，将洗净的种子放在通风处晾干后，贮存在通风干燥的地方。为提高发芽率，种子在播种前应进行处理，常用的方法是沙藏或赤霉素处理。

沙藏：将种子与湿沙1∶（10～20）混合，河沙湿度以手握成团、掌心湿润为宜。在底部有排水孔的容器中先铺一层10 cm厚湿沙，然后装入混有种子的湿沙，再在上面铺盖5 cm的湿沙，将容器埋在地势高燥的背阴处，并用稻草等覆盖，既防止雨雪侵袭又保证通透性，防止种子发霉腐烂。沙藏种子层积的时间长短对种子的发芽率有一定影响。

据试验，中华猕猴桃种子层积40～60 d时发芽率较高。据北京植物园试验，北京地区在11月下旬层积沙藏种子，至翌年3月上旬播种，层积约 120 d，种子发芽整齐，萌芽率也高。所以不同地区应根据当地的环境条件确定层积的时间。

赤霉素处理：根据试验，用 0.02％的赤霉素浸泡处理并保湿24 h 后播种，可明显提高猕猴桃种子的发芽率和整齐度，并缩短发芽时间。

（2）幼苗抚育　我国南北气候差异大，播种的时间也不同，一般在日平均气温达到 11.7 ℃时播种较为适宜，在中南部地区为 3月中下旬，北部地区在 4 月中旬左右。幼苗出土后要做好遮阳、浇水、施肥、间苗、除草和移栽等抚育管理。

（3）嫁接技术　当实生幼苗的直径达 7 mm 以上时，即可用作砧木进行嫁接。也可用本品种的无性系作砧木。各地可根据当地的特点选择适宜的品种或株系作接穗，并有计划、按比例地培育雌雄配套的优质苗木。对接穗的要求是生长健壮、无病虫害、充分成熟、腋芽饱满的一年生或当年生枝，不宜选择徒长枝或幼年树上的枝条。春季嫁接用的接穗可结合冬季修剪采集，埋入湿沙中保藏在室内阴凉通风的地方，第二年春天嫁接。夏秋两季采集的接穗，应将叶片剪去，以减少水分蒸发，并且最好是随采随接。

猕猴桃嫁接的方法通常有枝切接、单芽腹接、T 形芽接等。

2. 扦插育苗　扦插育苗是直接利用猕猴桃的枝条或根等营养器官来繁殖苗木的方法，其特点是苗木整齐一致，成苗快，能较好地保持母本性状，适于大量繁殖。若能创造适宜的条件，可以一年四季进行。猕猴桃生产上常用的方法主要是硬枝扦插和嫩枝扦插。

（1）硬枝扦插　用木质化的枝条进行扦插来繁育苗木称为硬枝扦插。一般在落叶后至翌年 3 月伤流以前进行。插条可以结合冬季修剪进行采集，要求是生长充实、节间较短、腋芽饱满的一年生枝条，粗度以 0.4～0.8 cm 为宜。若采集后不能立即扦插，则要将枝条沙藏（方法同嫁接用接穗的沙藏）。扦插前要先建好苗床，苗床基质以蛭石加沙比较好，要求通气、透水和有一定的保水能力。插条带 2～3 个芽，长 10～14 cm，下端切口靠近节位处斜剪，上端切口在芽的上方约 1.5 cm 处平剪，剪口要求平滑，用蜡密封。扦插前将插条下部浸在 0.5% 吲哚丁酸或 0.2% 萘乙酸溶液中数秒，可显著提高生根率。插条经以上处理后可按 10 cm×15 cm 的株行距扦插在苗床上，并将插条周围的基质压实，然后浇透水。

扦插苗床要进行精细的管理以提高成苗率，包括搭设遮阳棚以防止阳光曝晒、适时浇水以保持温度和湿度、通过地膜覆盖提高苗床温度以促进生根和成苗、当新梢长到 5 cm 之后留下 3～4 片叶及时摘心等措施。

（2）嫩枝扦插　在生长季节，用当年生未木质化的幼嫩枝条进行扦插来繁育苗木称为嫩枝扦插。一般从 5 月中下旬新梢第一次生长高峰之后到 9 月上旬进行，大多在 6 月中旬至 7 月中旬进行。扦插苗床做好后，选用生长充实、无病虫害的插条，长度 2～3 节，距上端芽 1～2 cm 处平剪，下端紧靠芽的下部剪成斜面或平面，上端留 1～2 片剪掉一半的叶片，既可减少蒸发又可进行光合作用以利于生根。扦插前可用低浓度的吲哚丁酸或 0.02%～0.05% 萘乙酸溶液浸泡基部 3 h，以促进生根和成活。

扦插后及时浇水，以后定时喷水以保持足够的湿度。一般覆盖薄膜的苗床温度 25 ℃左右，温度高时要及时喷水降温，并将塑料膜揭开以通风降温。成活后应逐渐揭开覆盖的薄膜以锻炼幼苗。45～60 d 后可将薄膜揭除。当根系生长变慢时，即可进行移栽。

嫩枝扦插还可在全光照喷雾条件下进行，选择自然光照充足和排水条件较好的地段作苗床，配置自动间歇喷雾系统，定时、定量对扦插苗床进行喷雾以调节湿度和温度，有利于插条的生根和成活。

3. 苗木出圃　为减少苗木出圃时根系损伤，在土壤较干燥时应提前 1 周左右浇 1 次透水，并做好出圃苗木的品种校对、数量统计等准备工作。

为使猕猴桃苗生长整齐一致，应对出圃的苗木按照大小和质量进行分级。表6-1为新西兰的苗木分级标准。

表6-1　新西兰苗木分级标准

等级	主干粗度（离地5 cm处）	分枝数	饱满芽数	骨干根数	侧根长度
甲级	1 cm以上	≥2	≥5	≥3	20 cm左右
乙级	0.6～1 cm	2	5	2～3	15 cm左右
丙级	0.4～0.6 cm	<2	3	2	10 cm左右
等外	达不到以上标准，不宜出圃				

（二）建园

1. 园地选择与规划

（1）园地选择

① 位置。为方便果品及时外运，猕猴桃园地应选在交通方便、靠近水源、排灌方便、土壤和水源无污染的地区。

② 地形地势。平地建园是首选，建园工程小，有利于机械化操作，管理方便，但是其通风、光照和排水条件不及山地，应注意排水；丘陵地区也是建园的好场所，立地条件好，但应有水源灌溉条件；山地生态条件适宜，坡度宜在25°以下，有利于水土保持，并有利于栽培管理，宜选择南坡或东南坡向背风地带。适宜的土壤为沙壤土、黄绵土，要求土层深厚、土质疏松、富含有机质、排水保水性能好，土壤pH以6～7为宜。

（2）园区规划　园区规划应根据当地的自然条件和生产条件，本着因地制宜、适地适栽的原则对园区进行设计，内容包括防护林设置、道路和排灌系统配置、树种和品种的搭配、授粉树配置、栽培密度及方式等。

猕猴桃生长季节内既不耐涝又不耐旱，对水分的要求比较严格，因此园内排灌系统的设置至关重要。

平地果园常用的排水方法有明沟排水和暗沟排水两种。明沟的沟深一般为50～80 cm；暗沟排水是在地下埋设塑料管道，形成地下排水系统，它不占用园地，便于果园机械操作。在猕猴桃的生长季节内，上海地区降水偏多，因此，露地栽培的猕猴桃园大多采用明沟排灌方式。猕猴桃果园灌溉有滴灌和喷灌两种方式，滴灌可节省用水，在干旱季节可以及时浇水，结合滴灌进行施肥可有效节省人工。

2. 品种的选择配置　品种选择原则有：因地制宜，选择适合本地栽培的优良品种；早、中、晚熟品种合理搭配；鲜食与加工品种合理配置。

猕猴桃为雌雄异株，只有雌雄株比例适当，才能保证正常受粉和受精，提高产量和果实质量，雌雄株比例不当会直接影响到产量和品质。因此，建园时除选择适应当地的优良雌性品种外，还必须同时选择与其相配的雄性品种。原则为雄性品种的花期与雌性品种相同或稍宽，而且要求雄性品种的花量大、花粉量大、花粉萌芽率高，两者的亲和性好。两者的配比以雄：雌＝1：(5～8)为宜。但这一配比应根据不同的架式、定植距离、整形修剪方式、周围树木种类以及开花期等因素而有所不同。

3. 培植技术

(1) 培植苗木　要求品种纯正、生长健壮、根系发达、芽眼饱满无损伤、嫁接部位愈合良好的一年生嫁接苗。

(2) 培植时间　在冬季较暖和、无冰冻地区，以秋天定植(11月中旬至12月上中旬)为好，该时间定植的苗木经过冬季根系的恢复和伤口愈合，翌春萌发早，抽梢快，生长旺。在冬季严寒、土壤冻结的地区，宜春季(2月至3月初)定植，大约在萌芽前半个月定植为好。

(3) 培植方法　在猕猴桃定植之前应施足基肥，每穴施有机肥10 kg、磷肥0.5 kg，将肥料和表土充分混匀后，将一部分填入坑中。定植深度以浇水土壤下沉后，根颈部与地面齐平为宜(切勿将嫁接口埋入土中)，并将根系在坑穴中展开，不要弯曲，使之与土壤密切接触。剪去干枯根，短截过长的根，栽后踩实，及时浇水。定植完之后，在苗木旁边插一根竹竿，束缚扶正。

（4）培植密度　培植密度应根据不同架型、地形、品种和园地条件等来确定，长势弱、树体矮小、土壤贫瘠的，栽植的密度要大一些；生长旺盛的品种、土壤肥沃的，栽植的密度应小一些。多雨潮湿的地区比干旱地区密度小一些。行向一般以南北方向最佳。目前生产中应用的主要架型有：

① 单臂篱型架。可密一些，平地株行距为（3～4）m×（2.5～3）m，每 667 m² 可定植 56～90 株，该架型的缺点是果实易发生日灼病。

② T 形架。T 形小棚架为（3～4）m×（3～4）m，每 667 m² 可定植 42～72 株；水平架为（3～4）m×（4～8）m，每 667 m² 可定植 30～55 株，该架型的特点是通风透光条件好，便于管理。

（三）土肥水管理

1. 土壤管理　由于猕猴桃是浅根性果树，要达到优质丰产，土壤应具备 3 个特点：一是土层深厚，二是固、液、气三相组成合理，三是有机质含量高。因此，猕猴桃果园的土壤管理主要是改善土壤的理化性状，创造疏松、透气、肥沃的土壤条件。土壤有机质含量的高低与土壤理化性质有直接关系，猕猴桃需肥量大，为保证树体结果的丰产性及连续性，应提高土壤有机质含量。生产中常用的土壤管理技术主要包括：

（1）深翻改土技术　猕猴桃园结合秋季增施基肥进行深翻，熟化土壤。定植后第二年，沿定植穴挖深、宽各 30～50 cm 的环状沟，将表土与有机质混合后施入沟内，回填底层的生土，逐年向外扩展。

（2）果园生草覆盖技术　猕猴桃怕高温、干旱天气，通过果园生草，套种绿肥、大豆，覆盖青草、作物秸秆等，可改善园内小气候，改善土壤性状，增加土壤有机质。尤其是上海夏季高温，该技术可有效降低地表温度，减少水分蒸发，防治土壤流失，抑制杂草生长，保持土壤湿度。常用的生草种类有白三叶牧草、紫花苜蓿、红三叶、紫云英等，覆盖材料可用稻草、玉米秸秆、麦秆等，覆盖厚度 10~20 cm，距离树根颈部 25~30 cm，以减少病虫危害根系。降水多的季节应注意将覆盖物挪离根际。

2. 施肥　根据所施肥料的不同，猕猴桃施肥分为基肥和追肥两类。基肥主要是以有机肥为主，为树体全年生长的基础；追肥主要是以速效的化肥为主，补充树体生长所需的养分。

（1）基肥　一般在秋季果实采收后施入，多在 10~12 月土壤冻结前进行。基肥种类主要以腐熟的厩肥、鸡粪、猪粪、饼肥等有机肥为主，并配以少量的氮磷钾复合肥，该时期所施肥料量约占全年施肥量的 60%。基肥的作用：一是在树体采完果后恢复树势；二是通过营养贮藏，为翌年果树花芽分化的顺利进行提供帮助。

（2）追肥　追肥作为基肥的补充同样非常重要。幼龄猕猴桃树的追肥一般以氮肥为主，按照少量多次、勤施薄施的原则进行施肥。成龄果树全年一般追肥 3~4 次。

① 催芽肥。一般是在每年 2~3 月，以促进枝叶迅速展开，现蕾开花，授粉坐果，此期以速效氮肥为主，配合施以磷钾肥。

② 花后肥。在花后 10~15 d 施入。此时，幼果、新梢和叶片都快速生长，需要较多的氮素营养，施肥量约占全年氮素化肥施用量的 10%，如花前施肥用量大，花后肥也可不施。

③ 果实膨大肥。在每年的 5~6 月进行，施肥以磷钾肥为主，氮肥配合使用。

④ 壮果肥。施肥时间在 6 月下旬至 7 月上旬，用以提高果实品质和猕猴桃后期枝梢生长所需营养，按照增磷、补钾、控氮的原则进行施肥，早、中熟品种适当提前施，晚熟品种应根据树势和负载量进行叶面喷施。

3. 水分管理　猕猴桃为浆果，叶片大，蒸发量特别大，因此需水量大，应及时补足水分。同时，猕猴桃的根系为浅根系、肉质根，渍水后易导致缺氧中毒，根系腐烂，严重时死亡。所以，在保证供水充足的情况下，应注意及时排走园内积水。

猕猴桃最适生长的土壤水分含量以田间最大持水量的 65%~85% 为宜，低于 65% 时及时灌水。直观地看，清晨叶片上不显潮湿时应灌水。猕猴桃需水关键期包括萌芽期、花前或花后期、果实迅速膨大期、果实缓慢生长期、果实成熟期、冬季休眠期，可结合施肥进行灌水，但注意灌水不要过多，以免引发根腐病。合理灌溉一般以浸湿根系集中分布层的土壤为准，通常以灌透 40 cm 土壤为宜。

若田间长期积水，猕猴桃易发生根腐病。因此，应挖好排水沟，严防雨季涝灾，特别是地下水位浅的园地，连阴雨或大暴雨时要及时排除积水。进行高垄栽培是防止涝害的措施之一。

（四）整形修剪

1. 整形

（1）篱架式 篱架式是最早出现的一种整形方式，分为单干整形和多主蔓扇形整形，其具体做法是：定植时将一根竹竿插在每株幼树旁作为支架，选择 3 个健壮饱满的枝条，留 1 个直立的枝条引诱其向上层铁丝延伸生长，其余 2 个枝条分别引缚使其沿铁丝向左右方向延伸。当直立枝延伸至第二层铁丝时剪枝头再行分枝，并使其分别向左、右两个方向水平延伸。双臂三层水平形比双臂二层水平形多一层，其整形方法相同。但由于篱架整形的产量较低，故在大规模生产中已逐渐被随后出现的 T 形小棚架所取代。

（2）T 形小棚架 采用单主干上架，当其达到架面时，选留 2 个永久性主蔓，分左右两边走向，与主干形成 T 形，主蔓上每隔 40~50 cm 选留一个结果母枝，构成一个水平架式。该架型优点是建架容易、投资较少、可密植栽培、便于田间作业，因此得到了广泛应用。

2. 修剪

（1）幼树修剪 幼树整形修剪以促进树体健壮生长、增加枝量、扩大树冠、培养树形、早上架、早结果为目的。

第一年：对定植苗木留 2~3 芽重剪，促发壮枝。对发出的新梢，选择 1 个健壮的作为主蔓进行重点培养。将其用布绳固定在竹竿上，引导新梢直立向上生长，每隔 30 cm 固定 1 道，以免新梢被风吹折。绑蔓时应向上提住先端，防止其在竹竿上缠绕弯曲生长。

当苗木长到 100～150 cm 高时，及时摘心，使其加粗生长。将摘心后发生的副梢摘除，反复摘心几次，使苗木粗壮敦实。冬季修剪时强壮枝从饱满芽处剪截，细弱小苗仍从 2～3 芽处重剪。

第二年：春季对发出的新梢仍选择 1 个健壮的枝条向上引绑，其余抹掉，以单主蔓上架。当主蔓生长到架面高度时，在架下20 cm 处剪去，促发新枝，再选两条强壮的枝蔓引上架面，顺架行方向左右排开绑在架面上，使其在架面上延伸生长。冬季修剪时，对选留的 2 条主蔓从饱满芽处剪截，使其萌发抽出健壮的结果母枝，每隔 20～25 cm 留 1 个枝，均匀地排列绑缚在架面上，并及时摘心，促使其枝芽饱满，生长充实。或在单主蔓上，使其螺旋上升。转圈插空排列；选留健壮新梢，从饱满芽处剪截，促发旺枝，引绑上架，培养成结果母枝，其上抽生的新梢培养成结果枝。

第三年：冬剪时，可轻剪长留强旺枝，重剪短留细弱枝，继续培养，为翌年结果打好基础。管理水平高、肥水供应充足的，一般2 年上架，3 年即可使枝蔓在架面上占据一定空间，第四年就有一定的产量。如果管理水平差，就会出现苗木成活率不高、园貌不整齐、上架晚、结果迟的现象，影响经济效益。

（2）初结果树修剪　猕猴桃一般从第四年进入初结果阶段。整形修剪时，既要继续扩大树冠，完成整形任务，选培好主蔓、侧蔓、结果母枝，又要促使抽生更多的结果枝开花结果，提高产量，增加经济效益。初果期应以扩冠长树为主，逐年增加产量，防止树龄小而挂果过多，引起"未老先衰"和树体黄化。修剪时应以轻剪为主，轻重结合，按树龄大小和生长势强弱合理留好结果母枝数量，合理负载，保持旺盛的生长力。对四年生至六年生树，可选留健壮结果母枝 10～15 个，每枝长 1.5 m 左右，留芽 8～12 个，结果母枝间隔 25～30 cm。内膛弱小枝和短果枝一律疏除。

（3）盛果树修剪　盛果期指枝蔓布满架面，进入最大结果量和最高经济效益的时期。在正常管理条件下，七年生猕猴桃即可进入大量结果期。这个时期既要保持架面中庸偏旺长势，达到最高产量，也要保持地上部和地下部平衡生长，防止上下失调；既要留足结果母枝，提高产量，又要合理负载，不断提高果品质量；既要疏除过多过密交叉枝、重叠枝、细弱枝、病虫枝、无用徒长枝，又要保留一定量的预备枝，刺激萌发新枝复壮，交替结果；既要高产、稳产、连年丰产，又要调节和克服大小年结果，延长盛果期结果年限。应不断更新回缩复壮，防止树势衰弱、结果部位外移、枝条枯死、果品产量和质量下降以及经济效益下滑。

盛果期树体冬剪时要坚持去弱留强、去老留新、去远留近的修剪方法。选留健壮的结果母枝和发育枝，回缩离架较远、较高的多年生结果母枝，使结果部位不外移、不过高。架面上每隔 25～30 cm 留 1 个结果母枝，每株大树留长枝 20～25 个，留芽 400～450 个，平均每个长枝留芽 10～15 个。修剪过的树看起来焕然一新，结果枝疏密合理，分布均匀，所留结果母枝全是健壮的新枝，老枝蔓和冗长枝蔓得到及时更新复壮。

（4）衰老树体更新复壮修剪 衰老期指盛果期以后，随树龄增长，产量开始下降，树势开始减弱，长果枝减少，中、短果枝增加，营养旺盛生长期结束。此期修剪多以更新复壮为主。

主要方法：

① 及时回缩外围细弱枝、干枯枝、病虫枝、冗长枝，收缩树冠，集中营养，用新枝、强枝带头，采用中剪和重短截手法，刺激萌发新枝、壮枝，恢复树势。

② 利用徒长枝重截，促发旺枝补空，培养为结果母枝。

③ 从主蔓或侧蔓基部重截，刺激隐芽萌发新枝来更新复壮。这种方法可局部分年进行，2～3 年内完成全树更新任务。

④ 留 2 芽重短截，促发旺枝，留足营养枝，以利于更新复壮。衰老期树应适当减轻负载量，加强肥水管理，加大营养生长力度，保持树势不衰，延长结果年限。

五、主要病虫害及其防治

野生状态下的猕猴桃病虫害发生较少，发生病虫害的种类基本上只限于叶部，并不会对猕猴桃果实的生长和成熟产生多大的危害。但是随着猕猴桃人工种植面积的不断扩大，由于猕猴桃生产环境条件发生较大变化，近年来猕猴桃病虫害种类和数量都明显增多，除了叶部的病虫害之外，还有其他几十种病虫害对猕猴桃果实的生长和成熟构成了一定程度的危害。

猕猴桃病害种类主要有：细菌性溃疡病、花腐病，真菌性根腐病、果实熟腐病、果实灰霉病、果实黑斑病立枯病，根结线虫病等。虫害主要有斑衣蜡蝉、叶蝉类、金龟甲、椿象、卷叶蛾、蚜虫等。现简要介绍几种主要病虫害的防治。

（一）溃疡病

溃疡病为猕猴桃生产中毁灭性细菌性病害，已经成为一种严重威胁世界猕猴桃产业发展的毁灭性细菌病害。

1 危害状 病害可侵害猕猴桃树的不同部位，如树干、枝条、花及叶片等，引起不同的或部分相似的症状。植株多从枝蔓伤口、茎蔓幼芽、皮孔、落叶痕及枝条分杈部开始发病，感病部位初呈水渍状，不久转为红褐色，从裂缝及邻近的病斑之处分泌出大量细菌渗出物，然后病斑扩大，导致全部嫩枝枯萎。花蕾受害后不能绽开，变褐枯死后脱落，受害轻的花蕾虽能开放，但不能正常结果。

2. 发病规律 病原为丁香假单胞菌，该病是一种低温高湿性病害，春季从病部溢出，借风雨、昆虫、农事作业工具或苗木运输等传播，从植株体表各种伤口处侵入。一年中有两个发病时期：一是春季，在伤流期至谢花期，平均温度达 10～14 ℃时，如遇大风雨或连日高湿阴雨天气，病害就容易流行，此期发病最重；二是秋季，果实成熟期前后。

3. 防治方法

① 选择抗病性强的品种，适种适栽，减少树体人为造成的伤口。

② 加强植物检疫，严格进行产地检疫和调运检疫。

③ 药剂防治，萌芽前用 3～5 波美度石硫合剂全园喷施，萌芽后用 0.02% 硫酸链霉素、氢氧化铜 300 倍稀释液喷雾树冠枝叶。

④ 清理果园，采摘后结合冬季修剪，去除病枝、病蔓，连同地面落叶彻底清扫并集中销毁，减少越冬病原。

（二）根腐病

猕猴桃根腐病是一种具毁灭性的真菌性病害，是国内猕猴桃生产中的另一主要病害。

1. 病状 该病主要由蜜环菌和疫霉菌引起，发病症状因病原的不同而有所不同，由蜜环菌引起的根腐病在我国南方多雨的省份最为常见，造成的损失也较大。该病初期不易被发现，发病时，先在根颈部树皮外呈黄褐色水渍状病斑，继而皮层逐渐变黑软腐，韧皮部用手轻剥即从木质部上脱落，内部组织变褐腐烂。该病可造成树梢细弱、叶小色淡，严重时部分枝条干枯乃至全株枯死。

2. 发病规律 病原菌寄生在土壤病根组织上越冬，条件适宜时从寄主伤口侵染植株，传播病害。在南方 4 月发病，7～9 月为发病高峰，10 月停止发病。土壤排水条件不好、理化性质差特别是透气性不好的园地，发病重。

3. 防治方法

① 园区注意排水，选择排水良好的地块建园。

② 注意保护根系，不用未腐熟的有机肥。

③ 药剂防治：3～4 月每株用代森锰锌 0.5 kg 灌根，或用消毒剂进行灌根消毒。

（三）果实软腐病

果实软腐病是果实成熟过程中在果实上发生的一种细菌性病害，少数危害枝条。

1. 病状 该病发生在果实上，多从果蒂或者果实侧面发病，果实受害初期果皮正常，但果肉表面有大拇指压痕凹陷状淡黄色病斑，后病部软化，中心乳白色，周围黄绿色，最外围形成浓绿色细环状边缘，构成圆形软腐状斑，数天内扩展至果肉中间乃至整个果实腐烂。

2. 发病规律　病原为一种欧文氏菌，病菌多从果皮破口或果柄剪口处等侵入，在果实内繁殖，分泌果胶酶等溶解胶质和果肉，最后造成果实变软腐烂。

3. 防治方法

① 低温贮藏果实。

② 推行果实套袋技术。

③ 采果前喷施一次 1 000 倍甲基硫菌灵。

（四）根结线虫病

根结线虫病为由线虫危害引起的病害，主要危害植株根部，形成小瘤结，阻碍水分和养分的吸收，使植株发育不良而死亡。

1. 病状　主要危害根部，在植株受害嫩根上产生细小肿胀或小瘤，数次侵染后变成大瘤。瘤初期为白色，后变成浅褐色、深褐色、黑褐色。若苗期受害，造成植株矮小，新梢细弱，叶片黄化易落；若成龄树受害，树势弱，枝少而弱，结果少，严重时植株萎蔫枯死。

2. 发病规律　根结线虫以卵及雌虫随病根在土壤中越冬，侵入猕猴桃嫩根后在根皮和中柱之间寄生危害，刺激根组织过度生长，使根尖形成不规则的根瘤。

3. 防治方法

① 加强苗木检疫，保证新建果园不受危害。

② 对已发病果园，可用 200～250 倍除线特防治，开沟浇施后盖土。

③ 选择无根结线虫的土壤建园。

④ 套种抑制根结线虫的植物，如万寿菊等。

⑤ 果园覆草。

第二节 枇 杷

枇杷为亚热带常绿果树，冬花夏实。初夏果实成熟时，正值水果淡季。果实柔软多汁，酸甜可口，有清热、生津、解渴的功效，与冰糖炖食可治咽喉炎。除鲜食外，枇杷还可加工制成糖水罐头等加工品。叶片可入药，制成的枇杷露、枇杷膏是润肺止咳的良药。枇杷单产较低，产量常受气候条件及管理水平影响，市场上供应的优质果实数量不多，故在气候、土壤适宜地区选栽优良品种颇具开发价值。枇杷树形优美，枝叶终年常绿，果实形色俱佳，且管理方便，适应性强，所以也是庭院栽培中的优良树种。

枇杷主产国有中国、西班牙、日本、印度、巴基斯坦、土耳其等。我国是世界上最大的枇杷生产国。我国枇杷主产区为四川、福建、浙江等省（自治区、直辖市），枇杷已成为这三个省份重点发展的优势特色水果之一。上海地区现有枇杷约 22.0 hm²，主要集中在青浦区，低温冻害对枇杷生长影响较大。枇杷果实可作为四大主栽果树的补充，缓解淡季水果供应不足的矛盾。

一、主要种类和品种

枇杷属蔷薇科（Rosaceae）苹果亚科（Maloideae）枇杷属（*Eriobotrya*）植物。该属共有 32 个种，具重要经济价值的仅普通枇杷一个种。我国普通枇杷品种多达 350 个以上，有一定规模的栽培品种有 100 个，主栽品种不足 30 个。通常根据果肉颜色将枇杷分成红肉品种（俗称"红沙枇杷"）和白肉品种（俗称"白沙枇杷"）两大类。

（一）红肉品种群

红肉类品种肉色橙红或橙黄，一般生长势强，栽培容易，产量高，果大肉厚，皮韧，耐贮运；肉质紧而较粗，风味浓。主要品种有浙江余杭的大红袍、夹脚，黄岩的洛阳青，福建莆田的解放钟，四川成都的大五星等。

1. 大红袍　原产于浙江省杭州市余杭区，该品种树势中庸，树姿开张，枝条硬韧。叶片中等大，长椭圆形或卵圆形，叶面平坦。果形圆形或扁圆形，果顶平，平均单果重 36.3 g；果皮橙红色，厚韧易剥离；果肉厚 0.84 cm，可食率 66.5%，可溶性固形物含量 11.2%~12.8%，含酸量 0.26%，汁多味甜。种子平均 2.3 个。本品种抗寒性较强，丰产、稳产。果实 5 月底至 6 月初成熟，果形整齐，外观色泽俱佳，耐贮运，适宜加工。

2. 夹脚　原产于浙江省杭州市余杭区，该品种树势强健，枝条硬韧，分枝角度小，因上树时不好踏脚而得名"夹脚"。叶大小中等，长椭圆形。果实长倒卵形，多歪斜，平均单果重 38.2 g；果皮橙黄色，近果柄处带绿色，皮薄韧易剥离；果肉厚 1.05 cm，可食率 74.4%，可溶性固形物含量 12.0%，含酸量 0.43%，汁多，质地细，味酸甜适中。种子平均 2.3 个。该品种抗性强，丰产、稳产。果实 5 月底至 6 月初成熟（中熟品种），鲜食、加工均宜。

3. 洛阳青　原产于浙江省台州市黄岩区，因果实成熟时果顶及萼片仍青绿色，故名"洛阳青"。该品种树势强健，树姿开张，枝条硬韧。叶片椭圆形，夏梢叶片披针形。果实倒卵形，平均单果重 48.0 g；果皮橙红色，较厚韧，易剥离；果肉厚 0.97 cm，可食率 66.7%，可溶性固形物含量 10.7%，含酸量 0.22%，味酸甜。种子平均 2.6 个。本品种适应性强，抗性强，早熟，丰产性好。果实 5 月中下旬成熟，果形整齐，外观色泽俱佳，耐贮运，鲜食、加工均宜。

4. 解放钟　原产于福建莆田，从大钟品种实生苗中选出，因母树 1949 年初次结果，果形似钟而得名。该品种树势强健，树姿直立，枝条粗壮，叶片大，长椭圆形，叶缘反卷，叶色浓绿。果实倒卵形至长倒卵形，平均单果重 70~80 g，果皮厚度中等，易剥离；果肉厚 0.93 cm，可食率 71.5%，可溶性固形物含量 10.0%~11.1%，含酸量 0.51%，汁液中等，味浓偏酸，质地较粗。种子大，平均 5.7 个。该品种较丰产，果实 5 月上旬成熟（晚熟品种），耐贮运，适宜鲜食或加工。

5. 大五星 1980 年从四川省成都市龙泉驿区山泉镇美满村实生苗中选出。因萼孔开张，多呈五角星形而得名。该品种树势中庸，树姿开张。叶片倒卵形，春梢叶片各侧脉间的叶面隆起。果实圆形或卵圆形，平均单果重 62 g（最大果重 100 g）；果皮较厚，易剥离；果肉厚 0.96 cm，可食率 73%，可溶性固形物含量 11%～13%，含酸量 0.39%，汁多，味酸甜，质地较细嫩。该品种结果早，较丰产，5 月中下旬成熟，耐贮运，但有报道称易感叶斑病。

（二）白肉品种群

白肉品种群枇杷在长江三角洲地区统称为白沙枇杷，该品种群肉色淡黄白色或玉白色，树势一般较弱，产量较低，且易发生大小年，对栽培技术要求较高。但果实皮薄肉细，汁多味甜，品质好，不耐贮运，宜鲜食。代表品种有白玉和软条白沙。

1. 白玉 原产于江苏省苏州市吴中区东山镇槎湾村，20 世纪初，由该村农民汤永顺从实生早黄白沙选出。该品种树势强健，生长旺盛，枝条粗长，易抽生长夏梢，树冠呈高圆头形，树姿较直立。叶片长而大，斜生而略下垂，披针形或长圆形，叶身宽长，平均长和宽为 32.7 cm×9.3 cm，基部楔形，先端渐尖，上中部锯齿明显，基部锯齿细小，近全缘。叶片质地软，中等厚度；正面深绿色，背面茸毛短密，灰黄色；叶柄长 1.3 cm，粗 0.55 cm，茸毛密，灰黑色。果实大，椭圆形或高扁圆形，平均单果重 33 g，最大果重 36 g。白玉枇杷果顶平凹，基部钝圆，萼片宽短、平展，萼筒大；果面淡橙黄色，茸毛多，茸毛呈灰白色。果面斑点呈圆形，果梗附近较多。白玉枇杷最显著的特点就是果肉洁白，果肉平均厚度 0.85 cm，肉质细腻易溶，汁多，风味清甜，品质极佳，可溶性固形物含量 12%～14.6%，可食率 70.55%，果皮薄韧易剥离。过熟后风味变淡，宜适时采收。

2. 软条白沙 原产于浙江省杭州市余杭区，当地最优良的鲜食品种，也是以质优而闻名于全国的优良品种。树势中庸，枝条细软，有时先端弯曲。叶中等大，椭圆形。花穗总轴先端及第一支轴均弯曲下垂，果实圆形或卵圆形，平均单果重 30 g，果梗细长而软，果面淡黄色，在阳面密生淡紫色或淡褐色斑点。果皮极薄，剥后能自然反卷。果肉乳白或黄白色，肉厚而细软，汁多。味甜酸适度，鲜味浓，可溶性固形物含量 14%～18%，可食率 73.7%，品质极佳。每果种子平均 2.8 粒，在当地 6 月上旬成熟。但本品种抗逆性差，不抗寒，易裂果，产量不稳定，不耐贮运，栽培面积日益减少。

二、对环境条件的要求

1. 温度 枇杷原产北亚热带，性喜温暖湿润气候，年平均气温 12 ℃以上即能正常生长，但进行经济栽培的年平均气温应在 15～17 ℃，且无严寒天气。枇杷花期在冬末春初，冬、春季低温将影响其开花结果。气温 −6 ℃时对开花、−3 ℃时对幼果即产生冻害，胚珠变褐死亡；10 ℃以上花粉开始萌发，20 ℃左右最适宜花粉萌发。开花时，只要中午有很短一段时间达到花粉萌发所需温度，花粉管即能伸长和受精，故上海地区气温常能满足受精。气温过高也不适合枇杷生长，35 ℃以上嫩叶边缘干枯，枝叶和根系生长滞缓，幼苗生长不良；果实发育中后期遇高温干燥天气，易发生日灼病。此外，气温过高使糖分不易积累，果实含糖量较低。

2. 水分 枇杷喜空气湿润、水分充沛的环境，要求年降水量在 1 000 mm 以上，4～5 月降水量 200～300 mm，且降水分布较均匀。早春果实发育期和新梢生长期，要求水分较充足，春旱对生长及结果不利。但果实成熟期多降水易发生裂果，着色差，味淡，成熟迟。夏末秋初则要求较少降水量和干燥气候，使生长减缓，利于花芽分化。

3. 光照 枇杷原产于针阔叶混交林的荫蔽森林环境，故幼苗仍保留着喜欢散射光的习性，育苗时应搭棚遮阳。但成年枇杷树要求光照充足，以利于花芽分化、果实发育、着色和提早成熟。其层生性强的特性也说明要充足的光照。但树干受烈日直射易造成灼伤，使枝叶枯萎。

4. 风 枇杷树冠高大，枝叶浓密，透风性差，且根系分布较浅窄，根冠比小，抗风力弱，大风可导致主干偏斜或倒伏。沿海地区常有大风、台风袭击，择地建园需加防范。

5. 地势与土壤 平地、丘陵和山地均可栽植枇杷。山地的南向和东南向平缓中下坡土层深厚，水分充足，冷空气不易积聚，最适宜枇杷种植。在此处种植的枇杷植株根系发达，寿命长，寒害和冻害轻，产量高，品质好。枇杷对土壤的适应性很广，在一般的土壤栽植均能正常生长结果，但在土质黏重特别是地下水位高的黏质土栽植，根系生长不良，树势易早衰。故以土层深厚、土质疏松、富含有机质的沙质、砾质壤土为佳。枇杷对土壤酸碱度适应范围广，从红壤（pH 5.0）到石灰土（pH 7.5～8.5）均能生长，但以pH 6.0左右为最适宜。

三、主要栽培技术

（一）育苗

枇杷育苗一般多采用嫁接法，也可通过实生、压条和组织培养等繁殖方法育苗。

1. 砧木和接穗 砧木用枇杷本砧，近缘植物石楠也可应用。枇杷种子没有休眠期，应随取随播，或洗净暂时放在干沙中阴藏，否则很快即失去发芽能力。幼苗怕干热和日晒，出苗后需搭棚遮阳。培育1～3年后即可供嫁接用。接穗宜选用一年生或二年生枝，无论春梢或夏梢，只要生长充实，都可应用。

2. 嫁接 嫁接方法有带叶切接、劈接或插接、折砧腹接、芽片贴接等，以带叶切接法最常用。带叶切接法在12月下旬至翌年2月中旬进行。从品种纯正的健壮结果树外围采生长充实、粗度适中的接穗，在剪口下留2～5片叶剪砧，按切接法削接穗（接穗多用单芽）。嫁接时对准砧木和接穗双方的形成层，嫁接后用薄膜带紧密包扎砧木和接穗结合处，让芽眼外露（用超薄薄膜带的可将芽眼包住，但只能覆盖一层薄膜）。对剪口之下没有叶片的砧木，可采用倒砧切接法，即在剪砧时砧木不完全剪断，将未折断的砧木先端部分折倒于地，其他操作按上述进行。

3. 接后管理和出圃 嫁接 20 d 后，要经常抹除砧芽。若用多芽接穗，还应抹接穗上的芽，只留一条壮实新梢。采用倒砧嫁接的，待新梢充实后把砧木剪掉。苗期要做好除草松土、施肥、水分管理和病虫害防治工作。苗高 40～60 cm，接口愈合良好，接口上茎粗达 1 cm 以上即可出圃。出圃时间以冬春季为好，可以裸根出圃，初夏、秋季出圃要带土。

（二）建园和定植

1. 园地的选择 应选择交通方便的地方建园，还要注意选择避风处，不宜在西北风口处建园。以周围有茂密植被、大水体存在的土地为宜，枇杷对土壤适应性很强，但仍以深厚肥沃、pH 6～6.5 的微酸性土壤为最好。

2. 果园改土 由于枇杷的根系分布浅，扩展力弱，抗风力差，所以必须对土壤进行深翻改土或大穴培肥。将苗木定植于沟中或大穴中，以后每年向外扩穴深翻改土并施肥，以提高土壤透气性和肥力，引根深入土中，增强根系生长，扩大根群分布，使植株生长健壮，增强抗风力。对平地或黏性土，应每 2～4 行开 40 cm 宽、50～60 cm 深的沟排水。

3. 苗木定植 在冬季较冷的地区，为避免冻害，应在春季定植枇杷。南方大部分地区冬季温暖，在 9 月至翌年 3 月均可定植，但以 11 月至翌年 1 月为最好。枇杷叶大，因此蒸腾量大，栽时应剪去总叶片的 1/2～2/3，嫩梢全部剪掉。每天叶面喷水 2～3 次。一般采用株行距 4 m×4 m（每 667 m^2 栽 41 株），密植园可采用 2 m×4 m 或 2 m×3 m（每 667 m^2 栽 83～111 株）等株行距栽植。定植时应将根系分布均匀，分层压入泥土，以刚盖到根颈部为宜，并使根颈部分高于周围地面 10～20 cm。然后在植株周围筑土成

1 m²、高 20 cm 的树盘。每株浇水 20～25 kg，浇足、浇透，待水透入土壤后，再盖上一层细土，最后用稻草覆盖树盘，以保持土壤湿度和提高地温，以后遇干旱天气应继续浇水。

（三）土肥水管理和防寒

枇杷花芽在夏末秋初开始分化，经 3 个月左右开花。为使花芽分化良好、花穗粗壮，成年结果树在采果前后的夏梢抽生期及开花前应分别施肥。丰收年份，第一次肥料提前（在采果前）施入，以利于树势恢复和早发夏梢，防止大小年。第二次花前肥在北缘栽培区最好选用热性羊圈粪，以提高防寒效果。两次肥料占全年施肥量的 70%。第三次肥料在定果后施入，主要是促进春梢的抽发和幼果发育，施肥量占全年的 30%。这次施肥应防止偏施氮肥，以免降低果实品质。

结合施肥，应经常对树盘周围的土壤中耕除草，使其保持松软通气状态。夏秋高温多雨季节，根系易遭受旱害或涝害，高温干旱时要浇水抗旱，或在树盘下覆草，降水过多时，则应及时排除积水，否则果实成熟期间易发生裂果，秋季则影响花芽的正常分化。

枇杷性喜温暖潮湿的气候，生育期间要求较高的温度和降水量。年平均温度以 15 ℃以上为宜。特别是冬春花期及幼果期，要求最低气温分别不低于－5 ℃和－3 ℃，这是枇杷能否作为经济作物栽培的主要限制因素。

上海市作为枇杷栽培的北缘地区，除选用迟花抗寒的品种及花前施用热性冬肥外，入冬后要做好防寒工作。枇杷枝干的耐寒性一般较强，在花蕾、花和幼果 3 种器官中，以幼果最不耐寒。具体防寒措施：一是冬前将花穗及幼果用下部的叶片束裹保护；二是花前晾根 7～10 d，使花期延迟以避冻；三是遇霜冻天气，夜晚至清晨前进行熏烟防霜。此外，雪后应敲落树上积雪，防止折枝和花果受冻。

（四）整形修剪

1. 整形　枇杷枝梢的生长较有规律，自然生长时树形不乱。

但随树龄增大，树体过大，分枝增多，内膛容易郁闭，冠内无效容积增大，且管理不便。结果过多时还易发生大小年。所以必须通过整形修剪调整树冠结构，降低树体高度，调节树势。根据品种干性强弱的不同，枇杷整形或采用变则主干形，或采用层式杯状形树形。

干性较强的品种多用变则主干形。整形时植株顶芽任其向上延伸，成为中心干而不加剪截。其下每年选留 3 个预备主枝成一层，随树龄增大和分枝增多选留其中的 1 个作为永久性主枝。在每个选定的主枝上再配置副主枝 2~3 个，全树最后留 4~6 个主枝落头开心。这种树形也可每年随中心干的伸展选留 1 个主枝，其余附近芽梢在萌芽时抹除，最后落头开心完成树形。

层式杯状形树形用于干性较弱、枝条开张的品种。整形最初几年，顶芽同样向上延伸成为中心干，其上保留主枝 2~3 层，层间相距 1~1.2 m，每层留 3~4 个主枝，最后将中心干除去，即成所要求的树形。

2. 修剪 枇杷不耐重度修剪，结果枝又多项生，除适度疏剪分枝过密的枝条及徒长枝外，其余枝条的修剪一般从轻。老的结果母枝可根据其长势强弱，结合采果进行疏剪，或留 2~3 芽缩剪，促进更新。当年发生的结果母枝过于稠密时，也应去弱留强，适当疏除。结果枝过多时，需将部分由侧芽形成的后生结果枝除去。枇杷隐芽较多，树体衰老后，可回缩修剪，利用隐芽重新抽梢结果。

枇杷是常绿果树，全年不休眠，因此，枇杷树可以周年修剪。对幼龄树，为了扩冠快、早成形、早结果，一般不做大的修剪，只对徒长枝进行适当处理，从而增加结果枝组，促进花芽分化。成年结果树修剪主要是在采果后的 6~7 月进行夏剪和秋季修剪。采果后的修剪主要是剪除扰乱正常树形的强旺徒长枝、穿膛枝、密生枝、纤弱枝、交叉枝、下垂枝、病虫枯枝等。同时对衰弱性结果枝组进行回缩短截，更新复壮。枇杷当年抽发的夏梢绝大部分是优良结果母枝，90%以上当年能开花结果。合理的夏季修剪，结合适当、及时的肥水管理，促发大量的生长粗壮整齐的夏梢，是枇杷克服大小年结果获得连年丰产的关键。秋季修剪主要摘除过多或过早的花芽、花穗下副梢（秋梢），短截徒长枝等。修剪时要求剪口平，剪口下要留叶。

（五）花果管理

1. 疏花穗 枇杷花量很大，生长良好时，植株上发生的花穗较多，每个花穗上的花数也很多，如任其自然结实，不仅当年所结的果实变小，而且影响夏季结果母枝的抽生和翌年产量，形成大小年结果，所以必须疏花、疏果。具体疏除时，可根据树势、枝势，在花蕾期先疏去部分花穗，留强去弱，多疏树冠顶部及外围的花穗，留出30％～40％的空头，以利于发新梢。也可根据结果母枝的强弱、叶片多少，每枝留1～3穗，并在开花时掐去部分穗尖。此外，幼树始花时，宜疏花2～3年以养树，待树体稍大、枝叶较多时再开始挂果。在上海市常发生冻害的地区，一般不疏花穗。

2. 疏果 疏果在谢花后至幼果蚕豆大小之前进行。有冻害的地区，疏果宜迟，因受冻果与好果一时难以区分，一般在3月中旬后疏果。将病虫果、畸形果和密生的幼果等疏除，根据品种果个大小和树势强弱每穗留果3～8个。为防止枇杷果实发生病害和日灼、裂果和鸟害，有条件时最好在定果后对果穗进行套袋保护。套袋还有利于提高果实品质。

（六）采收

枇杷果实无后熟作用，必须充分成熟才能表现良好风味，为了充分展示枇杷品质，维护枇杷产地声誉，切勿过早采收。当果面充分呈现固有的橙色或黄色时，便是成熟的标志，应及时采收。需要长途运输的，可在果实八九成熟时适当提前采摘。全树果实甚至同一果穗上的果实成熟度常不一致，可采熟留青，分批采收。枇杷果皮薄，易碰伤，采收应细致。采果期宜选晴天无露水时，果实用采果剪剪下后，放在内部垫有细软衬垫材料的采果容器中。采收过程中手只与果柄接触，切忌用手指任意拿捏，以免造成碰伤或压伤，或将果面茸毛和果粉擦去。

四、主要病虫害及其防治

（一）主要虫害及防治

1. 枇杷黄毛虫　枇杷黄毛虫，也称为枇杷瘤蛾，是枇杷最主要害虫，多危害嫩芽、幼叶，食量很大，严重削弱树势；黄毛虫以幼虫结茧集中在树干中下部越冬。第一代幼虫也危害果实，啃食果皮，影响果实外观甚至使果实失去食用价值。幼虫白天潜伏老叶背面或树干上，早晚则爬到嫩叶表面危害，严重时新梢嫩叶全部被毁，影响树势。

防治方法：人工捕杀，越冬茧集中于树干中下部，可用细刷刷下烧毁，另外可摘下幼虫群聚的叶片烧除；保护好瘤蛾的天敌绒茧蜂，它寄生于瘤蛾幼虫体外，使幼虫干枯死亡；在幼虫危害期间，用20％氰戊菊酯乳油喷施。

2. 枇杷木虱　枇杷木虱是枇杷上常见的害虫，该害虫大部分会出现在枇杷树的嫩梢、新叶、花穗和幼果上，枇杷木虱在吸食汁液的同时还会产生一种白色的分泌物，不但会阻碍幼果的生长，还会诱发烟煤病，对枇杷果实的品质造成很大影响。

防治方法：

① 加强果园管理。疏果时，重点疏除病果、虫果、紧靠在一起的双个或多个果，只留单个。病虫危害特别严重的枇杷采取整穗疏除，将被疏除病果、虫果带出果园集中烧毁。

② 药剂防治。可用15％阿维菌素乳油1 000～1 500倍液（或25％噻嗪酮乳油1 250～1 500倍液、吡虫啉10％可湿性粉剂2 500倍液）和50％多菌灵可湿性粉剂500倍液（或者70％百菌清700倍液等）进行全园喷施，每隔7 d喷一次，连续喷2～3次。在防治的过程中，值得注意的是，喷施时，重点喷施果穗，一定要喷施周到；所用农药必须轮换使用，防止病虫产生抗药性，影响防治效果。

3. 舟形毛虫 舟形毛虫又称为举尾虫、枇杷舟蛾。此虫多危害叶肉,丝腺发达,有群集性,食量大,虫口多,一旦防治措施不当,就会导致舟形毛虫将果园内的枇杷叶片整株吃光。

防治方法:在舟形毛虫容易高发的秋冬季多巡视果园,一般都是每年的 10 月,摘除那些已经被舟形毛虫破坏严重的叶片,另外,还可以选用 90% 敌百虫 1 000 倍液或 20% 氰戊菊酯 5 000 倍液防治。

(二) 主要病害及防治

1. 枇杷炭疽病 主要危害果实,有时也危害叶、嫩梢。发病开始时,先产生若干小斑点,后扩展成圆形或椭圆形、病部凹陷、形成同心轮纹状的黑色病斑。遇潮湿环境,呈粉红色,黏物不断溢出形成不同形状的溃疡斑。后期病斑扩展快,常多个连合成大病块,使果实变黑干腐。从 4 月初到 10 月均有感染,梅雨季节会加重发病。

防治方法:选用抗病品种,增强树体抵抗能力;加强栽培管理,注意果园树体通风透光,及时松土除草,增施磷、钾肥,增强树势;采果后,结合修剪清除病果、病梢、病苗,就地烧毁或深埋,以消灭越冬病原菌;生长期用 1∶1∶200 倍波尔多液或 50% 硫菌灵液喷洒 2~3 次。

2. 叶斑病 叶斑病包括斑点病、角斑病和灰斑病,主要危害叶片,引起早期落叶,使树势衰弱。灰斑病还危害果实,引起果实腐烂。该病为真菌性病害,病菌多从嫩叶气孔或果实皮孔及伤口侵入。该病在温暖潮湿环境易发生,1 年可多次侵染,梅雨季节发病严重。

防治方法:加强栽培管理,搞好排水、修剪和清园,改善环境条件,增强树势,提高抗病力;及时烧毁和清理病叶;春梢、夏梢、秋梢抽生初期喷 70% 甲基硫菌灵 800~1 000 倍液,或 50% 多菌灵 800~1 000 倍液,隔 10~15 d 再喷 1 次。

3. 腐烂病 腐烂病也称为"烂脚病",侧枝出现病害的现象不多，主要是根颈出现病害。一旦枇杷树出现流胶现象或者树皮开裂剥落、起翘，根颈出现软腐现象时，那么一般来说就是出现了腐烂病，经常是发生在郁闭潮湿的枇杷园内，常见于太阳暴晒的西面。

防治方法：增强树势，加强肥水管理，刮净树体上的病斑，树皮被刮下之后就地烧毁，再涂以一定剂量的药剂，促进伤口的愈合。

4. 日灼病　日灼病可发生于枝干和果实。枝干日灼病初始时树皮干瘪凹陷，燥裂翘起，后病部扩大成焦块，深达木质部，似火灼状。果实日灼病发生后，果实阳面果肉被灼瘪，病部呈黑褐色凹陷干涸病斑，完全失去食用价值，且往往导致炭疽病盛发。果实转色期遇浓雾高温天气易发生，受阳光直射的果实也容易发生。长期裸露在烈日下的枝干，树皮容易被灼伤。

防治方法：选育抗日灼病品种，培养合理树冠，使枝干不裸露于直射阳光下；加强土壤改良和培肥管理，使枇杷根深叶茂；果实转色期套袋或遇晨雾高温天气午前喷水。

第三节　蓝　　莓

一、蓝莓简介

蓝莓又称为越橘，多年生灌木或小灌木，因其果实为蓝色或蓝黑色而得名，是杜鹃科越橘蜀中可食木本植物总称。上海地区蓝莓一般在3月下旬至4月上旬开花，4月中下旬达盛花期，盛花后70～90 d果实成熟，是较典型的夏季水果。蓝莓果实呈近圆形，成熟果实的颜色多为深蓝色或紫罗兰色，果实表面蜡粉明显，可使蓝莓果实的蓝色更加悦目。平均单果重0.5～2.5 g，最大果重5.0 g，果肉细腻，种子极小，甜酸适度，且具有香爽宜人的香气，既可以鲜食又可以加工。由于蓝莓果实富含各种维生素（维生素A、B族维生素、维生素C）、熊果苷，花青苷、SOD等，是营养价值较高的小浆果，在食用上具有极好的保健作用，被誉为"21世纪功能性保健浆果"和"水果中的皇后",并被国际粮食与农业组织列为人类五大健康食品之一。

蓝莓果实具有多种营养价值:一是强抗氧化性。在40余种水果和蔬菜中,蓝莓的抗氧化活性最高,能起到消除眼睛疲劳,改善视力的作用。美国的一份研究报告指出,蓝莓是所有水果和蔬菜中花青素含量最高的,而蓝莓中花青素最丰富的部分就是它特有的紫色果皮。二是消除体内炎症,扩张血管。三是延缓脑神经衰老,增强记忆力。四是抗癌作用,如膀胱癌、直肠癌等。五是祛风除湿、强筋骨、降胆固醇、降血压、提高人体活力。六是天然植物色素、食品添加剂。

经测定,每100 g蓝莓鲜果中含蛋白质400～700 mg、脂肪500～600 mg、糖类12.3～15.3 g、维生素A高达81～100 IU(国际单位),除含有常规的糖、酸、维生素C、矿物元素外,蓝莓果实中还含有烟酸、SOD等成分。由此可见,蓝莓果实是营养丰富的果品。蓝莓果还是一种高纤维食品,根据美国农业部的数据,145 g蓝莓浆果中至少含有2.9 g纤维,因此可以作为日常饮食中纤维的良好来源。蓝莓浆果还是一种低热量的食品。蓝浆果实国际市场售价昂贵,被称为世界第三代水果之王。

二、主要种类和品种

蓝莓广泛分布于北半球,约400个种,我国约91个种、28个变种,主要分布于东北和西南地区。蓝莓可分为三大种类:高丛蓝莓、兔眼蓝莓和矮丛蓝莓。高丛蓝莓因原产寒冷地带,耐寒性较强;兔眼蓝莓因原产于温暖地带,耐寒性较弱。随着蓝莓育种的发展,高丛蓝莓又被细分为北部高丛蓝莓和南部高丛蓝莓以及半高丛蓝莓3种类型。世界各地的栽培种类以高丛蓝莓和兔眼蓝莓的引种为多,野生种以及由野生种培育出来的矮丛蓝莓种类的引种较少。蓝莓的栽培历史仅100年左右,美国是蓝莓栽培的发源地,其后荷兰、加拿大、日本等国竞相引种栽培,我国的蓝莓种植业发展较晚、较慢，发展历史不到 30 年，2003 年上海市进行蓝莓的引种栽培。

上海市蓝莓研究所自 2003 年至 2007 年期间分别从山东、温州、日本等地共引进三大种类蓝莓品种 40 余个，经过 10 余年的引种试验、中试试验、示范推广，在三大蓝莓系列中共筛选出 12 个在上海地区生长结果良好、品质优良的品种，很受市场欢迎。

（一）南高丛系列

南部高丛蓝莓品种中最丰产种，属暖带常绿品种。

1. 奥尼尔-南高丛　1987 年美国北卡罗来纳州发表的品种，是由 Wolcott 和 FL64－15 杂交育成。花期 3 月 5 日至 3 月 30 日，果期 5 月中旬至 6 月中旬。树势强，树姿开张。叶片长卵圆形，叶面光滑，叶脉整齐，叶背面的叶脉明显突出。果实中粒至大粒，平均单果重可达 2 g 左右，每 667 m^2 产量 350～400 kg。果蒂似开放的花朵，向外伸展且顶部尖锐，可溶性固形物含量均值达到 13%，香味浓，果肉质硬。

2. 密斯蒂-南高丛　1989 年佛罗里达大学发表的品种，是由 FL67－1 和 Avonblue 杂交育成。花期 3 月 12 日至 4 月 5 日，果期 5 月下旬至 6 月下旬。树势中等，树姿开张。成熟叶片深绿色，正反面叶脉明显。果粒中粒至大粒，平均单果重可达 2 g 左右，每 667 m^2 产量 350～400 kg，可溶性固形物含量均值达到 12%，有薄荷香味，果蒂痕小而干。

3. 佐治亚宝石-南高丛　1987 年美国佐治亚州发表的品种，是由 G132 和 us75 杂交育成。花期 3 月 10 日至 3 月 30 日，果期 6 月中旬至 7 月上旬，树势强，树姿直立；叶细长、银色。果粒中，平均单果重可达 1.8 g 左右，每 667 m^2 产量 350～400 kg，可溶性固形物含量均值达到 14.2%，有香味。果蒂痕小而干。

（二）兔眼系列

兔眼系列品种需要培植授粉树。

1. 顶峰-兔眼 1974 年美国佐治亚州发表的品种，是由 Callaway 和 Ethel 杂交育成。花期 3 月 15 日至 4 月 25 日，果期 6 月上旬至 8 月下旬。树势强，树姿开张，新枝呈绿色并带有红色。叶片卵圆形，成熟叶片呈墨绿色，新长叶片主叶脉上呈现红色。果粒大粒，平均单果重可达 3 g 左右，每 667 m² 产量 500～600 kg。扁圆形，果粉少，果肉质硬中等。可溶性固形物含量均值达到 14%，具香味，风味佳。果蒂大，呈圆形。

2. 灿烂-兔眼 1983 年美国佐治亚州发表的品种，是由 Menditoo 和 Tifblue 杂交育成。花期 3 月 15 日至 4 月 20 日，果期 6 月上旬至 8 月上旬。树势强，树姿开张。叶片长卵圆形。果粒中粒至大粒，平均单果重可达 2.8 g 左右，每 667 m² 产量 500～600 kg。圆形，可溶性固形物含量均值达到 14.5%，有香味。果肉质硬，果蒂大且五角星形状很明显。

3. 园蓝-兔眼 1958 年美国佐治亚州发表的品种。花期 3 月 18 日至 4 月 20 日，果期 7 月中旬至 9 月上旬。树势强，直立。叶黄绿色，叶较其他品种小，叶缘有细齿。果实小粒至中粒，平均单果重可达 1.5 g 左右，每 667 m² 产量 600～750 kg。甜味多，可溶性固形物含量均值达到 16%，酸味少，有香味。果粉少，果皮硬，果蒂痕长并聚拢，比较突出。

4. 芭尔德温-兔眼 1983 年美国佐治亚州发表的品种，是由 GA6－40（Myers×Black Giant）和 Tifblue 杂交育成。花期 3 月 20 日至 4 月 20 日，果期 7 月中旬至 8 月下旬。树势强，树姿开张。叶片绿色，叶缘光滑无细齿，大部分新叶的边缘一圈呈红色。果粒中粒至大粒，平均单果重可达 1.8 g 左右，每 667 m² 产量 500～600 kg，甜度大，可溶性固形物含量均值达到 14.6%。果皮暗蓝色，果粉少，果实硬，风味佳，果蒂痕干且小。

5. 杰兔-兔眼 1950 年美国佐治亚州发表的品种。花期 3 月 16 日至 4 月 12 日，果期 7 月上旬至 8 月中旬。树势强，树姿直立，树体大。叶片卵圆形，绿色，叶缘光滑无细齿。果实在成熟前呈粉色，果粒大粒，平均单果重可达 3.2 g 左右，每 667 m² 产量 500～600 kg，果实圆形，可溶性固形物含量均值达到 13.5%，偏酸，有香味。果粉少，果皮硬。果蒂痕大、湿。

（三）北高丛系列

北高丛系列对土壤条件和低温需求要求相对低，为鲜食丰产品种。

1. 蓝丰-北高丛 1952 年美国新泽西州杂交选育的品种，是由 GM-37 和 GU-5 杂交育成。花期 3 月 8 日至 3 月 25 日，果期 6 月上旬至 6 月下旬，树体生长健壮，树冠开张，幼树时枝条较软。叶片卵圆形至长卵圆形，叶缘光滑，叶柄短，幼叶浅绿色，成熟叶深绿色。果实大，平均单果重可达 2 g 左右，每 667 m² 产量 350～400 kg，可溶性固形物含量均值达到 13%。天蓝色，果粉厚，肉质硬，果蒂痕小而干，具有清淡芳香味，未完全成熟时略偏酸，风味佳，贮藏性好。

2. 雷戈西-北高丛 1987 年美国佐治亚州发表的品种，是由 G132 和 us75 杂交育成。花期 3 月 6 日至 3 月 30 日，果期 6 月上旬至 6 月下旬，树体生长直立，分支多，果实蓝色，果实大，平均单果重可达 1.9 g 左右，每 667 m² 产量 400～500 kg，果甜，可溶性固形物含量均值达到 14%，果蒂痕小而干。

3. 日出-北高丛 1988 年美国农业部发表的品种，是由 G180 和 ME-US6629 杂交育成。花期 3 月 5 日至 3 月 25 日，果期 5 月下旬至 6 月下旬。树势强，树姿直立。果实中粒，平均单果重可达 2 g 左右，每 667 m² 产量 350～400 kg，可溶性固形物含量均值达到 13%，有香味；果粉多，外形美观。

4. 喜来-北高丛 1988 年美国新泽西州发表品种。花期 3 月 6 日至 3 月 28 日，果期 5 月下旬至 6 月下旬。树势强，树姿直立。果粒大粒至极大，平均单果重可达 2 g 左右，每 667 m² 产量 350～400 kg，可溶性固形物含量均值达到 13.5%，有香味。果蒂痕小而干。

三、主要栽培技术

(一) 建园

1. 基地选择　基地应远离工矿企业，周围 3 km 以内没有直接污染源（"三废"的排放）和间接污染源（上风口或上游的污染），距离城市交通要道 50 m 以外。

2. 环境要求　阳光充足，冬季 7.2 ℃以下的低温 450～850 h 以上；土壤要求 pH 4.0～5.5，土质疏松、土层深厚、通气良好，有机质含量≥5%。

3. 定植

（1）苗木　选择苗高 30 cm 以上、主茎直径 0.6 cm 以上、无病、无伤的健壮苗木，要求分枝多、枝条粗壮、根系发达。

（2）定植时间　在早春枝芽萌动前（2 月初至 3 月初）或秋季停止生长后（11 月中旬至 12 月底）进行。

（3）定植密度　按不同的需求确定株行距，一般兔眼系列蓝莓 3 m×2 m、高丛系列蓝莓 3 m×1.0 m。

（4）填充物与基肥　苗木种植前，应在沟穴底部施入基肥，每 667 m² 定植穴或定植沟中，施入松针或锯木屑等酸性基质 300～500 kg；或直接用有机肥基肥，每 667 m² 1 000 kg。基肥上面覆盖 20 cm 熟土，苗木根系切忌与肥料接触。

（5）定植方法

① 小苗定植。定植沟或定植穴深度应在 0.2～0.3 m，直径或宽度为 0.3～0.5 m。开挖时表层土与深层土分开放置，下层土与充分腐熟的有机肥加泥炭混合，回填进定植沟或穴，表层土放在上面，做一个高出土表的定植墩。一般穴施加工有机肥 20～30 kg，加磷肥 1～1.5 kg，定植沟的需肥量相对要高 30%～50%。

② 大苗定植。大苗定植时带土移植，定植前在畦面做墩，高出土表 10 cm。

（6）搭建防鸟网　在种植蓝莓的设施顶部拉盖防鸟网，四周用铁丝或者绳子拉平固定即可。

（二）土肥水管理

1. 土壤管理

（1）清耕法　沙壤土栽培一般中耕深度以 5～10 cm 为宜，考虑到植物低矮，建议耕作工具高度一般不超过 15 cm。每年从早春到 8 月均可进行，每年清耕 2～3 次为宜，入秋以后清耕对越冬不利。

（2）生草法　采用行间生草、行内除草，具有保持土壤湿度、提高果品量的作用（特别是高温季节）。

（3）土壤改良　当土壤 pH 大于 5.5 时，必须采取有效措施降低 pH。可采用砖头、塑料容器、无纺布等材料构筑栽植沟或穴，并施入泥炭、酸性红壤、碎松树皮和松树锯屑等酸性材料作为基质，有效调整土壤环境。不建议施入硫黄粉等，防止改变周边生态环境。

传统土壤改良的方式在操作难度、效果的稳定性和工作量上都存在缺陷；硫黄的使用容易导致环境的污染，而且蓝莓根系容易越过改良土壤的范围，并由于外围土壤 pH 过高导致蓝莓生长发育不良及叶片黄化。采用根域限制栽培可为克服这一困难提供技术支持。

根域限制栽培是针对蓝莓栽培对土壤的特殊要求，利用物理或生态的方法将蓝莓根系控制在一定的容积内，通过控制根系生长和发育来调节地上部营养生长和生殖生长的栽培方式，可解决土壤 pH 过高造成的蓝莓生长不良、地下水位过高或积水造成的死树和蓝莓品质不稳定等问题。通常通过一次性的改良根域土壤，其后通过调节灌溉营养液的 pH 来维持根域土壤的酸性环境，其稳定性明显优于常规的土壤改良。

采用根域限制栽培方式，小苗定植 3 年后进入盛果期，产量品质稳定，10 年的实践表明，采用根域限制的栽培技术路线，是上海市栽培蓝莓最有效的方式。

2. 施肥

（1）施肥原则　以有机肥为主、化肥为辅，平衡施肥。

（2）肥料种类　以营养全面的农家肥和有机复合肥为主，有机复合肥氮（N）、磷（P_2O_5）、钾（K_2O）的比例通常为 1：1：1。

限制使用的肥料：禁止使用氮肥和含氯复合肥。

（3）施肥方法

① 土壤施肥。对土壤比较疏松或沙质土壤采用全园撒施法；对土壤紧实和黏土采用沟施或穴施，沟、穴深度一般壤土为 10 cm，黏土为 15～20 cm。

② 叶面追肥。在对土壤施肥的同时，根据果树缺乏某种元素表现的症状，通过叶面喷施含某元素的肥料作为一种补充施肥方式。开花结果前期以磷肥、铁肥为主，坐果后以钾肥、硼肥为主。

（4）施肥量

① 基肥。第一次以速效肥为主，每 667 m^2 可用腐熟菜饼 50 kg，加 40% 的优质复合肥 20 kg。第二次以有机肥为主，每 667 m^2 用腐熟农家肥 1 000～1 500 kg，加 40% 的优质复合肥 30 kg。每年施入 2 次肥料，第一次在开花前后（4 月中旬至 5 月上旬）进行，第二次在果实采收结束后（8 月下旬至 9 月中旬）进行。

② 追肥。以有机液肥为主，遵循薄肥勤施的原则，7～10 d 进行一次。

3. 水分管理　灌水的次数根据土壤性质、降水（气候条件）、树龄、树势和灌溉方式的不同而异。

一般情况下，幼年果园应始终保持最适宜的水分条件，即达到果园中最大水量的 60%～70%；成年果园在果实发育阶段和果实成熟前应减少水分供应；果实成熟期间应给予充足的水分；果实采收后，恢复最适的水分供应，使园中持水量恢复到田间最大持水量的 60%～70%；中秋至晚秋季节减少水分供应，以利于植株及时进入休眠。

（三）整形修剪

1. 修剪时期　整形修剪可分为冬季修剪和夏季修剪，以冬季修剪为主、夏季修剪为辅。

2. 修剪方法

（1）幼年树修剪（以培养树型为主）

① 对脱盆移栽的幼树仅需剪去花芽及少量过分细弱的枝条或小枝组。

② 对不带土移栽的苗木，除疏除花芽外，还需疏除较多的相对弱小枝条。

③ 定植成活后第一个生长季，尽量少剪或不剪，以迅速扩大树冠和枝叶量。

④ 对三年生幼树主要是以疏除下部细弱枝、下垂枝、水平枝及树冠内的交叉枝、过密枝、重叠枝为主，确保树高度达到 2 m，冠幅 1.2 m 以上。

（2）成年树修剪（以保持生殖生长和营养生长的平衡为主）

① 疏除树冠各处的细弱枝和因结果而逐渐衰弱的弱枝，回缩因结果而衰弱并被新生枝组取代的优势枝组。

② 回缩大枝先轻后重，即先回缩 1/3～1/2，等回缩更新后的大枝再次衰弱时，加大回缩力度，剪去 2/3，甚至从近地面处剪除。

③ 疏除病枝、枯枝、交叉枝、靠近的重叠枝。

④ 花序修剪，包括疏花序、掐序尖。

（四）病虫鸟害防治

1. 防治原则　贯彻预防为主、综合防治的方针，选用生物农药和高效、低毒、低残留的化学农药，交替用药，改进施药技术，降低农药用量。化学农药按 GB 4285、GB 8321 的规定执行。

2. 主要病虫鸟害　上海地区发生的病虫鸟害主要有：灰霉病；

甜菜夜蛾、食叶类刺蛾、蛀干类天牛、金龟子的幼虫、蛴螬；鸟类啄果等。

3. 防治方法

（1）人工防治

① 秋冬季节，结合冬季修剪清园，剪除病枝、虫枝，清除杂草，将剪下的枝条和早落的病残枝叶全部打扫出蓝莓园，集中烧毁，以减少越冬病菌和虫源。

② 结合冬季深翻，将土壤深翻 20 cm，消灭土壤中越冬的害虫。

③ 蓝莓果实成熟期，用防鸟网或稻草人、电驱鸟器、鞭炮等方式驱赶鸟类。

（2）化学防治

① 3 月中下旬至 4 月上中旬，要预防灰霉病。灰霉病发生时，在花上会产生红墨水样的斑点，若不防治，发生此病害时会使得果实上也有此斑点，后期还会造成果实的脱落，从而导致产量的降低。防治方法：50% 多菌灵和嘧霉胺喷雾混合防治 2 次，2 次间隔 10～15 d。

② 3 月中下旬至 5 月上中旬、9 月中下旬至 10 月，时间间隔为 10～15 d，应轮换着使用杀菌剂、杀虫剂。杀菌剂主要有代森锰锌、多抗霉素等。杀虫剂主要有氯氟氰菊酯、吡虫啉等。具体根据田间病虫情况而定。

化学防治必须做到：不能使用单一农药，不同农药应交替使用。果实成熟前 30 d 至采果结束前不能用药。

（3）生物防治　有计划地实行天敌保护措施，在园地周围设置绿化带，种植以花蜜为主的绿化，营造诱集天敌环境，增加天敌种群和数量。

（4）物理防治　采用太阳能杀虫灯诱杀成虫。

（五）果实采收、分级、包装、运输、贮存

1. 果实成熟期判断　蓝莓果实由于开花次序有先后，果实成

熟期也不一致，要分批采收。当果实表面由最初的青绿色逐渐变成红色，再转变成蓝紫色到紫黑色时，即成熟。

2. 果实采摘

（1）采摘周期 一般盛果期 2～3 d 采收一次，初果和末果期 4～6 d 采收一次。

（2）采摘成熟度 通常供鲜食、运输距离短且保藏条件好的在九成熟以上时采收；供加工饮料、果酱、果酒、果冻等在充分成熟后采收；供制作果实罐头的在八成熟时采收。

（3）采摘时间 应在早晨至中午高温之前，或在傍晚气温下降以后。

（4）注意事项 采摘时应轻摘、轻拿、轻放，对病果、畸形果应单收、单放。

3. 果实的分级 一般以果实的质量为分级依据，4 g 以上为特级果，2～4 g 为一级果，2 g 以下为二级果。

4. 果实的包装与运输 果实在包装、运输过程中，要遵循小包装、多层次、留空隙、少挤压、避高温、轻颠簸的原则。装果容器应采用较浅的透气篓筐、纸箱、果盘等。

鲜销鲜食果实：包装选用有透气孔的聚苯乙烯盒或做成一定规格的纸箱，包装规格为特级和一级果每盒不超过 125 g，二级果每盒 250 g 或 500 g。

加工用果实：使用大规格的透气型塑料框或浅的周转箱、果盘等直接包装运输至加工厂。

果实运输应采用冷链，运输过程保持 10 ℃ 以下温度。装运时应轻装、轻卸，并防止挤压、颠簸。

5. 果实的贮藏与保鲜 常温条件下，采后的果实存放保质期为 2～3 d。为延长保质期和供应周期，鲜果应进行冷藏保鲜或气调贮藏保鲜，储藏温度 0～5 ℃，可保鲜 25 d。

果实采收分级后，按每袋 10 kg 装入泡沫箱，置于 −20 ℃ 冷藏环境下速冻，可有效控制腐烂，延长贮存期。

第四节 柿 树

柿果实艳丽，味甜多汁，营养丰富，且具有较高的药用价值，素有"晚秋佳果"的美称。柿根据在树上软熟前能否自然脱涩分为甜柿和涩柿。柿树分布较广，各大洲均有栽培。据联合国粮食与农业组织统计，2012 年全世界柿树栽培面积 81.35 万 hm²，产量 446.90 万 t，其中我国栽培总面积 73.48 万 hm²，产量 338.60 万 t，居世界第一位，占世界总产量的 75.77%；其次是韩国，2012 年鲜果产量 40.10 万 t，其中甜柿约占 80%；日本柿鲜果年产量 25.38 万 t，其中 60% 为甜柿。中国、韩国、日本 3 国柿产量占世界总产量的 90%。此外，巴西、以色列、智利和新西兰特别注重甜柿的生产，前三者生产的甜柿主要出口欧洲，新西兰生产的甜柿主要出口新加坡和返销日本市场。欧洲的柿树于 19 世纪初从我国引入，美国于 19 世纪中叶从日本和我国引种栽培柿树，主要为涩柿。

柿树在我国分布较广，南、北方均有栽培。目前，广西、河北、河南、陕西、福建、江苏、安徽、山东、广东等地栽培最多，产量占我国总产量的 85% 以上，其次为北京、山西、湖北、四川、云南、浙江等地。近年来，云南、浙江、湖北、四川等地甜柿发展面积较大，陕西、江西、河北、山东等地也在发展。随着人们生活水平的提高，对果品的需求日益多样化，柿果实作为具有独特风味和营养价值的果品，越来越受到消费者的欢迎。柿树适应性强，结果早，嫁接苗 2～3 年即开始挂果，产量高、寿命长、易管理，因此柿树栽培具有较高的经济价值。

一、主要种类和品种

（一）主要种类

柿属于柿树科（Ebenaceae）柿属（*Diospyros* L.）植物。全世界共有 400 种左右，多分布在热带和亚热带地区，在温带分布较少。我国柿属植物记载的有 64 个种和变种，主要分布在西南和华南地区。作为果树栽培及砧木用的有柿、君迁子、油柿、美洲柿、老鸭柿、山柿、毛柿、浙江柿等，前 3 种栽培利用最多。

1. 柿（*Diospyros. kaki* Thunb.）　柿为主要栽培种。落叶乔木，树高可达 10 m 以上。树冠为自然半圆形或圆头形。树皮暗灰色，老皮呈块状开裂。叶片厚，倒卵形、广椭圆形或椭圆形。花有雌花、雄花和两性花之分，栽培品种大多仅具有雌花，少数为雌雄同株而异花；花冠钟状，肉质，呈黄白色；萼片大，4 裂；雌花中有退化的雄蕊，子房 8 室，花柱有不同程度的联合。果实为扁圆形、长圆形、卵圆形或方形，常具有 4～8 道沟纹或 1 道缢痕；成熟时果皮橙红色或黄色。种子 0～8 粒，大多数栽培品种无种子。花期 5～6 月，果实成熟期 8～11 月。

该种原产于四川、云南、湖北、浙江等地，其抗寒力较其他落叶果树弱，在 -15 ℃时可能遭受冻害。

2. 君迁子（*Diospyros. lotus* L.）　君迁子又名黑枣、软枣、豆柿、牛奶柿、丁香柿、羊枣、红蓝枣，原产我国黄河流域以及土耳其、阿富汗。目前山东、河北、河南、山西、陕西分布较多，现在南方也有引种。落叶乔木，树高 10 m 以上。树皮暗灰色，呈块状剥裂。枝条灰褐色。叶椭圆形，比柿叶小而无光泽。花多单性花，雌雄异株或同株，雄花 2～3 朵簇生，花冠红白色，有短梗；雌花单生，花冠绿白色。果实较小，直径 1～2.5 cm，果长圆形、圆形或稍扁，初为黄色，后变为黑色或紫褐色或黑褐色。

该种抗寒能力强，适应性广，自古以来被作为嫁接柿的优良砧木。果实多数有种子，少数无种子，可供食用，有的品种很有开发利用价值，如无核黑枣等。

3. 油柿（*Diospyros. oleifer* Cheng）　原产我国中部和西南部。在江苏苏州西山，浙江杭州、诸暨、义乌等地栽培较多。落叶乔木，树高 6～7 m，树冠圆形。老树干呈灰白色，片状剥落。新梢密生黄褐色短茸毛。叶长卵形或长椭圆形，上表面及下表面均密生灰白色茸毛。花单性，雌雄同株或异株。雌花单生或与雄花在同一花序上，位于花序的中央；雄花序有 1～4 朵。果为大型浆果，圆形或卵圆形，果面分泌黏液。有柔毛，果实橙黄色或淡绿色，常有黑色斑纹。种子较多。果实（涩柿）可供鲜食，但主要用于提取柿漆。

（二）主要品种

我国柿品种很多，据不完全统计，已达 1 000 个左右，其分类系统和命名方法一般有：以果实在树上软熟前能否自然脱涩分为涩柿和甜柿；以生态分布划分为北方型和南方型；以用途分为脆食、软食、制饼和兼用；以各地习惯命名。上海地区栽培的品种主要有无核小方柿、引自日本的平核无，还有少量从日本引进的甜柿品种，如富有、次郎等。

1. 无核小方柿 单果平均重 128 g，最大果重可达 160 g，可溶性固形物含量 13.3%～15%。树势较旺，进入盛果期后加强肥水管理，每 667 m² 产量可稳定在 3 000 kg 左右，高产园可达 5 000 kg 以上。无核小方柿是一个丰产、稳定性好的品种。

2. 平核无 原产日本，1994 年引入上海地区。该品种树势极强，树姿半开张。果实中等大，平均单果重 145 g，最大果重 200 g，大小整齐。扁方形，橙红色，软后橙红色或朱红色。果皮细腻，无网状纹，软后皮易剥。无纵沟，无缢痕。果实横断面方形，果肉橙黄色，有少量褐斑，纤维中等多、粗、长。肉质细腻，软化后为水质，汁液极多，味浓甜，无核。髓小，成熟时实心，较易脱涩，耐贮运。品质极上，含糖量 21.0%，制饼、鲜食均优。柿饼无核，易成饼状，品质好。平核无为不完全涩柿品种，染色体检测为九倍体，一般栽培柿品种为六倍体，即使授粉，也不形成种子。该品种是日本涩柿中最优者，抗病性强，易栽培，可作为良种推广和遗传育种的优选试材。上海地区平核无 3 月底萌芽，花期为 4 月底至 5 月上中旬，果实成熟期在 10 月中旬，11 月中下旬落叶。平核无在上海地区栽培宜稀不宜密，否则叶片角斑病严重。

3. 富有 完全甜柿。原产日本岐阜，1920 年前后引入我国，在上海地区有少量栽培。果实重 200～250 g，扁圆形；果皮橙红色，熟后浓红色；肉质致密、柔软，味甘甜，品质优，宜鲜食。有核 2～3 粒。一般 10 月下旬采收，11 月中旬至 12 月上旬完熟。本品种枝变较多。一般表现结果早，丰产。但单性结实能力弱，需配置授粉树或人工授粉。易发生炭疽病，多雨时更甚；对根头癌肿病抵抗力弱。与君迁子嫁接亲和力弱，宜采用本砧。

4. 次郎 原产日本。1920 年前后引入我国，20 世纪 70～80 年代又多次引入我国。现在上海、陕西、山东、河南、河北、湖北、湖南、浙江、江苏、云南等地有栽培。属于完全甜柿。树姿开张，叶呈长纺锤形，叶缘呈波状。平均单果重 100～250 g，扁方形，橙红色，有纵沟。肉质松脆，略有紫红色斑点。味甜，多汁，品质中。种子 2～3 粒。应当注意，当授粉树多时，种子 6～7 粒。10 月中下旬成熟，最适宜脆食，软后略有粉质。自然放置 1 个月后开始变软。降水量过大的地区栽培，果顶易裂。单性结实能力强，可不配置或少配置授粉树。与君迁子嫁接亲和力强。树势较强，嫁接后第三年开始结果，嫁接 7 年后进入盛果期。目前为国内主栽甜柿品种，六年生园每株产量高达 100 kg，每 667 m² 产量可达 3 000 kg。

二、对环境条件的要求

柿树喜温、喜光，根系强大，吸收肥水的范围广，故对土壤要求不严，但立地条件优越有利于优质丰产。

1. 温度 柿适宜温暖气候，但在休眠期也相当耐寒。就全国而言，我国柿产区年平均温度在 9～23 ℃，成熟期温度在 19～26 ℃；甜柿所需温度较涩柿稍高，仅就温度而言，甜柿最适区为长江流域和云贵高原。

2. 湿度及光照 柿原产多雨的南方森林，但经长期在华北栽培驯化，也能适应干旱气候。因此，柿在我国就形成了南方和北方两个品种群，南方品种群耐湿，北方品种群耐干耐寒。不论南方或北方品种，在果实成熟期均喜干燥和阳光充足，且要有适当温度。我国北方秋季温度并不很低，但降水少，光照多，故所产柿的品质反胜于南方。柿除鲜食外，还可制柿饼，如果是利用太阳光晒干，则秋季必须干燥少雨。

柿生长期降水量过多，常引起枝梢徒长，妨碍花芽形成。开花期多雨不利于受粉和受精，易引起落花、落果。幼果发育期多雨、光照不足，则会阻碍同化作用，易引起生理落果。由此可知，多雨而光照少对柿栽培不利，但若夏秋季在果实生长期久旱且缺乏灌溉，果实发育会受阻碍，甚至引起落果。因此，在南方多雨期应注意排水，而在夏秋季干旱期或北方干旱地区需灌溉。

3. 地势与土壤　柿对地势与土壤要求不严，不论山地、平地或沙滩地皆有柿树生长，但以土层深厚、排水良好而能保持相当湿度的土壤较好。土壤过于瘠薄且干旱的地区，柿树易落花、落果而产量低。就土质而言，最理想的是黏质或沙质且土层较深、石砾较多的壤土。由于这种土壤含水较少，枝梢不易徒长，树冠管理容易。柿对土壤的酸碱性要求不严，但与砧木有关。君迁子砧木适于中性土壤，但亦能耐微酸和微碱的土壤。

三、主要栽培技术

（一）苗木繁殖

柿树以嫁接繁殖为主，技术要求比较高，部分品种对砧木嫁接不亲和。

1. 砧木的种类及其特性　柿的主要砧木有君迁子、浙江柿、油柿和实生柿，对其特性分别介绍如下。

（1）君迁子　君迁子为广泛采用的砧木。君迁子种子发芽率高，苗木生长整齐健壮，播种后当年即可嫁接。但在地下水位高的地方生长不太理想，在山地生长较好。君迁子根系浅，细根多，能耐寒、耐旱，为柿树的良好砧木，但与富有系甜柿等嫁接不亲和。

（2）浙江柿　浙江柿种子出苗率高，生长快，适宜南方柿产区推广。

（3）油柿　油柿根系分布浅，细根多；对柿树具有矮化作用，能提早结果。但以此为砧木的柿树寿命较短。

（4）实生柿　实生柿为我国南方柿的主要砧木。因采自当地，故能适应当地环境条件。深根性，侧根较少，一般能耐湿，亦耐干旱。

总体来说，对南方地区而言，砧木可优先选择浙江柿，其次依次是君迁子、油柿、实生柿。

2. 砧木繁殖　采集充分成熟的果实堆积软化，搓烂后洗去果肉，取出种子，阴干后用湿沙层积，或将阴干的种子进行干藏。到播种前用水浸泡种子1～2 d，种子吸水膨胀后进行短期催芽，待有1/3的种子露白即可播种。按行距30～50 cm条播，覆土厚度2～3 cm。幼苗出土后待长出2～3片真叶时，按株距约10 cm进行疏苗或补苗，注意肥水管理。到秋季较粗壮的苗的即可进行芽接，其余的翌年春季进行枝接或花期芽接，也可再培养于翌年秋进行芽接或第三年春进行枝接。

3. 嫁接方法　嫁接方法有枝接和芽接。枝接于春季砧木已萌芽而接穗尚未萌动时进行，芽接周年可进行。枝接可用劈接、皮下接或腹接等方法，以劈接最为常用；芽接可用T形芽接、嵌芽接等方法，以嵌芽接最为常用。

嫁接成活的关键：柿树含有较多单宁，易氧化形成隔离层，不论枝接还是芽接，削面均应光滑；嫁接时最好用塑料薄膜将接穗全部包裹，绑缚要严密，或用熔化的石蜡涂于接穗的外表面，防止切口干燥。应选粗壮、皮部厚而富含养分的接穗。芽接时削的芽片要稍大些，带木质部，对接芽绑缚要紧，注意芽下部位要紧贴木质部，以防芽的四周皮层成活而芽枯死。

（二）建园

1. 园地选择　柿树适应性强，对地势要求不严格，不论山地、平地或沙荒地，均能生长。但最好选择土层深厚、肥力中等、pH

6.5～7.5、排水良好的壤土或沙壤土作为建园地点。

2. 品种选择 根据市场供需情况、自然条件、栽培习惯确定2～3个主栽品种。应以丰产、优质、耐贮运、易加工的晚熟品种为主，适当发展中、早熟品种。条件适宜地区可适当发展甜柿品种，但应注意配置授粉树。

3. 栽植时期 柿树喜温，秋季栽培要早，春季栽培要晚。上海地区适合秋栽，从柿子叶片开始变黄或变红一直到落叶时，此时栽植，树体根系伤口愈合快，在水分充足的条件下，能够很快产生新根。

4. 栽植密度 为了提高柿树对土地、光能及空间的利用率，达到早果丰产的目的，应适当密植。栽培密度应根据品种特性、土壤肥力和管理水平而定。一般在肥沃地块栽植密度应较瘠薄地小，管理水平高的园地可适当加密，也可采用计划密植，即先密后稀。

5. 栽植方法 栽植穴的长、宽、深应不小于 80 cm，每穴施腐熟的农家肥 50～75 kg。将表土与底肥充分混合均匀，施入下部至距地表 20 cm 处，然后填入一部分表土，灌水沉实后栽植。栽植时首先应将苗木根系进行修剪，把大的伤口剪齐。栽植深度为苗木根颈部与地面相平，使根系自然舒展，苗木直立。栽植时把叶片全部去掉。栽后踏实、灌水，水渗后封穴，每株覆 1 m×1 m 的地膜。

（三）土肥水管理

1. 土壤管理 土壤管理是柿树优质丰产的基础，可改善土壤结构，减少水土流失，增厚土层，改良土壤的理化性质，提高土壤肥力，为柿树根系生长创造良好的条件。

从定植后第二年开始，每年在树的一侧沿定植穴向外挖宽60 cm、深 40～60 cm、长 120 cm 的长方形沟，结合施肥将熟土填入沟，4 年内完成扩穴。早春及时松土，增温保墒。生长季节中耕除草，在树盘内覆压草皮土或压草。成龄柿园全园或树盘内可覆压切碎的秸秆、杂草，上面少量覆土。

2. 施肥 无公害柿果生产时禁止使用未经无害化处理的城市

垃圾或含有重金属、橡胶和有害物质的垃圾；限制使用含氯化肥和含氯复合肥。

（1）基肥　基肥以有机肥为主，以化肥为辅。常用作基肥的肥料有圈肥、堆肥、厩肥、绿肥等。基肥一般在秋季果实采收后一个月内施入为好。

（2）追肥　追肥以速效性肥料为主，如速效氮肥、磷肥、钾肥等。幼树一般1年追肥1次，在枝条快速生长期进行。盛果期树追肥时期为新梢生长期、幼果膨大期和果实着色期。新梢生长期追肥以氮肥为主，幼果膨大期追肥则氮、磷、钾肥配合施入，果实着色期追肥以磷钾肥为主。盛果期树年施入量为每公顷施纯氮300 kg、磷150 kg、钾300 kg。追肥方法可用放射状沟施、穴施和地面撒施等。

3. 灌水　灌水水质应符合有关的规定。柿树灌水可在萌芽前、新梢生长期、果实膨大期进行。同时，每次施肥后均应灌水。常用的灌水方法有树盘灌溉、渗灌、穴贮肥水、沟灌和滴灌等。7～8月还要注意排水防涝。

灌水量应根据树体大小和土壤湿度而定，以能浸透根系分布层为宜。柿树比其他果树耐旱，根据试验，使土壤湿度保持在田间最大持水量的50%～70%，就可以保证柿树正常的生理活动，并且生长结果良好。

（四）整形修剪

柿树是以壮树、壮枝、壮芽结果为主的果树，但多年来都放任生长，造成树冠高大，外围枝条繁生，通风透光不良，内膛光秃，结果部位外移，结果面积缩小，产量较低。为了培养牢固的树体骨架，调整树势，提早结果，改善通风透光条件，减少病虫危害，延长经济寿命，达到立体结果、提高品质的目的，必须对树体进行整形修剪。柿树因品种和环境条件不同，其生长势有差别。一般涩柿生长势强，树姿直立；甜柿生长势弱，树姿开张。生长势强的宜采用主干形或变则主干形，生长势弱的一般采用开心形。柿树整形修剪从根本上就是保证通风透光,培养强壮结果母枝。上海地区柿树的主要树形为主干疏层形和自然圆头形,其次是开心形和变则主干形。按修剪时期通常可分为冬季修剪和夏季修剪。

1. 冬季修剪

(1)幼龄树的修剪 幼树生长旺盛,顶端生长力强,有明显的层性,分枝角度一般偏小。修剪的主要任务是培养骨架,整好树形,注意各主枝间的生长平衡和从属关系。操作时要适时定干,按树形结构选好主枝,注意骨干枝的角度,保持枝间均衡。要少疏多截,增加结果枝量。

(2)盛果期树的修剪 柿树经过 6~8 年进入盛果期,此期树体结构已基本形成,树势稳定,产量增加,树体向外扩展日益缓慢,随着树龄的增加,内膛隐芽开始萌发新枝,出现自然更新现象。此期修剪的主要任务是注意通风透光,培养内膛新枝,防止结果部位外移。要疏缩结合,做到及时更新,维持树势,延长结果年限。具体操作要求如下。

调整骨干枝角度,均衡树势。盛果期柿树随着树龄的增加,枝条逐渐增多,树冠内膛光照逐年减弱,枝条下垂,内膛小枝生长衰弱,结果稀少,枯死现象严重。应对过多的大枝逐年疏除,改善内膛光照条件,促使内膛小枝生长健壮、开花结果,防止结果枝外移。

疏缩相结合,培养内膛枝组。盛果期柿树大枝后部逐渐光秃,结果部位外移,修剪时应及时回缩,即将大枝原头逐年回缩,并扶持更新枝向外、向斜上方生长,逐渐代替原头,以便抬高上枝角度,恢复主枝生长势,促使发生更新枝,培养枝组。柿树健壮枝上结果多而大,必须预先培养健壮的结果母枝,粗壮的结果母枝不但发出的结果枝粗壮,而且发出的结果枝数量也多。因此对下垂枝及长度在 10 cm 以下的弱枝应及时疏除。柿树结果枝组的更新,要本着去密留稀、去老留新、去弱留强、去直留斜、去远留近的"五去五留"原则进行。

培养粗壮的结果母枝是增产的关键。结果母枝上又以顶芽抽生的结果枝最壮、结果最好，故修剪时作为结果母枝，一般不短截，只疏密生枝。但对于容易形成花芽的品种，其粗壮结果母枝需轻度短截，以减少结果数量。结果母枝一般以长 20～45 cm 者最为理想，可将不良的或密生的疏去。每年把结过果的枝条加以短截，作为预备枝（更新母枝），使其隔一年结果，可以克服大小年结果现象。短截的枝条选粗壮而下部具有侧芽的方可发出新枝。

利用徒长枝培养新枝组。柿树内膛时有徒长枝发生，徒长枝过多时应疏去一部分，留下的及时摘心促生分枝，培养为枝组。由徒长枝培养的枝组生长力强，结果能力也强，应注意加以利用。

（3）衰老树的修剪　衰老柿树小枝与侧枝不断死亡，树冠内部光秃情况日益加重，后部发生徒长枝，出现自然更新现象；小枝结果能力减弱，隔年结果现象严重。修剪的原则是回缩大枝，促进枝组更新，延长结果年限。修剪的方法是对大枝进行较重的回缩，缩到后部有新生小枝或徒长枝处，使新生枝代替大枝原头向前生长。一般是上部落头要重缩，下部大枝轻回缩，保持适当的结果部位，维持产量。回缩大枝应灵活掌握，一枝衰老则一枝回缩，全树衰老则全树回缩。回缩避免太重，防止过量发生徒长性大枝，这种枝条若不适时摘心控制，后部易光秃，也难形成花芽，恢复产量较慢。此外，回缩太重易造成伤口过大而难以愈合，引起枯朽。老树内膛发生的徒长枝是恢复树势的良好枝条，应注意保护利用。要适时摘心，促使分枝形成新的骨干枝，更新树冠。对老树内膛发生的更新枝，应疏去过密的和细弱的，保留枝应摘心促壮，培养为结果枝组。

2. 夏季修剪

（1）除萌芽或疏嫩枝　柿树的强健结果母枝常从一枝上抽生结果枝数个，有时还可从其基部抽生生长枝，过于密生。此时先端的结果枝往往生长过强，生产优良果者少；下部生长弱的结果枝生长缓慢，开花迟而受精不良，落果率高。故从一个结果母枝抽生多个结果枝时，宜留中部所生结果枝 2～3 个，其他应及早除萌，有利于通风透光，节省养分。此外，柿树多隐芽，容易因修剪刺激而萌发，应于发生之初将无用的全部除去，仅留少数认为应留的萌枝。如果生长过强，应于 7 月中旬至 9 月中旬随时检查，将树冠内无用的或密生的新梢除去。

（2）摘心　生长旺盛的幼树，在花期前后对其旺长的发育枝留基部 25～30 cm 进行摘心，以促发二次枝，这些二次枝当年即可形成花芽，成为结果母枝。

（3）短截　开花过多时，在部分结果母枝基部短截，迫使基部的叶芽和副芽萌发成发育枝并形成新的结果母枝，以调节树势，连年结果。对于盛果期柿树，在结果枝最上部一朵花向末梢端留 4～5 片叶短截。

（4）拉枝　在幼树期，对于生长旺、角度小、方向不合适的枝条应进行拉枝，拉枝能缓和树势、扩大树冠和改变枝条的生长方向，使树冠内膛通风透光，形成丰产的树体结构，而且可以促进枝条中下部芽体充实饱满，有利于翌年发枝和形成结果枝。拉枝的具体方法是：在春季萌芽后和早秋将大枝拉至 80°左右，中小枝拉至 60°～70°的适当方位。

总之，不论何种树形，修剪时应注意如下几点：柿树修剪以疏为主，尽量少短截；灵活运用生长势来调节树势；注意利用副芽萌发力强的特性，更新结果母枝。

（五）花果管理

1. 保花、保果　柿树成花容易，但坐果率较低，这是影响产量的主要因素之一。因此，为了提高柿树的产量，必须做好保花、保果的措施。

（1）落花、落果的原因　柿树落花、落果有两种情况：一是外界因素引起的，如病虫危害、风灾等；另一种则是柿树本身生理失调引起的，称为生理落果，主要发生在 6 月上中旬。

柿树在年周期中生长和发育的各个阶段非常分明，对环境条件较为敏感，一旦栽培技术不当，如肥水过多或修剪过重，皆易刺激枝叶的过旺生长，打乱其物候期的节奏性，导致内部生理的失调，从而引起落花、落果。此外，营养、水分和光照不足皆易引起落花、落果。

例如，花量过多，土壤水分和养分供应不足，枝条生长过旺，枝条生长与果实生长发生养分竞争，以及上一年枝条生长过旺、休眠晚，树体贮藏营养水平低，或天气干旱或长期阴雨，皆可引起大量落果。此外，病虫害、风灾也可使果实脱落。落果多少与管理情况及品种有关，大果品种比小果品种落果率高。落果还与结果母枝或结果枝的强弱，以及果实在果枝上的着生部位有关。一般强壮的结果母枝或结果枝落果轻，着生在果枝中部的落果轻，着生在果枝两端的落果重。单性结实能力差的品种受粉和受精不良也易落果。生长前期肥水过量，促进了枝梢的旺长，因而引起前期枝梢与幼蕾对养分的竞争，会导致部分花蕾脱落，但可加强未落果实的生长。修剪过重刺激旺长，也能引起枝梢与幼果对养分的竞争，加重落果。

（2）预防落花、落果的方法　预防落花、落果的方法主要是：

① 改善受粉和受精条件。对单性结实力差的品种，应配置授粉树，或花期人工授粉，可增加有核果的数量而减少落果。

② 保持稳健的树势，稳定物候期节奏，合理修剪，提高有机质与矿质营养水平。

③ 正确防病治虫，如柿角斑病、圆斑病、炭疽病、柿蒂虫、柿花蟓、柿绵蚧等。

④ 合理施肥灌水，不要使土壤含水量变幅过大。花期前后不要浇水过多，以防枝条旺长与果实争夺养分。

⑤ 环状剥皮除可促进花芽分化外，在盛花期环剥还可防止生理落果。环剥宜在花露白至谢花末期进行。树势旺盛、花量适中或偏少的柿树在盛花期环剥，树势中等及花量大的柿树在谢花末期环剥或环割。但若树势较弱或肥水不足，环剥有时易起反作用。环剥宽度一般为 0.3～0.5 cm，宜采用螺旋形环剥或双半圈环剥。粗度在 2 cm 以下的枝条只可环割，不宜环剥。环剥时，剥口需深达木质部，环剥后立即用 500～600 倍硫菌灵消毒，并用塑料薄膜包扎，

注意保护伤口，在 20 d 左右愈合为好。

2. 疏花、疏果

（1）疏花蕾　柿树结果过多时，果实小，品质差，且落果多，因此应在开花前将过多的花蕾疏去，以免养分浪费，对促进所留果实的发育效果显著。

一般早期开放的雌花，所结的果发育良好。柿的结果枝着生 2～4 朵花时，最早开放以自下方起第二朵花为最多，如果一枝上着花更多，则最早开的花渐次推向先端，为第三朵花或第四朵花。从着花部位与果实发育的关系来看，结果枝着生 2～4 朵花时，第二果的发育一般较大；着生 5 朵花以上时，则为结果枝发育过强的表现，第一、第二果常落果，而以第三果为最大。但有些品种越近先端的花，其果实发育越好。

疏花时期以在开花前 10 d 左右（现蕾期）为宜，此时花梗尚未硬化，可用手摘去，如到开花前，则花梗硬化，需用剪刀剪去。

疏花蕾的具体操作方法是：在新梢停长后至花瓣露出前，疏去延长枝上的全部花蕾，其余一个结果枝上保留 2～3 个花蕾，一般疏去先端发育差的和基部圆形叶片腋间的花蕾。

（2）疏果　柿树优良品种一般在一个结果枝上能结果 1～3 个，在强势结果枝上也有结果 3 个以上的，但结果过多常易出现大小年现象。为了使其连年结果，除注意修剪与疏花外，还必须于结果过多时疏除多余的果，以节约养分。即使进行过疏花的，由于疏花时仍适当多留花数，所以结果后，一般还需要疏果以调节着果数。

柿的留果量依品种、树龄、树势、树冠大小和栽培措施而有差异。落果少的品种宜较预定收果数多留 20%～30%，反之宜多留 50%～60%。就每一个结果枝应留的果数来说，平均大果品种留 1 个，中果品种 2 个，小果品种 3 个。就叶果比而言，中果或大型果品种应保持 15∶1 以上，而以 20∶1 为最好。

疏果时期宜尽量早，但过早优劣不易明辨，故只能在果实固有的形态可确定的范围内，尽早进行。在上海地区以 6 月下旬至 7 月上旬为最宜。如果分 2 次疏果，第一次宜在 6 月下旬，第二次宜在 7 月下旬。

具体来说，如一个结果母枝着生有结果枝 3 个，则宜将最下部枝上所生的果摘去，使其成为翌年的结果母枝。如果下部的枝过于纤弱，则宜留先端枝及最下部枝的果，将第二枝的果摘去，使其发育成结果母枝。又如，有相接近的甲、乙两个结果枝组，甲有多数结果枝，乙结果枝少而不结果的枝多，则可以把乙的果都疏去，使其枝成为翌年所需的结果母枝，而使甲尽量多结果，这就是不同枝组轮流结果的方法。

疏果时其他应注意事项列举如下：留结果枝中部大型、整齐的果，并需选留果蒂形正而为 4 片者；留无病虫的果，并尽量留侧生或下向的果；依结果枝长短和品种间果型大小不同而定留果的多少，一般短的结果枝留 1 果，长的结果枝可留 2 果或 2 果以上。大果品种宜少留，小果品种可多留；疏果时宜使树冠各部均匀着生果实，这样负担平衡，果实大小比较一致；小年树上结果少，宜尽量多留；大年树上结果多，宜适当多疏。

（六）主要病虫害及其防治

1. 主要虫害及防治

（1）柿绵蚧　柿绵蚧是柿树的主要害虫之一。以成虫和若虫吸食嫩枝、叶片和果实的汁液，使嫩枝枯死、叶片皱缩畸形、果实提前软化并早落。柿绵蚧一般每年发生 4 代，以被有薄层蜡粉的初龄若虫在树皮裂缝、枝条轮痕、叶痕及干柿蒂上越冬。主要靠接穗和苗木传播。

防治方法：应抓紧前期越冬代出蛰及第一代若虫孵化期的防治。每年 2 月中旬以后，刮除树干老翘粗皮，摘除残留的柿蒂，并集中烧毁。利用黑缘红瓢虫、红点唇瓢虫、草青蛉等，对柿绵蚧的发生进行控制，在天敌的发生期尽量不用或少用农药。药剂防治第一次防治关键为在刮老翘皮的基础上于早春萌芽前施用一次 5 波美度石硫合剂，或 29％的石硫合剂水剂 200 倍液，或 45％晶体石硫合剂 20～30 倍液，基本上能控制全年危害；第二次防治关键时期在越冬若虫出蛰盛期，选用 5％氯氰·吡虫啉 1 000 倍液。第二代若虫以后再防治，很难控制其危害。

（2）柿蒂虫　柿蒂虫又称为柿举肢蛾、柿实蛾。只危害柿子，幼虫蛀害果实，多从果蒂基部蛀入幼果，虫粪排于蛀孔外。早期的被害果由绿色变为灰白色、灰褐色至黑色，称为"黑柿"，后干枯。由于幼虫吐丝缠绕果柄，果实不易脱落。后期幼虫在果蒂下蛀食，蛀孔处常以丝缀结虫粪，被害果提前发黄变红，变软脱落，俗称"柿烘"，造成严重减产。一年发生 2 代，以老熟幼虫在树皮裂缝或树干基部附近土中结茧越冬。

防治方法：

① 消灭越冬幼虫。冬季或早春刮除树干上的粗皮和翘皮，摘掉树上遗留的柿蒂，清理地面的残枝、落叶、柿蒂等，集中深埋，以消灭越冬幼虫。

② 摘除虫果。在幼虫危害期，6 月上中旬和 8 月摘除被害果柄、果蒂等，消灭果实中的幼虫。

③ 药剂防治。发芽前喷 5 波美度石硫合剂，所有枝干应喷布均匀，各代成虫盛期、卵孵化始期至末期，选常用杀虫剂，每隔 10～15 d 喷施 1 次，共喷 2～3 次，可收到良好的防治效果。

（3）柿斑叶蝉　又名柿血斑小叶蝉、柿水浮尘子、血斑浮尘子。寄主有柿、枣、桃、李、葡萄、桑等。一年发生 3 代，以成虫、若虫在叶背刺吸汁液，使叶面呈现许多小白点，严重时全叶苍白，导致早期落叶、树势衰弱。

防治方法：5 月上中旬及 6 月上中旬若虫发生盛期，喷 5％高效氯氰菊酯 2 000～2 500 倍液，或喷 25％灭幼脲 2 000～2 500 倍液等药剂防治。

2. 主要病害及防治

（1）柿圆斑病　为常发病，主要危害叶片，也能危害柿蒂，造成早期落叶，柿果提前变红。叶片染病后，初生圆形小斑点，叶面浅褐色，边缘不明显，后病斑转为深褐色，中部稍浅，外围边缘黑色，病斑周围出现黄绿色晕环，病斑直径 1～7 mm，一般 2～3 mm，后期病斑上长出黑色小粒点，严重者仅 5～8 d 病叶即变红脱落，留下柿果。随后柿果亦逐渐转红、变软、大量脱落。柿蒂染病，病斑圆形、褐色，病斑小，发病时间较叶片晚。

防治方法：清理柿园，秋末冬初及时清除柿园的大量落叶，集中深埋或烧毁，以减少侵染源；加强栽培管理，增施基肥，干旱柿园及时灌水；及时喷药预防，一般在 6 月中上旬，柿树落花后、子囊孢子大量飞散前喷施 1∶5∶500 倍波尔多液或 70％代森锰锌可湿性粉剂 800～1 000 倍液、65％的代森锌可湿性粉剂 500 倍液、50％的多菌灵可湿性粉剂 600～800 倍液，如果能够掌握子囊孢子的飞散时期，集中喷一次药即可，但在重病区第一次喷药后半个月再喷一次，则效果更好。

（2）柿角斑病　柿角斑病主要危害柿叶及柿蒂，是柿产区重要病害之一。发病严重时不仅造成早期落叶、落果，降低产量，减弱树势，并可诱发柿疯病。叶片受害后，初期在正面出现不规则黄绿色病斑，边缘较模糊，斑内叶脉黑色。随病斑扩展，颜色渐深，呈黑色，以后中部褪为浅褐色。病斑扩展受叶脉限制，呈多角形，大小多在 2～8 mm，其上密生黑色绒状小粒点，为病原菌的分生孢子座。病斑背面初呈浅黄色，后加深至褐色或黑褐色。柿蒂受害后，蒂的四角发生淡黄色至深褐色病斑，圆形或不定形，蒂的尖端向内扩展，病斑两面都产生黑色绒状小粒点，但以背面较多。

防治方法：

① 搞好清园。柿树落叶后至萌芽前，结合冬剪清除病、枯枝和落叶，摘掉挂在树上的病柿蒂，集中深埋。

② 提高栽培管理水平。改良土壤，增施肥水，以增强树势，提高抗病力。

③ 药剂防治。柿树落花后 20～30 d，可选喷 1∶3∶500 倍波尔多液 1～2 次、70％代森锰锌 500～600 倍液等。

（3）炭疽病　炭疽病主要危害果实和新梢。果实发病初期，出现针头大深褐色斑点，后病斑扩大呈近圆形、凹陷，病斑直径 5～

10 mm。病斑中部密生灰色至黑色小粒点（分生孢子盘）。空气潮湿时病部涌出粉红色黏稠物（分生孢子团）。一个病果上一般有一个至多个病斑，受害果易软化脱落。新梢发病初期，发生黑色小圆斑，后扩大呈椭圆形、褐色，中部凹陷纵裂，并产生黑色小粒点，病斑长 10～20 mm、宽 7～12 mm，新梢易从病部折断，严重时病斑以上部位枯死。

柿炭疽病原属子囊菌球壳菌目，病菌主要以菌丝体在枝梢病斑中越冬，也可以分生孢子在病干果、叶痕和冬芽等处越冬。第二年初夏产生分生孢子，进行初次侵染。分生孢子借风雨传播，侵害新梢、幼果。生长期分生孢子可以多次侵染。病菌可从伤口或表皮直接侵入。炭疽病菌喜高温、高湿，降水后气温升高，易出现发病盛期。夏季多雨年份发病重，干旱年份发病轻。病菌发育最适温度为 25 ℃左右，低于 9 ℃或高于 35 ℃，不利于此病发生蔓延。若管理粗放、树势衰弱，易发病。

防治方法：

① 完善水系，确保排灌畅通。降水过多、排水不畅，会加重病害发生。因此，雨季到来之前，应完善水系配套，保证雨止田干、及时降湿。

② 改善通风透光条件，防止园内郁闭。通过夏季修剪剪除密生枝、瘦弱枝、病虫枝，改善园内通风透光条件，降低田间湿度。

③ 平衡施肥，促进树体健壮。多施有机肥，配施磷、钾肥，少施氮肥，以免枝条徒长，组织不充实，降低抗病力。

④ 清理果园，彻底清除菌源。冬季结合修剪，彻底清园，剪除病枝梢，摘除病僵果；生长季及时剪除病梢、摘除病果，减少再侵染菌源。

⑤ 化学防治。萌芽前喷施 5 波美度石硫合剂；6 月中旬至 7 月中旬喷施 2 次 1∶5∶500 倍波尔多液，7 月下旬开始用 70％甲基硫菌灵 800～1 000 倍液或退菌特 1 000 倍液（混加 0.3％～0.5％尿素避免产生药害）等，交替使用。

（七）果实采收

1. 采收时期　柿树的采收时期依各品种的成熟期及用途不同而有所区别。应在果实达到最适宜的成熟度时采收，即当果实达到本品种固有的色泽和硬度时为采收适期，过早或过晚都会影响果实品质。

2. 采收方法　不同地区、不同的树冠大小，采收方法不同。有用夹竿采收的，有用捞钩采收的，还有用手摘的，但大体分2种：折枝法、摘果法。折枝法，即用手或者竹竿将柿果连同果枝上中部一同折下，这种方法的缺点是往往把连年结果的果枝顶部花芽摘去，影响第二年产量并且对果实外观造成一定伤害，优点是可促进枝条更新和回缩结果部位。摘果法，即用手或摘果器逐个将果实摘下，这种方法不伤果枝和果实，连年结果的果枝可以保留，采收应以此法为主。

（八）果实保鲜与脱涩

1. 保鲜　柿果适宜的贮藏温度为$-1\sim0$ ℃，相对湿度85%～90%。柿果能耐较高浓度的二氧化碳，适合气调贮藏，以氧气2%～5%、二氧化碳3%～8%的气体配比较好。以软柿供食的柿果除可在上述条件下贮藏外，还可在0 ℃以下低温冻藏，或在-20 ℃下人工速冻后在-18 ℃中贮藏。0 ℃下贮藏，用0.06 mm聚乙烯薄膜包装，富士柿果可以贮藏150 d左右；在5 ℃下贮藏，用薄膜包装的可贮藏110 d；室温下用薄膜包装的可贮藏50 d左右。

2. 脱涩　柿树涩度主要由可溶性单宁含量决定。单宁细胞数量多少和大小因品种而异，因此品种间脱涩难易程度不同。此外，果实成熟期、温度等也是影响脱涩的重要因素。脱涩就是将可溶性单宁变为不溶性单宁，而不是将单宁除去或使其含量减少。柿果实脱涩技术已比较成熟，但传统的技术不能产业化生产。脱涩的方法有多种，常用的脱涩方法有温水脱涩、冷水脱涩、石灰水脱涩、混果脱涩、酒精脱涩、乙烯利脱涩、二氧化碳脱涩等。

（1）温水脱涩　先将新鲜柿果装入清洁缸内（忌用铁器），再注入 40～50 ℃的温水，水量以淹没柿果为宜，加盖密封。为了保持水温，可在缸下面加热，或在四周用厚草帘、旧棉被包严。水温降低时，也可随时加入 50 ℃的温水，调节温度。一般经 16～24 h，便可脱涩。用此法脱涩的柿果肉质脆硬，颜色美观，风味好，而且此法简便易行，脱涩快，适合小商贩及家庭采用。但应注意用此法脱涩的柿子不能久放。

（2）冷水脱涩　将柿果放入缸或桶内，注入凉水淹没柿果，每隔 2 d 换水一次，经 7 d 左右便可脱涩。也可每 50 kg 水中加入柿叶 1.5～2.5 kg，再倒入柿果，可加快脱涩进程。用此法脱涩的柿果脆甜，成本低，但脱涩时间较长，效果慢。

（3）石灰水脱涩　每 50 kg 柿果，用生石灰 1.5～2.5 kg。先用少量的水把生石灰溶化，再加水稀释，水要淹没柿饼。每天轻轻搅拌一次，3～4 d 即可脱涩。如能提高水温，则能缩短脱涩时间。用这种方法处理，脱涩后的柿果肉质脆。对于刚着色、不太成熟的果实效果特别好。但是脱涩后果实表面附有一层石灰，不太美观；若处理不当，会引起裂果。

（4）混果脱涩　将柿果与新鲜的梨、苹果、山楂、石榴等分层相间排放于密闭的容器内，一般每 50 kg 柿果放入其他果实 2～5 kg 即可。为了尽快脱涩，还可再放入一些鲜树叶，经过 3～5 d 便可脱涩而成烘柿。

（5）酒精脱涩　将柿果放在容器中，每装 1 层喷洒一定量75％的酒精或高度白酒（不低于 60°），在 18～20 ℃条件下密封3～8 d 即可。注意酒精或高度白酒用量不可过多，否则果面易变色，或稍有不好的味道。

（6）乙烯利脱涩　将柿果放置室内，用 250～500 mg/L 乙烯利喷洒，3～5 d 即可脱涩。也可在采收前向树上喷洒 250 mg/L 乙烯利，3 d 后采收，脱涩效果也很好。这种方法简单有效、成本低廉，规模大小均可，能控制采收时间，调节市场供应。脱涩后柿果色泽艳丽，无药害。但柿果很快变软，在树上喷施后要及时采收。

（7）二氧化碳脱涩　当前大规模柿子脱涩的方法是采用高浓度的二氧化碳处理。将柿子堆码在密封的塑料薄膜帐内，用钢瓶通入二氧化碳，使帐内二氧化碳浓度保持在 60% 以上，温度在 $25\sim30\,℃$，$3\sim6\,d$ 即可脱涩。用此法脱涩的柿子质地坚硬，可存放时间较长。

（九）柿饼加工

柿饼是我国的传统加工品，销路广，加工工序一般有原料处理、干燥和出霜 3 个过程。原料处理工序包括：选择优良品种、适时采收、刮皮。干燥方法有日晒法、人工干燥法。

柿饼制成后，先按相关标准进行分级。将大小、形状、色泽一致的柿饼用符合食品卫生要求的塑料袋或小塑料包装盒进行包装，外用小包装纸盒，再置于外包装容器内。外包装容器应当坚实、牢固、干燥、洁净、无异味，可选用双楞纸板箱或单楞钙塑板箱。

参考文献

曹若彬.1994.果树病理学.3版.北京：中国农业出版社.

陈杰忠.2011.果树栽培学各论：南方本.4版.北京：中国农业出版社.

陈庆红，顾霞，徐爱春，等.2009.猕猴桃大果新品系金硕的选育.中国果树（3）：8-10.

邓秀新.2008.中国柑橘品种.北京：中国农业出版社.

顾志新，纪仁芬，胡留申，等.2009.上海优质桃生产技术研究初报.中国果树（6）.27-29.

何天富.1999.柑橘学.北京：中国农业出版社.

胡红菊，王友平.2007.砂梨优良品种图谱.武汉：湖北科学技术出版社.

黄宏文.2013.猕猴桃属分类资源驯化栽培.北京：科学出版社.

黄宏文，王圣梅，姜正旺，等.2005.黄肉猕猴桃新品种'金桃'.园艺学报，32（3）：561.

江淑岺，贾敬贤.2006.梨树高产栽培.北京：金盾出版社.

菊池秋雄.1948.果树园艺学（上卷）：果树种类各论.东京：养贤堂.

李云瑞.2005.农业昆虫学.北京：高等教育出版社.

刘涛，谢功昀.2008.中国现代柑橘技术.北京：金盾出版社.

马文，韦军，高红胜，等.一种梨树双层棚架结构.中国专利：CN202085554U，2011-12-28.

邱强.2004.中国果树病虫原色图鉴.郑州：河南科学技术出版社.

沈兆敏，邵宝富，周育彬，等.2002.温州蜜柑优质丰产栽培技术.北京：金盾出版社.

束怀瑞.2000.果树栽培生理学.北京：中国农业出版社.

汪祖华，庄恩及.2001.中国果树志：桃卷.北京：中国林业出版社.

王兴红，陈国庆，王卫芳，等.2011.柑橘黑斑病发生危害现状及研究进展.果树学报，28（4）：674-679.

岩崛修一.1999.柑橘学总论.东京：养贤堂.

杨颖、纪仁芬、顾志新，等.2012.反光膜应用对桃果实品质的影响.北方园艺（5）.44－45.

于新刚.2014.梨树简化省工栽培技术.北京：化学工业出版社.

余德浚.1974.中国果树分类学.北京：科学出版社.

张绍龄.2013.梨产业实用技术.北京：中国农业科学技术出版社.

张玉星.2005.果树栽培学各论：北方本.3版.北京：中国农业出版社.

张忠慧，黄宏文，王圣梅，等.2006.猕猴桃黄肉新品种金桃的选育及栽培技术.中国果树（6）：5－7.

张忠慧，黄宏文，姜正旺，等.2007.中华猕猴桃雄性新品种磨山4号的选育.中国果树（6）：3－5.

钟彩虹，王中炎，卜范文，等.2002优质耐贮中华猕猴桃新品种翠玉.中国果树（5）：2－4.